適用PMBOK第七版・含**敏捷管理**

專案管理輕鬆學 第三版

PMP國際專案管理師 教戰寶典

胡世雄、江軍、彭立言 —— 著

專案管理最佳教材！

通過認證利器寶典！

熱銷三版全新出擊！

萬眾學員口碑保證！

每章節層次系統分明，並透過完整架構讓您一次掌握住敏捷式專案管理的精髓。

筆者特別收錄十多年教學精華彙整之口訣，把專案管理複雜的關鍵一次記憶。

專案管理中所有關鍵計算，如實獲值、時程、成本之計算等，用最淺顯的案例解說，務必讓您一次掌握。

筆者以實際經驗將專案實務的應用，以最淺顯的案例與圖示說明，讓您不僅通過考試，更會實際操作。

本書特別收錄最擬真之精華考題，經過數百名學員驗證成效最佳，強登上榜口碑保證。

博碩文化

作　者：胡世雄、江軍、彭立言
責任編輯：Cathy

董事長：曾梓翔
總編輯：陳錦輝

出　版：博碩文化股份有限公司
地　址：221 新北市汐止區新台五路一段 112 號 10 樓 A 棟
　　　　電話 (02) 2696-2869 傳真 (02) 2696-2867

發　行：博碩文化股份有限公司
郵撥帳號：17484299　戶名：博碩文化股份有限公司
博碩網站：http://www.drmaster.com.tw
讀者服務信箱：dr26962869@gmail.com
訂購服務專線：(02) 2696-2869 分機 238、519
（週一至週五 09:30 ～ 12:00；13:30 ～ 17:00）

版　次：2022 年 5 月初版一刷
　　　　2024 年 9 月初版二十二刷

建議零售價：新台幣 600 元
ISBN：978-626-333-109-9
律師顧問：鳴權法律事務所 陳曉鳴律師

本書如有破損或裝訂錯誤，請寄回本公司更換

國家圖書館出版品預行編目資料

專案管理輕鬆學：PMP 國際專案管理師教戰
寶典 / 胡世雄，江軍，彭立言作. -- 三版 . --
新北市：博碩文化股份有限公司，2022.05
　　面；　公分

ISBN 978-626-333-109-9(平裝)

1.CST: 專案管理

494　　　　　　　　　　　　111006685

Printed in Taiwan

博碩粉絲團　歡迎團體訂購，另有優惠，請洽服務專線
(02) 2696-2869 分機 238、519

作者簡歷

胡世雄 博士

| 學歷 |
- 美國爵碩（Drexel）大學系統與控制博士

| 經歷 |
- 勞動部勞動力發展署共通核心職能合格師資
- 美國管理科技大學（UMT）大中華區特聘教授
- 佛光大學管理學系兼任助理教授
- 中華國際傑出師資交流學會副理事長
- 中華經貿物流發展協會常務理事
- 中華民國會展人才發展協會理事
- 台灣持續改善活動競賽（全國團結圈）評審委員
- 名師國際顧問有限公司副總經理
- 集寧實業品保部門主管、專案計畫主持人
- 行政院人事行政總處公務人力發展學院、國家文官學院、國際合作發展基金會、台北市政府公務人員訓練處、新北市政府、中華民國品質學會、新北市、桃園市、新竹縣工業會、全漢企業、華信光電、台灣富士全錄、光泉牧場、勝昌製藥等公司專案管理實務課程特聘講座

| 證照 |
- PMI 授證國際專案管理師（PMP）
- IPMA-D 級國際專案管理師講座
- ISO 9001:2015 品質管理系統主任稽核員
- ISO 14001:2015 環境管理系統主任稽核員
- 澳洲卡根學院 TAE40110 訓練與評估四級證書
- SOLE 國際物流管理師
- 勞動部門市服務乙級技術士
- 中華民國品質學會品質管理師（CQM）
- 進階企業資源規劃師（運籌、財會及人資模組）
- 商業智慧（BI）規劃師
- TQC 專案管理師（專業級）

江軍

學歷

- 英國劍橋大學跨領域環境設計碩士
- 臺灣大學土木工程研究所營建工程與管理碩士
- 日本早稻田大學日本語教育科

經歷

- 力信建設開發集團董事長特助
- 中華工程股份有限公司工程師
- 博納實業有限公司總經理
- 文化大學推廣教育部講師
- 致理科技大學業界專家講師
- 教育部青年發展署青年委員
- 台北市政府第三屆青年諮詢委員會委員
- 宜蘭縣政府第三屆青年諮詢委員會委員
- 新北市政府青年事務委員會協力團隊成員
- 教育部青年諮詢會委員

證照

- PMP 國際專案管理師 / CAPM 國際助理專案管理師
- 中華專案管理師 CPPM / 中國一級項目管理師（高級技師）
- Scrum Master（CSM）敏捷專業證照
- PMI-ACP 敏捷專案管理師 / PMI-PBA 商業分析師
- ITE 國家資訊人員鑑定甲級 - 專案管理類
- 專案管理知識核心認證 / 專案管理概論專業級
- 專案管理軟體應用（Project 2007）專業級 / TQC 專案管理專業人員證書
- 專案助理 PMA / 專案規劃師 CPMS / 專案特助 SPPA
- IPMA-D 級專案管理師
- MCTS Project 2010 / Microsoft Project 2013 Specialist
- ITE- 專案管理單科證書 / ITE 軟體專案管理單科證書
- P+ 雲端專案管理證照 / PJM 專案管理基礎檢定

彭立言

|學歷|

- 國立臺灣大學生物環境系統工程研究所碩士

|經歷與資格|

- 台灣氣候行動永續夥伴倡議業務長
- 環科工程顧問公司管理資源部副理
- ISO14064-1:2018 溫室氣體主任稽核人員
- ISO 50001 能源管理系統內部稽核員
- 環保署甲級廢（污）水處理專責人員
- 環保署甲級空氣污染防制專責人員
- 環保署室內空氣品質維護管理專責人員

三版序

　　《專案管理輕鬆學》上市以來屢創銷售佳績，獲得各界的支持，作者群要在此鄭重感謝各界先進、教授、專家學者、講師、考生與愛用讀者的肯定。本書於 2020 年第一版上市至今各界不斷給予寶貴的回饋與指正，我們虛心接受各界迴響、批評指教與建議，為了符合新制的考試趨勢及更貼近讀者需求，我們針對內容做了全新的修正，不僅是目前市面上最完整、最貼近 PMP 考試的書籍，也將理論融入了許多實務的案例，在此要先誠摯地向各位說聲謝謝！

　　因應國際專案管理師（PMP, Project Management Professional）在 2021 年初將考試內容做了大幅度的變更，因此舊版考試架構及題型不再適用，考題內容最大的差異即是從實行了十多年的 ITTO 及計算題等架構都做了明顯的更替，納入了非常大比例之「敏捷（Agile）專案管理」的內容。一方面敏捷專案管理近年來應用越來越廣泛，也更符合時代趨勢，加上《專案管理知識體指南（PMBOK）》也於 2021 年八月改版為最新的第七版，將專案管理架構做了革命性的改變。因此在本版中我們將最新最符合實務與考試的內容涵括在內，以下為各位說明本版改版重點：

一、專案管理架構由原來的五大流程群組、十大知識領域、及 49 個管理流程，改變為十二項行為指導原則與八大績效領域，並將行之多年的 ITTO 架構刪除，使得 PMBOK 的內容更為精要，本書即依據此最新的架構重新編寫。

二、由於現在的專案管理從業人員身處的專案環境十分多樣化，且運用各種不同的專案方法。因此，PMP 認證已反映出這點，將這些方法囊括在價值傳遞範圍之中。考試題目已絕大部分呈現敏捷式或混合式方法，而只有少數是預測式的題型，因此本書也會對敏捷式專案管理進行詳細的介紹。

三、新型態的考試方式，將傳統五大流程、十大知識領域的出題模式更改，改為：人員（People）佔 42%、流程（Process）佔 50%、及商業環境（Business Environment）佔 8%，這樣的三大領域方向出題。雖然考試出題趨勢有所改變，但筆者認為要達到做好專案，本書所提到的方法與工具，還是相當重要的基本功，如果不熟悉的入門讀者也可參考《專案管理輕鬆學》

第一版書籍，內容有詳細的說明，請讀者務必打好基礎，成為一個不僅合格取得認證，更能實際操作應用的國際專案管理師！

四、本版之修正藉由完整的理論基礎，結合章節的重點提示與練習，融入了許多深度解析的說明與貼心小提醒，務必讓讀者知其所以然，對於全新架構下的專案管理能有所理解，也能融會敏捷專案管理之精神，且對於新題型更能駕輕就熟，無往不利。

五、本版除了納入兩回 PMP 全真模擬試題外，更蒐錄了最新的 PMP 新增試題，是筆者精心設計，最貼近實際考試的精華試題，且經過數百位考生驗證，祈能維持前版之高命中率及成為考生考試前的最佳幫手。另外針對 PMP 應考祕笈也增修了讀者相當激賞的重點整理，並刪除較舊之資料，去蕪存菁將內容做了瘦身，期盼對讀者而言，本書不僅僅是一本考試書，更是一本有用的工具書。

本書是三位作者濃縮精華逐字斟酌、字字珠璣的寶典，為了不加重讀者的負擔，內容保留了最必要的重點，也是目前內容最新、最符合實際考試，讀者一致認同與好評的教材。本書的內容皆是多年來數千小時授課的精華，融會貫通地整理一次呈現給各位，也希望透過這樣的書籍能夠順利的讓您以最少的時間與成本取得所需要的認證！也希望各位都能奠定自己的自信心與專業，一步步朝向更有效率、更好的職涯發展努力，將專案管理應用於您日常的生活及工作中！

作者 胡世雄 江軍 彭立言 謹誌

2022 年 春

讀書方法

讀書有效率、考試拿高分

給 PMP 的考生們，也許您已經很久沒有開啟書本，或者很久沒有認真準備一場考試了，在本書的一開始，筆者想與您分享一些撇步與心態，讓您可以戰勝 PMP 考試，獲得國際專案管理師的認證資格。

1. 絕對要當主宰者

想一想這本書或者這一章節編書者為何要這樣寫，他想要透露出什麼訊息，他希望讀者學到什麼，這樣就可掌握什麼是重點，倘若唸書花的時間很長，卻沒抓到重點，這樣太可惜了。簡單來說那就是自己、參考書（或補習班老師）、出題者三位一體，三個人的想法都一樣，重點所見相同，也就是請掌握如果你是老師的話，你會出什麼題目，這樣讀書才會有效果。

2. 掌握全書或全章大架構

讀書不能像玩迷宮，每一扇門都開一開，急得滿頭大汗卻達不到出口，正確的方法是站在迷宮上方，指導自己去開適當的門，而到達出口。再舉一例，唸書如果像打籃球，你不可只當球員，拿了球只會投籃，得分是好的，但你要的是贏得整場比賽。所以，只會一題、一題的解題太狹窄了，要能先掌握架構，全面性的來看問題，才是有效率的學習方法。

3. 讀書的指導原則

在台灣讀書的學生很辛苦，其實筆者認為有一個字可以形容，那就是「Competition」（競爭），既然是競爭，你就不可以輸在起跑點上，所以超前學習（多預習一個章節）是很重要的；另外，可以用兩個字來說明讀書的原則，第一個是「Sensitive」（敏感），就是對重點要有所領悟，要用聰明的方法學習；另一個是「Strict」（嚴謹），就是讀書要下苦工，做錯的題目不可再犯錯。筆者常講，這一題不會，不可恥，可是老師教了，正確答案知道了，下次還會做錯，不夠嚴謹，讀書一定失敗。

4. 唸書的方法

　　第一遍先粗略唸過（了解架構），第二遍找出重點（記住三位一體原則），接下來要將重點背起來，一定有人會問要背的東西那麼多，要如何背呢？請記住，本文雖是「有效率」的讀書法，但不是「偷懶」的方法。讀書沒有訣竅，一定要背東西，下苦功。如何有效率背書呢？

(1) 用看的沒用，用寫的不如用唸的，要背要用聲音來背。

(2) 可以用字頭法

　　如當過兵的保防教育都會背「洩、密、言、分、傳」記起來後，就知道代表：「查誰在洩漏機密、查誰在祕密破壞、查誰的言行不一、查誰在分化團結、查誰在傳播謠言」。想當年，要背熟了才能放假，這是何等重要。這樣的口訣也可以應用在 PMP 的十大知識領域上，如「整範時成品 資溝風採利」朗朗上口後，就可把十大知識領域熟記起來了。英文好的讀者也可以用這種方法來記英文，如 OPA（唸成歐帕），唸熟了就知道它是 Organizational Process Assets，也就是組織流程資產。

(3) 諧音法

　　(i) 如化學活性表「那美女…..」，就表示「鈉鎂鋁……」。

　　(ii) 八國聯軍是哪八國？可用諧音「餓的話，每日熬一鷹」，就表示「俄德法美日奧義英」等八國。

(4) 影像法

　　可以利用影像或肢體來記，如詩詞、英文單字、九九乘法表等，那要發揮你的想像力了。

(5) 另外一個最重要的方法就是上面所提的用「聲音」來記，記得 30 年前筆者母親準備電信局（現為中華電信）員級升高員的內部升等考時，就請筆者父親用老式錄音機將「電信法」從第一條唸到最後一條，然後反覆來聽，甚至跟著背誦，最後把所有條文背起來，結果當然是考上了。這樣的記憶方式比

用看的、用寫的強太多了，舉例來說，有一首歌你會唱了，十年沒唱再有人唱時，你還是會唱，不是嗎？若你覺得不行，請務必加強這方面的能力；再舉一例，如 2000 年千禧年時「millennium」這個字我已有 20 年沒提過了，最近想起來，我還是能用「聲音」背出這個字。筆者在準備托福考試時也是以自己錄音用播放錄音帶來記字彙，現在科技進步了，mp3 非常方便，你可以將本書的重點整理後，用自己的聲音錄下來，在等車、坐車、午休或其他時間反覆來聽，跟著複誦，一定能背起來。

(6) 背熟了後，不要忘記，要提升到「架構」的層次，是全面性、系統性的背，接下來為了確定已背熟，再教你一招，那就是自己當老師，你不覺得奇怪為什麼老師都能記住嗎？現在換成你自己當老師，請準備一塊白板或白紙，自己來教自己，有條理的從頭默寫或默背到尾，完全融會貫通，這樣就是專家了，就不會有問題了，這種方法，筆者認為不是死背，而是活背，是最佳的學習方法，未來可變成長期記憶。

5. 增加實戰經驗多練習題目

背好後就可以準備實戰了，做題目是最好的方法，像考高中、大學有許多參考書可練習，但是像平時考、期中考、期末考、高普考、技師考、證照考、研究所、碩博士資格考，有時教科書或參考書題目做完後，還可以去蒐集考古題，將考古題印兩份，一份剪下每個題目後整理貼在各章、各單元上，自己要去找解答；另一份也剪下每一個題目，放在一個盒子裏，考試快到時就從盒子裡隨機抽出題目來練習。記住，若是問答題或是計算題，練習時要用寫的，這樣才知道自己的答題速度，考試時才不會手忙腳亂。還有要在做題目的過程中，用心去體會出題者出的邏輯，並將重點再整理下來。

6. 考場中如何答題

(1) 要知道出題者為什麼會出這一題，這一題要考什麼，這一題設下了什麼陷阱，舉例說明之：

小明和 4 位同學去「麥當當」用餐，每人點一份 A 餐，一份 100 元，共需花費多少錢？ (A)400 元 (B)500 元 (C)…..，答案當然是 (B)，若你在考試中能看出陷阱，覺得一定有人會答 (A)（要騙你看到就選），那你就成功了，所以你一定要將所有答案看完，另外，最難的題目答案通常是 (A)，因為放在 (A) 你也不會選，筆者當老師及多次入闈出題也是用此要領來製造題目及答案。

(2) 分析所有的答案，來選擇正確答案

若是單選題，可分析性質相近的答案，在單選的原則下，那些相同（或類似）的答案就一定不對，這樣就可選到正確答案。另外有些數學題目可將答案直接代入，就可知道哪一個是正確的。

(3) 善用「刪去法」

如果這一題不會，怎麼辦？那就只好用刪去法，其實這個能力平時是可訓練的，遇到不會的題目，可先用「刪去法」刪去兩個答案，再選一個可能最正確的，及第二可能正確的，再看答案，計算分數，如只能選一個答案的話是幾分，可選兩答案的話是幾分，為什麼那個答案是對的，多做幾次，熟練了，就了解出題者出題的邏輯了，針對 PMP 考試，要多訓練「刪去法」的能力。另外值得一提的是，遇到不會題目的解題法也是要多訓練的，因為除了能應付考試外，人生（事業及生活）所遇到的問題，也幾乎你自己都沒有答案，你要很快分析，要你自己去找答案才行。

(4) 如果是考問答題

會的沒問題，一定會答題，若是不會的怎麼辦？記得你已背了許多東西嗎？找相近的答案有條理的背進去，將多個內容（跨章節）融在一起，絕對不可空白，老師改考卷除了想知道你這題會不會外，另外也想了解如果你不會的話如何處理，你到底有沒有專心唸書，會的到底有多少。

(5) 數理題答題後一定要驗算，一般加法用減法驗算，減法用加法驗算，乘法用除法驗算，除法用乘法驗算，請自己加強驗算能力，一般答題速度要用 3/4 到 4/5 的時間答完，剩下的時間留給驗算及校對檢查使用。

(6) 中、英文作文一定要背「範文」，各式的「範文」成語、佳句、多背後就能一一套入題目中，記得「考試獲勝的人，是準備充分的人」，若你能多背一些範文、佳句，考試中（套）用出來，一定比那些臨時想的人強多了，老師改考卷時一定能察覺出這兩種人程度不同。像近日內公佈考大學中、英文作文滿分的人，一定是用這種方法來達成的，否則臨場時間那麼少，如何能寫那麼詞句優美的文章？

7. 要答「全對」的訓練

有一些考試「全對」和「錯一題」之間是差很多的，如升學的基測、學測、還有托福的文法考試及要拿「滿分」（或滿級分）的積極型考生等。「滿分」是可訓練的，方法是「獎懲制」，做題目專心、細心、驗算是必備的，全對的話可適當獎勵自己（如吃大餐、打電動…等），若有錯，則必需罰抄題目一遍（答案要另外寫），有人可能會說這樣會浪費時間，你要是不想浪費時間，就不要答錯。此外，這樣做的好處是，考試前你只要再練習這些曾答錯的題目就好，這不是浪費時間，而是省下時間將重點再整理了。筆者準備托福、品質管理師（CQM）及國際專案管理師（PMP）時，就是用這種方法來拿高分。

8. 還有一個重點是：上課認真聽講，勤做筆記

在電視或報紙上有時會提到一些考高中、考大學滿分考生，他們是如何唸書的，他們會提出一些有效率的讀書方法，但是你仔細分析發現，他們只有一個共通點，那就是上課認真聽講，勤做筆記找重點，這樣可省下許多時間，請切記。

9. 善用「讀書會」

可聯繫一些志同道合的同學組成讀書會，可以是「互補型」的，我教你英文，你教我數學，我整理英文重點，你整理數學的，大家分享。另外也可依學習單元來分，也可集中討論，反正目的就是有效率的準備考試，試想準備考試已不是你單兵作戰，而是團體作戰，戰鬥力一定更強，尤其是補足了自己較弱的部

分。筆者在準備碩士資格考時就是用此方法。另外在考品質管理師（CQM）時也是用此方法，提供一個數據：品質管理師的錄取率約為 30%，而我們 6 人小組的讀書會第 1 次考試就有 4 人考上，表示這方法確實有用，且在第 2 次考試時，另外 2 人也都考上，我們這 6 個人也一直保持連絡，提供各項資訊，變成好朋友。也希望讀者在準備 PMP 考試時，也能找志同道合的同學組織讀書會，做好章節分類與任務分工，每位學員都要有貢獻，如導讀、整理筆記、解題心得等，一起準備證照考試，這樣就能符合雁行理論之共好（Gung Ho）的精神，會更有效果及效率地達成目標。最後祝福大家，都能考上理想中的學校及證照。

目錄

01 專案管理綜論

02 專案的八大績效領域

專案管理綜論

01 Chapter

本章將對於專案管理的基礎概念、定義與特性、組織環境、標準架構,及國際專案管理師(PMP)認證簡介,做詳細的介紹。

1.1 國際專案管理師(PMP)認證簡介

1.1.1 基本說明

近年來,因為市場與科技環境及社會大眾需求的急遽演變,各種產業都必須即時更新產品與提升服務,因此專案管理在全世界皆蓬勃發展,且廣泛運用到各領域。而其主要課題就是如何在有限資源下,提升專案範疇、時程、成本及品質的管理效果與效率。專案管理可以運用在各行各業及組織的各角落,舉凡公司的研發創新、生產技術提升、營運擴建、服務流程提升、品質持續改善、資訊系統導入及組織流程再造等,都可視為專案管理的一環。許多企業皆已認知「專案管理」對提升工作效能及核心競爭力有相當大的價值,且對國際專案管理師(PMP, Project Management Professional)資格認證越益重視,並要求其中大型專案的主持人、專案經理(PM, Project Manager)及核心小組等成員必須接受專案管理的專業訓練。目前主導世界專案管理發展主流之一的國際專案管

理學會（PMI, Project Management Institute），位於美國賓州，於 1996 年編訂了第 1 版的專案管理標準─《專案管理知識體指南（PMBOK, Project Management Body of Knowledge）》，業經每四年改版一次，目前演進到最新版─第 7 版（2021 年版）。截至最近的統計，全世界已有 100 多萬名獲得 PMP 國際專案管理師證照，其中屬美國最多，將近 40 萬名，中國大陸排名第二，有 10 萬多名，且已將 PMP 國際「項目」（專案於中國大陸稱為項目）管理師列為國家八大證照之一，於 2008 年之北京奧運，除了政府積極投入外，更邀集了民間 7,500 家企業共同參與規劃與興建，並要求每家協力廠商均要具備兩位 PMP 國際「項目」管理師的資格，可見目前中國大陸是非常重視項目管理及項目管理師的。排在中國大陸之後依次為日本、加拿大、印度、南韓、巴西，而台灣現已超越英國及德國，目前有超過 4 萬位取得 PMP 證照，全世界排名第八，且台灣之 PMP 人數正以排名全世界第一之增長速率持續增長中，此舉亦獲得國際專案管理學會的高度重視。

1.1.2 新制 PMP 考試題型說明

自從 2021 年起，國際專案管理師（PMP）的考試採用「新制」考試題型，題目總數為「**180 題**」，作答時間為「**230 分鐘**」，中間會有「**兩次的休息**」，答案送出後休息 10 分鐘，就不能再改前面的答案。在台灣是用電腦測驗（CT），考場請至 Pearson VUE 網站登錄，星期一到星期五都有，每天上午、下午，各考一場。報名時請選擇「繁體」中文（Traditional Chinese）翻譯做為「輔助語言」，而在中國大陸一律為英文與簡中對照的筆考，而非電腦的上機測驗。

國際專案管理學會（PMI）稱通過分數之門檻為 61%，即至少必需答對 110 題。因為有 5 題不計分性質的測試題（Pretest Questions）隨機混合於 180 題之中，做為認證試題統計資料收集分析與決定是否納入未來考試題庫之用。保守的來說，建議考生要以能答對 70% 的方式來準備（要更有把握的話，在家裡練習時要以答對 80% 為目標）。現場完成考試後，若合格，電腦馬上就會有「**Congratulations!（恭喜通過）**」字樣，應考人將立即取得一份診斷性的成績單（Diagnostic Score Reports），顯示各計分領域的正確答題率。

一、三大考試計分領域

PMP 考試成績報告中，顯示三大計分領域之「答題程度」一分成四個等第：Above Target（優於目標）、Target（達到目標）、Below Target（低於目標）、Needs Improvement（需要再加強）。三大計分領域之佔分比例，說明如下表：

項次	項目	佔分比例	備考
1	人員（People）	42 %	
2	流程（Process）	50 %	
3	商業環境（Business Environment）	8 %	
4	總計	100 %	

二、新制考試題型

新制 PMP 考試的題型，計有：單選題、配合題（連連看）、圖表選出熱點題、填充題、及複選題。本書：《專案管理輕鬆學：PMP 國際專案管理師教戰寶典》，早已針對新制題型，完成「超前部署」，整理下表：

項次	題型	本書針對各式題型相對應之內容彙整說明
1	單選題	(1) 每章節後面的精華考題輕鬆掌握，共計約 300 餘題。 (2) 第 8 章 PMP 全真模擬試題兩回及最新收錄試題，超過 400 題。
2	配合題（連連看）	各章之 [小試身手]，收錄配合題，約 30 大題。
3	圖表選出熱點題	全書收錄重要圖表約 60 幅，均有詳細解析與應用說明。
4	填充題	第 7 章 - 重點口訣 100 則，就是準備填充題的總整理。
5	複選題	請多練習每章後面的題目及第 8 章 PMP 全真模擬試題與最新收錄試題，並運用全書系統性的重點精華整理，了解 PMP 的全貌與釐清重要觀念，並熟讀第 7 章 - 重點口訣 100 則。

三、準備考試的方法

1. 訂好目標：一般而言，準備 PMP 的最佳黃金時段為 2-3 個月，若低於 2 個月怕準備不夠充分；若高於 3 個月，則會失去了衝刺的動力。

2. 建議要早點下定決心：筆者在擔任 PMP 講師時，一定會跟上課學員說，誰會考上 PMP 呀？就是有訂考試日期的人。請訂下明確的考試日期，趕快報名繳費，就可安心準備，而且報名費很貴，一定會很用功來準備的。

3. 熟讀本書：本書是最精華的應考教材，請熟讀本書的精華整理，多做本書每章節的練習題，而且一定要練習本書後面的第 8 章 PMP 全真模擬試題，並從中體會 PMI 的出題精神（PMIism）。

4. PMBOK 可當成參考書：也可選讀英文版，若英文實在不好可閱讀繁體中文版，若能讀過一遍，應可以了解專案管理的全貌；但若覺得 PMBOK 實在太厚，內容太多，可以當成工具書來查閱即可。總而言之，本書因為已是 PMBOK 的整理精華，熟讀本書與練習本書的題目就是學習 PMP 的最佳途徑了。

📊 1.1.3　證照考試報名資格與程序

一、考試資格

1. 高中（含）以上學歷。

2. 參加 PMP 訓練課程 35 小時（Contact Hours）以上。
    （註：報名資格不需要 PDU，只要符合 35 Contact Hours 即可）

3. 專案管理經驗：大學畢業（含）以上：4,500 小時以上。

    　　　　　　　　專科或高中學歷：7,500 小時以上。

    （註：1 年算 1,500 小時，4,500 小時即為三年的專案管理工作經驗，7,500
    　　　小時，是五年的專案管理工作經驗）

二、報名程序

1. 加入 PMI 會員。會費：美金 139 元。（考前 2-3 個月前加入即可）

2. 完成 PMI 線上報名。

   網址：https://www.pmi.org/certifications/types/project-management-pmp

   報名費：非會員：USD 555，會員 USD 405

   　　　　若為會員，與入會費合計為 USD 544

3. 若資格符合 PMI 要求，您將收到一封 e-mail 告知如何預約電腦線上考試。

 # 1.2　專案的特性

　　台灣產業經濟正在不斷的改變中，由傳統的製造代工，逐漸轉型為高科技產品研發與行銷運籌管理中心，因此科技管理也就更為重要，現代科技管理與 ISO 9001 品質管理系統等管理發展走向有六大共同趨勢，包括：

1. 策略管理（內外部環境分析）。

2. 風險管理。

3. 利害關係人管理。

4. 知識管理（KM）。

5. 溝通管理。

6. 變更管理。

　　為了快速反應上述的共同發展趨勢，導致專案管理的需求也與日俱增，其目的在藉助有效率的管理，達成企業獲利之目的。近年來，國際專案管理標準從國外引進，並快速引起產業及學者們的高度注意。本書即以國際專案管理學會（PMI）編訂最新的《專案管理知識體指南（PMBOK）》第 7 版為主體，提供國際專案管理師（PMP）認證的考生及專案管理學習的讀者，輕鬆掌握專案管理整體的架構與內涵，達到最快速學習之目的。仔細審視 PMBOK 的內容，也會發現

國際專案管理知識體系，也是朝向上述六大共同發展趨勢來發展的，因此，專案管理與科技管理及 ISO 9001 品質管理系統是有著共同發展走向，而且專案管理領域熟悉了，也會更有利應用於科技管理及 ISO 9001 品質管理系統。

1.2.1 專案的定義與特性

在說明專案的特性之前，應先介紹專案的定義。依據國際專案管理學會（PMI）出版的《專案管理知識體指南（PMBOK）》中的定義：

A project is a temporary endeavor undertaken to create a unique product, service, or result.

「專案」是一種暫時性的努力，以創造出獨特的產品、服務或結果。

基本上，專案工作所需付出多少的努力，並不是決定其特性的主要因素，而一個專案的規模大小雖被視為重要，但卻不影響專案之特性。而所謂「專案」一般具有下列三項特性：

一、暫時性（Temporary）

暫時性並非表示專案執行的時間很短，在法國博物館重建與歷史資料蒐整的專案，其時程可長達數十年。故無論執行時間的長短，暫時性表示一個專案一定會有開始與結束（Beginning and End），當達到目標則專案終止。

二、獨特性（Unique）

此項任務是獨一無二且未曾發生過的，亦即不重複的（Non-Repetitive）。

三、逐步精進完善（Progressive Elaboration）

在專案的早期，資訊非常缺乏，專案的規劃也就比較粗略；隨著專案的發展，資訊越來越充分，專案的規劃也就越來越詳細。簡言之，就是循序漸進發展，持續精益求精，也就是我們常說的「先求有，再求好，再求更好」。

逐步精進完善就是:「遠粗近細」,「滾動式規劃、檢討、修正」。

註:這裡的遠近指的不是距離的遠近,而是時間的遠近。

　　在企業的日常營運工作中,若不屬於專案者,就稱為「**作業(Operation)**」,有時也可稱為「**營運**」或是「**運作**」。不同於專案的,作業即是例行性的日常活動,例如生產作業、銷售作業、及會計作業等。相對的,作業的特性包括持續性(On-going)及重複性(Repetitive)。專案與作業之相同與相異處比較,整理如下圖所示:

專案的特性	作業的特性
• 暫時性(Temporary) • 獨特性(Unique) • 逐步精進完善 　(Progressive Elaboration)	• 持續性(On-going) • 重複性(Repetitive)

共同特性
- 需要由人員來執行
- 資源是有限的
- 需要規劃、執行及監控
- 達成組織策略或績效目標

📊 1.2.2　專案管理的定義與特性

接下來,探討專案管理的定義:

「**專案管理**」乃是將知識、技能、工具及技術,應用到專案活動上,以符合專案需求。

一般而言，管理專案包括：

1. 識別需求（Identifying Requirements）。

2. 建立清楚及可達成的（Clear and Achievable）目標。

3. 專案規劃及執行期間，妥善處理利害關係人（Stakeholders）不同之需求、關切及期望。

4. 平衡競爭性的限制（Balancing the Competing Constraints），包括：範疇（Scope）、時程（Schedule）、成本（Cost）、品質（Quality）、資源（Resources）及風險（Risk）等。

 資源是一種 3M 架構，包括：人（Man）、機（Machine）、料（Material）。

簡言之，專案管理是一種既有效果地（Effectively）又有效率地（Efficiently）將專案成功執行的一種程序與方法，而一個「高品質的專案」其所關切的是如何能將一項任務：

如期（時程）、如質（品質）、及如預算（成本）的達成並充分滿足需求目標

除此之外，我們常提及「**專案的目標**」，就是指「**範疇、時程、成本及品質**」，而其中最重要的三項：專案「**範疇、時程及成本**」，就稱為「**三重限制（Triple Constraints）**」。三重限制係指在執行專案管理時，這三項均須嚴密控管，且必須三項都達成目標時，專案才能算成功。如執行一項專案之範疇達成了，時程也達成了，可是經費嚴重超支，這樣的結果，專案還是失敗的。此外，三重限制中有一項變更了，通常另外兩項也會受到影響。舉例而言，如範疇擴大時，在一般情形下，時程及成本也會因此變更而增加；專案時程延誤時，要多花成本來趕工。因此，專案的範疇、時程、成本是綁在一起，互相連動的，因此稱為三重限制。

小試身手 [1]

以下哪些是屬於專案（P）？哪些是作業（O）？

❶ 開發新產品

❷ 蓋新的大樓

❸ 辦理每週例行週報表

❹ 創建自動檢測系統

❺ 每日電腦使用登錄與印表

❻ 巡查辦公室週邊

❼ 新訂單的趕工

❽ 技術藍圖與品號整編

❾ 便利商店新址展店

❿ 新建資訊管理系統

⓫ 資訊管理系統後台維護

⓬ 推動宜蘭直鐵或高鐵工程

⓭ 大型採購案規劃及辦理

⓮ 發生食安問題大量退貨處理

📊 1.2.3　專案經理與專案辦公室的關係

專案管理辦公室（PMO, Project Management Office）是一個將數個專案集中（Centralized）與協調（Coordinated）管理的單位。專案辦公室之主要工作為：

1. 管理專案間之分享資源（Shared Resources）。

2. 識別及發展專案管理方法論（Methodology）、最佳實務（Best Practice）及標準（Standard）。

3. 發展、管理及監控專案管理政策（Policies）、程序（Procedures）及範本（Template）。

4. 協調專案間之溝通（Communication）。

深度解析

最佳實務（Best Practice）就是省時、省人、省錢、少風險的方法。
針對不同的企業或組織，其最佳實務的做法也是不同的。

專案經理與專案辦公室的任務是不同的，分述如下：

1. 專案經理（Project Manager）負責在有限資源下（專案內的資源），管理特定專案的目標，包括範疇（Scope）、時程（Schedule）、成本（Cost）及品質（Quality）。

2. 專案管理辦公室（PMO）則是企業中之組織架構，要以達成企業目標為前提，掌管主要範疇之變更，於多個專案中充分利用企業的資源，並掌管整體風險、整體機會及多個專案間之相互依存關係（Interdependencies）（也就是先後次序）。

深度解析

PMI-ism 就是中心思想（PMI 認為很重要），會轉化為出題精神。
專案管理辦公室（PMO）是重要的 PMI-ism，也就是 PMI 認為 PMO 是很重要的，一個重視專案管理的公司，必須要設置 PMO，因此 PMO 也會常出現在 PMP 的考題中。

📊 1.2.4 專案與作業的關係

本書已介紹過專案（Project）與作業（Operation）的相同處與相異處，在這邊要介紹專案與作業間的相互關係。專案需要專案管理，而作業則需要企業流程管理或作業管理。在專案生命週期（Project Life Cycle）與產品生命週期（Product Life Cycle）中，專案與作業可能在下列時機點發生交會（Intersect）作用：

1. 每一階段（Phase）結束時；

2. 開發新產品或改良產品時；

3. 改進作業或產品發展流程時；

4. 直到產品生命週期結束作業汰除（Divestment）時。

　　上述的內容，可以整理如下圖所示。其中橫軸是時間軸，專案的起始來自企業計畫（Business Plan），包括需要「**創造機會，解決問題**」的任務，都可以據以發起一個專案，專案之目的，在於產生專案的「**交付物（Deliverable）（專案標的）**」，在「**專案生命週期**」的期間，可以分階段來進行，如實施組織與準備、執行專案與結束專案等。產生專案交付物後，就完成了「**專案生命週期**」，且要「**轉移**」給作業，如果專案是「**研發**」的話，作業就是「**日常營運**」，包括生產與銷售作業。在生產銷售作業的過程中，若有任何與需要產品改良的地方，也可以再發起一個「**產品改良專案**」，像這樣「**產品生命週期**」可以一直維持這個循環，一直到產品汰除為止。

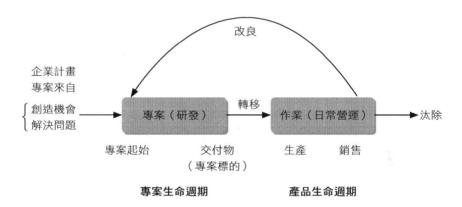

1.3　專案的價值交付（Value Delivery）

　　近年來，除了專案管理是熱門的話題外，專案組合（Portfolio）與計畫（Program）管理也愈來愈受到企業及專案管理從業者的重視，本節將探討專案組合、計畫及專案間之架構關係，這也就是專案「**價值交付**」的方式，詳如下圖所示：

📊 1.3.1　專案組合（Portfolio）

　　是專案（Project）、計畫（Program）、子專案組合（Subsidiary Portfolios）及作業（Operations）的集合，並以「**群組（Group）**」方式管理，以達成「**策略目標**」（**Strategic Objectives**）。此外，組合管理（Portfolio Management）是集中管理一個或多個專案組合，包括識別、排定資源的優先次序（Prioritize Resource Allocation）、授權、管理及控制專案、計畫及其他工作，以達成特定的策略性企業目標，因此保有最高權限的彈性，所以專案組合管理下的計畫或專案可以不相關。

　　專案組合就是投資組合、資產配置，要排定資源的優先次序。

📊 1.3.2　計畫（Program）

　　是指一群以「**協調（Coordinated）**」方式來管理的「**相關（Related）**」專案、子計畫及計畫活動，與個別管理的方式相較，將可「**提高利益與控制度**」。計畫包括專案與非專案工作，故專案可以獨立存在，不屬於任何計畫，但計畫內一定要有專案。計畫管理（Program Management）聚焦於專案間之依存關係（Interdependencies），並協助決定管理專案最佳之方法，包括解決專案間的資

源限制與衝突、校準（Align）組織 / 策略方向、解決議題（Resolve Issues）及變更管理（Change Management）。

 深度解析

1. 計畫就如同馬車，馬車只是個空殼子，是不會跑的，要靠馬來拉才會跑，在這邊馬就代表是專案，因此計畫底下一定要有專案，而且計畫底下的專案是相關的。
   - PMBOK 的繁體中文版及 PMP 協會稱計畫為：「專案集」。
   - IPMA 國際專案管理學會稱計畫為：「大型專案」。
2. 專案組合（Portfolio）、計畫（Program）、專案（Project）的英文都是以「P」開頭，因此三個合在一起，可以稱為「PPP」，專案是利用 PPP 來進行價值交付。

 小試身手 2

1. 請寫出專案組合、計畫及專案由高至低的階層次序：
2. 組合可以直接帶領專案嗎？
3. 計畫底下一定要有專案嗎？
4. 計畫下轄的專案要相關嗎？
5. 組合下轄的專案要相關嗎？

 小試身手 3

針對專案組合、計畫、專案，完成下表：

策略層次	英文名稱	管理重點	轄下專案相關嗎？
專案組合			
計畫			
專案			N/A

1.4 專案組織

專案的組織架構非常重要，一個適當的專案組織，可以讓專案的執行更有效率；反之，一個不適當的專案組織，會讓專案執行起來卡卡的，耗費很多資源在溝通協調上。專案的組織架構有三種，包括功能型、專案型及矩陣型，詳細說明如下：

1.4.1 功能型組織（Functional Organization）

如下圖所示，之所以稱為功能型組織，就是因為保有公司原有功能別的階層式組織架構，每位幕僚都有一位明確的上司，指揮與報告架構明確。一般的公司組織設有「產銷人發財資」等部門，而每個部門，都有其特殊的功能（Function），因此功能型組織就是「**部門型**」組織，亦即在「**原有部門內**」執行專案，在大多數的情況下，功能經理就是專案經理（專案的負責人），領導專案的執行。

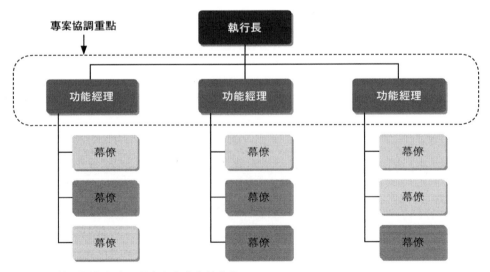

註：■ 灰色表示是有參與專案的幕僚

1.4.2　專案型組織（Projectized Organization）

如下圖所示，針對公司組織的策略與經營的需求，正式成立專案，指派專案經理。因為公司重視專案，因此公司大部分的資源，都是供專案使用。通常專案團隊成員專職（Full Time）參與專案，且集中辦公（Co-location），專案經理有極大的獨立性及權限。

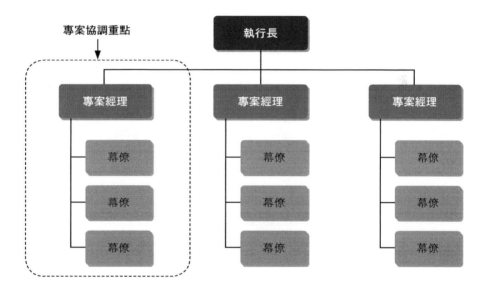

 深度解析

比較功能型與專案型的不同，由上面兩個圖示，可以整理出三個不同的地方：

1. 領導者（Leader）不同：功能型是由功能經理領導（功能經理就是專案經理）；而專案型是由專案經理領導。

2. 專案協調重點不同：功能型是以功能經理間的高階協調為主（因為功能經理代表該部門）；而專案型則重視專案內的協調（專案間除了共用資源有時會有衝突需協調外，通常都是各做各的）。

3. 參與專案的幕僚（圖中以灰色方塊表示）比例不同：專案型，是為專案而生的，因此每一位幕僚都有參與專案；而功能型，只有部分被挑選出來的幕僚有參與專案（通常是挑比較優秀的，積極努力的，肯為公司付出的，要栽培成為未來幹部的）。

1.4.3 矩陣型組織（Matrix Organization）

專案的矩陣型組織，又可以分成三種類型，包括弱矩陣、平衡矩陣及強矩陣。詳細說明如下：

一、弱矩陣型（Weak Matrix）

如下圖所示，可看出弱矩陣型組織，已具備矩陣型「**跨功能**」（也就是跨部門）的特性，再細看，可發現並沒有專案經理這個頭銜，一個專案沒有專案經理，只有協調者（Coordinator）來進行協調，可看出這種架構非常「**鬆散**」，因此稱為「**弱**」矩陣型。最後請讀者將三個圖示進行比較，可看出「**弱矩陣型比較接近功能型**」。與功能型相較，也只有專案協調重點不同，弱矩陣的專案協調重點比較屬於較低的作業層次，是專案各部門的幕僚間進行協調。實務上，一般公司福利委員會（簡稱福委會）的組織，或是過年前全公司進行大掃除或年節佈置專案，就比較像弱矩陣型的組織。

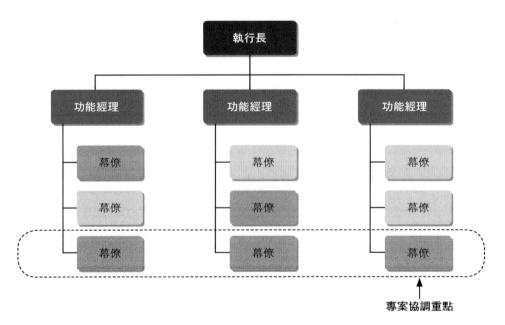

二、平衡矩陣型（Balanced Matrix）

　　如下圖所示，在主要負責專案推動的功能別內，也就是功能經理所管轄的部門內，挑選一位幕僚來擔任專案經理，若是稍微重要的專案，也可能挑選部門內小主管或部門副理來擔任專案經理，因為專案經理的職務越高，通常權限與協調的能力與資源都越高。因此，平衡型組織最大的特色就是「**專案經理是功能經理的部屬**」，由專案經理與功能經理「**共同**」來推動與管理專案，達成兩人之間的權力平衡，因此稱為平衡型矩陣。

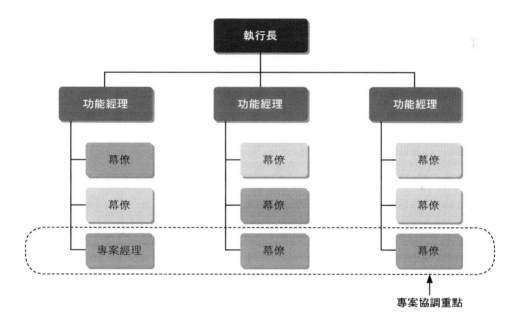

三、強矩陣型（Strong Matrix）

　　如下圖所示，強矩陣型則成立一個專責單位，將專案經理集中起來管理。這個專責單位的主管稱為專案總監，也有公司稱為專案副總、專案處長、專案協理、專案長、研發長等，是所有專案經理的主管，也常常就是專案管理辦公室（PMO）的主管。在台灣多家組織成熟度很高的研究單位及上市的高科技以公司，都是採用強矩陣型組織。

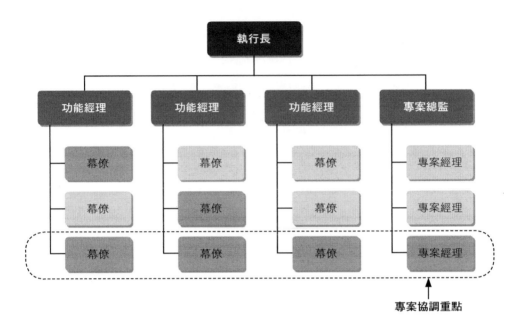

專案協調重點

深度解析

矩陣型組織的優缺點：

優點：充分運用企業內跨部門的資源。

缺點：雙重指揮線（2-Boss），專案幕僚要同時面對功能經理與專案經理，不知該聽誰的，因此需要更完善的溝通與協調。

四、各種專案組織的比較

組織架構 專案特性	功能型	矩陣型			專案型
		弱矩陣	平衡矩陣	強矩陣	
專案經理的權限	最低	低	中	高	最高
資源可用性	最低	低	中	高	最高
誰控制預算	功能經理	功能經理	功能經理與 專案經理共同	專案經理	專案經理
專案經理的角色	兼職	兼職	全職	全職	全職
專案管理幕僚	兼職	兼職	兼職	全職	全職

1.4.4　專案組織的選定

專案組織架構的選定，沒有最好的，只有最適當的。通常是依據專案的規模（考量時程的長短、成本的高低、人力運用的多寡、技術複雜度的難易程度）來選擇：

1. 規模小的專案

採用「**功能型**」，功能經理就是專案經理，專案在部門內即可完成。

2. 規模中型的專案

採用矩陣型（運用跨部門資源）：

(1) 較簡單的專案，不需要專案經理的，採用「**弱矩陣型**」。

(2) 專案數量少，或有專業壁壘（屏障）的，則分開管理，採用「**平衡型矩陣**」。

(3) 專案數量較多，且沒有專業壁壘的，則集中管理，採用「**強矩陣型**」。

3. 規模大型的專案，或特別重要、特別緊急的專案

為了要全心投入，專職專責來進行專案，因此適合採用「**專案型**」組織。專案的資源是有限的，專職來做都不見得做得好，若是兼職來做，一定比專職來做更差了。

1.5　專案環境

專案的環境會影響專案的規劃與執行，因此專案經理要能識別與掌握專案環境。專案環境可分為內部環境與外部環境，分述如下：

一、專案的內部環境

1. 流程資產（Process Assets）。

2. 資料資產（Data Assets）。

3. 知識資產（Knowledge Assets）。

4. 組織文化、架構及治理（Organizational Culture, Structure, and Governance）。

5. 治理文件（Governance Documentation）。

6. 保全與安全（Security and Safety）。

7. 基礎設施（Infrastructure）。

8. 設施與資源的地理分佈（Geographic Distribution of Facilities and Resources）。

9. 資源可用性（Resource Availability）。

10. 員工能力（Employee Capability）。

11. 資訊科技軟體（Information Technology Software）。

二、專案的外部環境

1. 法規環境（Regulatory Environment）。

2. 產業標準（Industry Standards）。

3. 市場狀況（Marketplace Conditions）。

4. 商業資料庫（Commercial Databases）。

5. 財務考量（Financial Considerations）。

6. 社會與文化影響及議題（Social and Cultural Influences and Issues）。

7. 實體環境（Physical Environment）。

8. 學術研究（Academic Research）。

1.6 專案架構

1.6.1 專案管理五大流程群組、十大知識領域及 49 個管理流程

依據《專案管理知識體指南（PMBOK）》第 6 版之介紹，專案管理係由五大流程群組、十大知識領域及 49 個管理流程所組成，並可彙整為流程對照表（Mapping），如下表所示。此表是專案管理知識體結構的精華，描述 49 個管理流程與五大流程群組及十大知識領域間之關係，可使專案管理的初學者能更清楚地了解專案管理的標準流程結構，雖然 PMBOK 已改版為第 7 版，但是還是會

「**向下兼容**」第 6 版的架構，因此，對於要參加國際專案管理師（PMP）認證考試者而言，此表還是要熟悉的。

十大知識領域	五大流程群組（Process Groups）				
	起始（I）	規劃（P）	執行（E）	監控（C）	結案（C）
4. 整合管理	4.1　發展專案章程	4.2　發展專案管理計畫	4.3　指導與管理專案工作 4.4　管理專案知識	4.5　監控專案工作 4.6　執行整合變更控制（ICC）	4.7　結束專案或階段
5. 範疇管理		5.1　規劃範疇管理 5.2　收集需求 5.3　定義範疇 5.4　建立 WBS		5.5　確認範疇 5.6　控制範疇	
6. 時程管理		6.1　規劃時程管理 6.2　定義活動 6.3　排序活動 6.4　估計活動工期 6.5　發展時程		6.6　控制時程	
7. 成本管理		7.1　規劃成本管理 7.2　估計成本 7.3　決定預算		7.4　控制成本	
8. 品質管理		8.1　規劃品質管理（QP）	8.2　管理品質（QA）	8.3　控制品質（QC）	
9. 資源管理		9.1　規劃資源管理 9.2　估計活動資源	9.3　獲得資源 9.4　發展團隊 9.5　管理團隊	9.6　控制資源	
10. 溝通管理		10.1 規劃溝通管理	10.2 管理溝通	10.3 監督溝通	
11. 風險管理		11.1 規劃風險管理 11.2 識別風險 11.3 執行定性風險分析 11.4 執行定量風險分析 11.5 規劃風險回應	11.6 執行風險回應	11.7 監督風險	
12. 採購管理		12.1 規劃採購管理	12.2 執行採購	12.3 控制採購	
13. 利害關係人管理	13.1 識別利害關係人	13.2 規劃利害關係人參與	13.3 管理利害關係人參與	13.4 監督利害關係人參與	

📊 1.6.2 專案管理最新的架構：十二項原則、八大績效領域

依據最新改版的 PMBOK 第 7 版，專案管理的架構為十二項行為指導原則與八大績效領域，改變成為這個架構的原因，是會更有利於專案推動「價值交付」。針對 PMBOK 第 6 版與第 7 版的架構差異比較，詳見下圖。

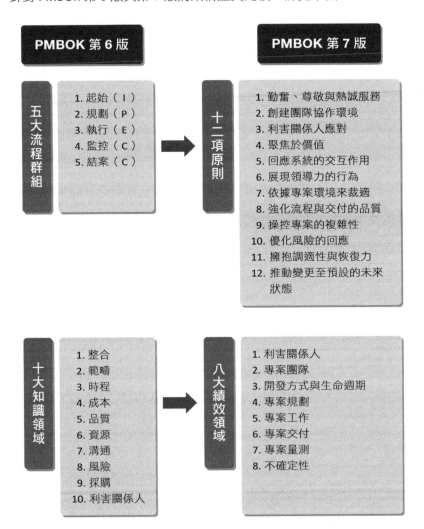

PMBOK 第 6 版		PMBOK 第 7 版	
五大流程群組	1. 起始（I） 2. 規劃（P） 3. 執行（E） 4. 監控（C） 5. 結案（C）	十二項原則	1. 勤奮、尊敬與熱誠服務 2. 創建團隊協作環境 3. 利害關係人應對 4. 聚焦於價值 5. 回應系統的交互作用 6. 展現領導力的行為 7. 依據專案環境來裁適 8. 強化流程與交付的品質 9. 操控專案的複雜性 10. 優化風險的回應 11. 擁抱調適性與恢復力 12. 推動變更至預設的未來狀態
十大知識領域	1. 整合 2. 範疇 3. 時程 4. 成本 5. 品質 6. 資源 7. 溝通 8. 風險 9. 採購 10. 利害關係人	八大績效領域	1. 利害關係人 2. 專案團隊 3. 開發方式與生命週期 4. 專案規劃 5. 專案工作 6. 專案交付 7. 專案量測 8. 不確定性

最後可將最新的專案管理架構，以「**雙層雨傘**」的方式，展現如下圖所示，而傘下就是專案管理所包括的世界。

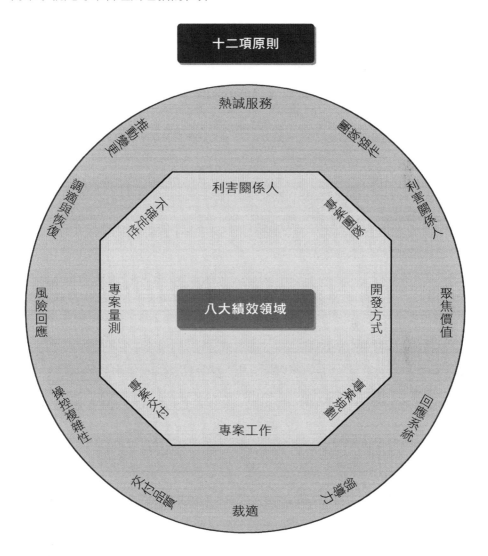

1.7 專案的發起

 1.7.1 專案章程（Project Charter）

企業要依據營運策略發展方向與價值交付層級，將企業需求藉由專案來實現，因此要正式授權來發起一個專案或階段，並指派專案經理，給專案經理權力，有依據來使用資源，以便將企業需求文件化。這個專案發起的正式授權文件，稱為「**專案章程（Project Charter）**」，由專案發起人或組織以外的贊助人來核准之，其適當的位階需要確保專案資金的提供。

深度解析

1. 專案有兩種：
   (1) 內部專案：如公司的產品研發專案，或展店專案，專案贊助人（也就是出資者）就是公司老闆。
   (2) 外部專案：如委外軟體開發，專案贊助人就是業主或顧客。
2. 擬定專案章程的投入文件，可包括：
   (1) 效益管理計畫（Benefits Management Plan）：
   說明專案效益被交付的方法與時間的文件，向贊助人或投資人解釋專案如何獲利或是投報率等，可以視為專案的「說帖」。
   (2) 協議（Agreements），也就是買賣雙方的合約（Contracts）。

專案章程就是專案核准證或專案授權書，包含專案目的或立案的理由、可量測的專案目標及其相關的成功準則、高階需求、高階專案描述、假設與限制、全案風險、概要里程碑、核准的財務資源、主要的專案利害關係人清單、指派的專案經理，及所被賦予的責任與權限等級、授權專案章程之贊助人（Sponsor）姓名及權限等。

專案章程，就是專案的尚方寶劍（令牌），正式核准專案的立案（建案）發起，在對岸的大陸稱為立項。專案章程有兩大特點：

1. **高階**：就是公司組織的策略面與經營面需求。

2. **概略**：因為這是專案的第一份文件，因此就保持在比較概略的形式，未來可以逐步精進完善（滾動式修正）。

 深度解析

專案章程（Project Charter）的參考範例如下所述：

1	專案名稱	新事業群進口咖啡行銷專案
2	專案緣由	公司成立新事業群——咖啡販售
3	專案目標	1. 提出企業品牌識別圖騰及標語別 2. 提升 2023 年 20% 營業額 註：專案目標要符合 SMART 法則
4	專案時程	2023 年 1 月至 2023 年 12 月
5	專案預算	新台幣 5,000 萬元
6	專案經理指派	企劃部 彭經理
7	發起人核准	總經理室 江特助

1.7.2 商業方案（Business Case）

商業方案，也稱為商業案例、商業企劃案、或企業個案，也可視為可行性分析（Feasibility Study），尤其是成本效益分析（Cost-Benefit Analysis），係以商業的觀點蒐集相關資訊，以判定專案是否值得投資（Worth Investment），有時可分成 A 案、B 案、C 案等方案選擇，分別進行評估，故稱為商業方案。商業方案的考量內容可包括：企業需求、市場要求、顧客請求、技術提升、法律需求、生態衝擊及社會需求等。

商業方案，可以運用在專案發起之前，評估要選定哪一個專案；也可以運用在專案發起之後，決定要運用何種方式來執行專案。以下是以提升某遊樂園區來客數專案的商業方案清單與商業方案評選表的實務案例：

▼商業方案清單—某遊樂園區提升來客數專案

方案名稱	方案內容	優點	缺點
A 方案 套票促銷	1. 親子套票 2. 與觀光農場等其他場館等推出聯合套票	1. 票價折扣，提高民眾入園意願 2. 館際合作能吸引民眾到訪園區	1. 收入可能會約略減少 2. 套票設計需要成本
B 方案 節慶活動	配合兒童節、母親節、父親節、及暑假等特別活動	促進親子活動、假日（節日）時期人潮較高	1. 人潮集中於假日 2. 交通與停車會壅塞
C 方案 網路行銷	1. 打卡贈禮 2. 尋寶遊戲 3. 網紅影片宣傳	吸引年輕族群參加	只針對特定族群，不知是否有整體效果

▼商業方案評選表—某遊樂園區提升來客數專案

評選準則與加權 / 方案		A. 方案 套票促銷	B. 方案 節慶活動	C. 方案 網路行銷
預估成效	40%	5	3	4
推動可行	30%	4	3	4
相關配套資源	20%	4	4	3
未來效益	10%	5	2	4
分數		4.5	3.1	3.8
評選決策		YES	NO	NO

📈 1.7.3 商業模型畫布（Business Model Canvas）

也可簡稱為商業模型或商業畫布，是由《獲利世代（Business Model Generation）》的作者亞歷山大·奧斯特瓦德（Alexander Osterwalder）所提出與倡導，拆解商業模式為九大相互有關聯的元素，並以九宮格視覺化方式加以呈現，透過這樣的框架（Frame）了解新創專案的投資與收益關聯與分析。以下是以某連鎖咖啡店的商業模型畫布之實務案例：

某連鎖咖啡廳　商業模型畫布				
關鍵伙伴 咖啡機製造廠 原料提供商 媒體	**關鍵活動** 塑造頂級印象維 持咖啡口感 打造良好的顧客 體驗	**價值主張** 品質優良 精緻時尚 方便隨時品嘗頂 級香醇高貴的咖 啡	**顧客關係** 體驗式行銷 店內輕鬆氣氛 企業社會責任	**目標客層** 上班族 社區住戶 學生
	關鍵資源 優良的咖啡豆與 咖啡機技術時尚 形象		**通路** 旗艦展售店 便利商店 網路直購	
成本 咖啡機與補充膠囊的設計與生產 實體體驗店面的建置 客戶關係經營系統 行銷推廣費用等		**收益** 咖啡 餐點 咖啡機 補充膠囊		

📊 1.7.4　商業立案理由分析法（Business Justification Analysis Methods）

　　商業立案理由分析法，也就是「**專案選擇法**」，在數個可能的專案間，選擇一個最符合投資成本效益的專案來執行。因此，在本節的最後，我們要介紹有關成本管理的概念，也讓身為專案經理的您可以對成本管理的基礎素養更加了解。

一、觀念一：成本類型（Types of Cost）

1. 機會成本（Opportunity Cost）

　　放棄另一選擇的成本（Missing Part），例如：專案 A 利潤 50,000 元，專案 B 利潤 40,000 元，若選擇專案 A，則機會成本是 40,000 元。

2. 沉沒成本（已投資成本）（Sunk Cost）

　　沉沒成本是已經花費的成本，要當做成本已經消失，就好像船舶已經沉了，無法找回來了。通常在考慮是否要繼續一個待議的專案時，不需考慮已投資成本。

3. **直接成本（Direct Cost）**

直接成本是指可以有效追蹤的專案相關成本，如專案所使用的直接材料費、直接人工費、及機器設備的租金等。

4. **間接成本（Indirect Cost）**

比較屬於經常性費用，指的是無法有效追蹤，通常無法分割歸屬於專案的某部分），只好放在最上方（Overhead）。如間接人員 - 保全人員及清潔人員，間接材料 - 電費、潤滑油費、影印費、清潔費等。

5. **固定成本（Fixed Cost）**

不隨著生產（銷售或銷售）數量而變動的成本，例如：固定資產、辦公大樓租金、員工薪資、及機器設備折舊費等。

6. **變動成本（Variable Cost）**

隨著生產（或銷售）數量變動而改變的成本，例如：材料費、加班費、運費等。要注意的是：固定成本與變動成本，常與損益兩平點（BEP, Break Even Point）有關。

小試身手 4

短租每日花費 200 元，長租每日花費 100 元，但要 1 萬元機器設置費，請問第幾天開始長租比較划算？

二、觀念二：專案選擇法（Project Selection Methods）

1. **現值法（PV, Present Value）**

未來的價值以現值表示，專案選越大越好。

$$F = P(1+r)^n \qquad 因此：P = F/(1+r)^n$$

P：現值（Present Value）

F：未來值（終值）（Future Value）

r：利率（Interest Rate）

n：期數（Number of Time Period）

請注意：現在的 1 塊錢，與明年的 1 塊錢，誰大（多）？當然是今年的 1 塊錢。為什麼？因為會有利息。因此，從現在放到未來，會變多。從未來折到現在，會變少。

2. 淨現值法（NPV, Net Present Value）

預期現金流的現值，也就是期初投資成本，專案選越大越好。

$$NPV = 現金收入的現值 - 現金支出的現值$$

請注意：「現」就是折到現在，「淨」就是收入減支出。

3. 還本期間法（PP, Payback Period）

回收投資成本並開始產生收益的期間，專案選越短越好。

4. 效益成本比較法（BCR, Benefit Cost Ratio）

比較獲利（收益或報酬）和成本（投資），專案選越大越好。

$$BCR = 效益 / 成本（Benefits/Cost），BCR > 1 表示獲利大於成本$$

5. 內部報酬率法（IRR, Internal Rate of Return）

未來現金流的現值等於投資成本的報酬率，也就是類似「殖利率」的概念，專案選擇越大越好。

 深度解析

將專案選擇法整理成下表所示：

專案選擇法	專案 A	專案 B	選擇專案及理由
機會成本	2 萬元	3 萬元	專案 A（選小的）（因為損失的少）
淨現值法（NPV）	200 萬元	300 萬元	專案 B（選大的）
還本期間法（PP）	3 年	5 年	專案 A（選短的）
效益成本比較法（BCR）	1.12	1.25	專案 B（選大的）
內部報酬率法（IRR）	12%	10%	專案 A（選大的）

1.8　專案規劃的準備

專案經過正式的發起後，在邁進專案八大績效領域之前，要先對專案進行一些初步的規劃，完成專案的先期準備。本節包括專案 5W3H 規劃及建立工作分解結構（WBS），依序介紹如下。

1.8.1　專案 5W3H 規劃

專案可運用 5W3H 的方式，進行專案的初步規劃，5W3H 的內涵可包括：

- ▶ Why（緣起）
- ▶ What（內容）
- ▶ When（時程）
- ▶ Where（場地）
- ▶ Who（對象）

- ▶ How（方式）
- ▶ How Many（數量）
  - ■　（或預期效益 KPI）
- ▶ How Much（經費）

更深入的話，可運用「曼陀羅九宮格」的方式，擬定「**一頁式專案規劃提案書**」向老闆、股東或是業主（顧客）提報，有關咖啡館開店專案的實務案例如下表所示：

WHY [源起] 創立與眾不同的咖啡館	WHAT [內容] 建立自有的咖啡品牌，並且能持續穩定的獲利	WHEN [專案時程] 2023 年 1 月～ 2023 年 6 月
How Much [開店預算] 600 萬元	專案名稱： 咖啡館開店專案	WHO [利害關係人] 1. 股東　　4. 房東 2. 員工　　5. 社區 3. 供應商　6. 顧客
How Many [銷售目標] 1. 每日咖啡銷售 150 杯 2. 餐點銷售數 40 份 3. 外帶：內用比例：2:1	HOW [行銷方式] 1. 提供特色餐點及飲品 2. 舒適放鬆的消費空間 3. 請 YouTuber 拍片推薦及舉辦 　 行銷活動等多元方式廣宣	WHERE [開店地點] 台北市內湖科學園區周邊結合商圈商辦及社區住宅

📊 1.8.2　建立工作分解結構
（Create Work Breakdown Structure）

請問下列何者稱為專案？

(A) 一個人做一件事　　　　　　(B) 一個人做許多事

(C) 許多人做一件事　　　　　　(D) 許多人做許多事

很明顯，答案是 (C) 許多人做一件事。因此，一群螞蟻要把一隻死掉的蚱蜢搬回螞蟻窩，這也可以視為專案，請問螞蟻怎麼做？當然是運用團隊的力量，把蚱蜢支解後才逐一的搬回，而支解這個動作就是建立工作分解結構（WBS, Work Breakdown Structure），大家可以想一想，連螞蟻都知道如何執行專案，而更何況我們是最高等智慧的人類，而且受過專業的專案管理訓練。

工作分解結構（WBS）是以「**交付物為導向（Deliverable-Oriented）**」，主要應用的方法工具就是「**分解（Decomposition）**」，將專案的交付物分解成更小且易於管理的組件（Components），每個組件代表一個獨立的工作單位，稱為「**工作包（Work Packages）**」。

專案要進行專案工作分解結構之目的，有以下五點：

1. 估計工期（擬定時程）。

2. 估計成本（訂定預算）。

3. 指派人力（任務分工）。

4. 整組外包（規劃採購）。

5. 利於監控（模組化管理）。

工作分解結構常運用科層式架構（Hierarchical Structure），如我們熟知生物學的分類：界門綱目科屬種，可以是垂直樹、水平樹或是與時程或成本結合形式。工作包是專案運作的核心，可做為專案經理規劃與監控範疇、時程、成本、品質、資源的工具。工作包的內容，可包括：

1. 專案名稱。

2. 工作項目名稱及其負責人。

3. 工作範疇及交付物內容。

4. 時程與圖表。

5. 資源與成本。

6. 前一工作事項描述。

7. 接續工作事項描述。

8. 風險等級與注意事項。

旅遊展策展專案的工作分解結構（WBS）可舉例如下圖：

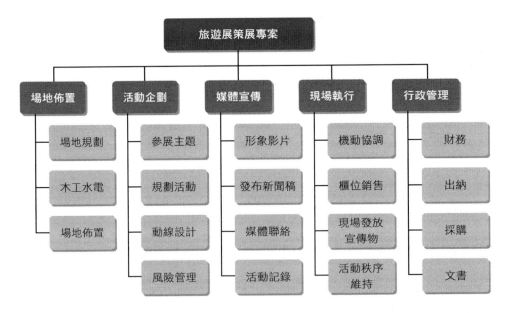

最後，要說明的是，專案有了工作分解結構（WBS）之後，就是對於專案初步規劃有了準備，就可以正式開始進行專案八大績效領域的規劃與執行了。

小試身手解答

1 只有 (3), (5), (6), (11) 是作業（Operation），其他的都是專案（Project）。

2 (1) 由高至低，分別是專案組合、計畫、專案。

(2), (3), (4) 都是：「是的」。(5) 不是的，可以不相關。

3

策略層次	英文名稱	管理重點	轄下專案相關嗎？
專案組合	Portfolio	企業策略目標	可以不相關
計畫	Program	協調、獲得利益	相關
專案	Project	產生交付物	N/A

4 假設使用 n 天

200n>10,000+100n

n>100　所以，答案是 101 天開始

精華考題輕鬆掌握

1. 學習專案管理，了解每個名詞的定義是很重要的，下列何者為一種暫時性的努力，以創造出獨特的產品、服務或結果？

   (A) 專案管理   (B) 專案   (C) 交付物   (D) 作業

2. 關於專案的特性，以下說明何者為非？

   (A) 重複性   (B) 暫時性   (C) 逐步精進完善   (D) 特殊性

3. 依據專案的特性判斷，下列何者不是專案？

   (A) 開發新產品   (B) 電腦系統例行性掃毒

   (C) 新訂單的趕工   (D) 辦理三十週年慶活動

4. 依據作業的特性判斷，下列何者不是作業？

   (A) 巡視生產線   (B) 蓋新廠房   (C) 每日記帳   (D) 每月例行性會議

5. 專案是一種 ＿＿＿ 的努力，以創造出 ＿＿＿ 的產品、服務或結果。

   (A) 持續、完美   (B) 暫時、獨特   (C) 持續、平均   (D) 暫時、暢銷

6. 專案管理所包含的三重限制（Triple Constraint），以下何者不屬之？

   (A) 成本（Cost）   (B) 時程（Schedule）

   (C) 範疇（Scope）   (D) 風險（Risk）

7. 有關專案管理辦公室與專案經理的區別，以下何者錯誤？

   (A) 專案管理辦公室是企業中之組織架構

   (B) 專案管理辦公室以達成企業目標為前提，集中管理專案

   (C) 專案經理負責掌管多個專案中之相互依存關係

   (D) 專案經理負責在有限資源下，管理特定專案的目標

8. 請問下列何者不屬於專案價值交付的「PPP」？

   (A) 計畫（Program）   (B) 專案（Project）

   (C) 產品（Product）   (D) 專案組合（Portfolio）

9. 公司負責人或投資人會管理許多不同的計畫和專案，請問執行專案組合管理（Portfolio）之主要目的在於？

   (A) 獲得利益   (B) 達成策略目標   (C) 完成交付物   (D) 執行專案工作

10. 下列有關專案管理的階層發展，由上至下何者排列方式是正確的？

a. 專案組合（Portfolio） b. 專案（Project） c. 計畫（Program）

(A) cba   (B) acb   (C) bac   (D) abc

11. 關於專案組合與計畫之描述，下列何者有誤？

(A) 專案組合可以直接帶領專案   (B) 計畫底下一定要有至少一個專案

(C) 計畫下轄的專案必須要具有相關性   (D) 專案組合下轄的專案要必需要具有相關性

12. 下列有關專案特性之敘述，何者有誤？

(A) 專案不確定性（uncertainty）及風險（risk）在專案初期最高

(B) 專案之變更成本，會隨專案時程發展而增高

(C) 專案的三重限制 - 範疇、時程、成本，表示這三個會有連鎖的影響

(D) 專案利害關係人（Stakeholders）的影響，會隨專案時程發展而增高

13. 依據不同的目標，專案會以不同的組織架構組成，才能將企業內部的人力、資金、技術等資源的效果極大化，下列何者不屬於專案的組織架構類型？

(A) 功能型   (B) 專案型   (C) 流程型   (D) 矩陣型

14. 隨著專案的組織架構不同，專案團隊中的成員即使職稱相同，執掌和權限也會有所不同。在以下的組織架構中，何者會使專案經理擁有最大的權限及資源？

(A) 專案型   (B) 弱矩陣型   (C) 功能型   (D) 平衡矩陣型

15. 一個企業當中，可能因為不同的任務屬性而有多種的組織架構，下列何種專案組織架構，專案成員最可能是兼任的？

(A) 專案型   (B) 功能型   (C) 強矩陣型   (D) 平衡矩陣型

16. 下列何者不是功能型與專案型組織的特性？

(A) 功能型是由功能經理領導，專案型是由專案經理領導

(B) 功能型重視底層作業層級的協調

(C) 專案型重視專案內的協調

(D) 專案型每一位成員都要參與專案，而功能型只有部分成員參與專案

17. 公司的專案組織架構的特色為專案經理是功能經理的部屬，且專案經理與功能經理兩位共同分享專案資源的管控，請問這是怎樣的專案組織架構呢？

(A) 功能型   (B) 弱矩陣型   (C) 平衡矩陣型   (D) 強矩陣型

18. 下列針對專案組織的特性，何者為非？

(A) 矩陣型的優點就是可以充分運用企業內跨部門的資源

(B) 矩陣型組織的缺點就是會造成雙重指揮線，需要更多的溝通協調

(C) 強矩陣型組織的專案經理，通常是專任的

(D) 平衡矩陣型組織通常不設立專案經理，而由專案協調人進行專案的統整

19. 下列針對專案組織的特性，何者為非？

(A) 規模較小及複雜度低的專案，通常適合功能型組織

(B) 平衡型矩陣最大的特色就是專案經理是功能經理的部屬

(C) 矩陣型組織中，倘若公司內的專案數量較多時，適合採用平衡矩陣型組織

(D) 弱矩陣型比平衡矩陣型更接近功能型組織

20. 以下哪些項目屬於專案內部環境？

a. 組織文化、架構及治理　b. 商業資料庫　c. 市場狀況　d. 設施與資源的地理分佈

e. 資訊科技軟體　f. 法規環境　g. 社會文化議題　h. 員工能力

(A) adeh　　　　　(B) abcd　　　　　(C) acef　　　　　(D) afgh

21. 下列何者不屬於「產銷人發財資」專案的內部環境？

(A) 組織資產　　　(B) 學術研究　　　(C) 公司治理　　　(D) 員工能力

22. 下列何者不屬於「政經社科 PEST」專案的外部環境？

(A) 政策法規　　　(B) 商業資料庫　　　(C) 社會文化議題　　　(D) 資源可用性

23. 專案管理的五大流程群組（Process Groups），包括哪些？

(A) 規劃、風險管理、溝通、監控、結案

(B) 輸入、輸出、監控、執行、規劃

(C) 範疇控制、時程控制、成本控制、品質控制、風險控制

(D) 執行、監控、結案、規劃、起始

24. 五大流程群組與十大知識體系的流程對應表中，下列哪一個知識領域之下的管理流程，跨越了五大流程群組（IPECC）都有？

(A) 專案範疇管理　　(B) 專案整合管理　　(C) 專案成本管理　　(D) 專案時程管理

25. 請完成五大流程群組的 IPECC 配合題（連連看）（Drag and Drop）：

追蹤、審查及調節專案之進度與績效；識別計畫變更之需要；起始相對應的變更	(A) 起始（Initiating）
結束所有流程群組間的活動，以正式結束專案或階段	(B) 規劃（Planning）
經由獲得授權（Authorization）開始一個專案或階段（Phase），來定義一個專案或階段	(C) 執行（Executing）
完成專案管理計畫所定義之工作，以滿足專案規格（Specifications）	(D) 監控（M&C）
建立專案範疇（Scope）、精煉（Refine）專案目標及擬定要採取之行動	(E) 結案（Closing）

26. 結案流程群組中，哪一項是專案結案時最後執行的工作項目？
(A) 確認專案產出符合專案範疇　　　(B) 文件歸檔
(C) 人員歸建　　　(D) 最終績效評估

27. 下列哪一項是 PMI 出版的《專案管理知識體指南（PMBOK）》第 7 版的內容？（複選 2 項）
(A) 十二項原則　　　(B) 五大流程群組
(C) 十大知識領域　　　(D) 八大績效領域

28. 檢視 PMBOK 第 6 版與第 7 版的差異，由「十大知識領域」，變成「八大績效領域」，其中只有哪一項沒有改變，兩個版本都有，且是完全一樣的？
(A) 專案團隊　　　(B) 專案規劃
(C) 利害關係人　　　(D) 專案交付

29. 在專案管理最新版的 PMBOK 中，揭櫫了十二項原則與八大績效領域，以下何者不屬於十二項原則之一？
(A) 開發方式與生命週期　　　(B) 擁抱調適性與恢復力
(C) 依據專案環境來裁適　　　(D) 聚焦於價值

30. 在專案管理 PMBOK 最新版中，以下何者不屬於十二項原則之一？
(A) 如管家般熱誠的服務　　　(B) 操控專案的複雜性
(C) 確定目標，降低變更　　　(D) 展現領導力行為

31. 在專案管理最新版的 PMBOK 中，以下何者不屬於八大績效之一？
    (A) 專案工作　　　　　　　　　　(B) 專案假設與限制
    (C) 專案量測　　　　　　　　　　(D) 不確定性

32. 受到上級指派，下個月即將要成為專案經理的你非常興奮，聽聞 PMI 有律定關於專案
    經理應該具備的人才三角（The PMI Talent Triangle）職能，以下何者為非？
    (A) 技術面專案管理（Technical Project Management）
    (B) 領導統御（Leadership）
    (C) 策略及企業管理（Strategic and Business Management）
    (D) 診斷與稽核（Diagnosis and Audit）

33. 下列何項工作不屬於起始流程群組（Initiating Process Group）須執行的作業？
    (A) 指派專案經理　　　　　　　　(B) 建立專案章程
    (C) 識別專案利害關係人　　　　　(D) 建立專案範疇説明書

34. 下列何者不為專案發起（起始）階段所需執行的工作？
    (A) 指派專案經理　　　　　　　　(B) 頒布專案章程
    (C) 執行採購　　　　　　　　　　(D) 分析商業方案（Business Case）

35. 以下關於專案章程的描述，何者正確？
    (A) 指派的專案經理不需要記錄在其中
    (B) 專案章程須包含高階專案描述及界限
    (C) 專案章程只能由內部的專案發起人（Initiator）來核准之
    (D) 即為可行性分析（Feasibility Study）或是企劃案評選

36. 在專案發起階段，用一頁式九宮格，展現專案的活動、成本、價值交付、與獲利的商
    業模型（模式或框架），稱為什麼？
    (A) 專案選擇法　　(B) 專案章程　　(C) 商業方案評選　　(D) 商業畫布

37. 選擇一個方案，而會放棄（失去）另一個方案獲利，這樣的成本，稱為什麼？
    (A) 沉默成本　　　(B) 進階成本　　(C) 變動成本　　　　(D) 機會成本

38. 下列何者是將數值「折算到現在」，而且是用「收入減去支出」？
    (A) 內部報酬率　　(B) 現值　　　　(C) 淨現值　　　　　(D) 折舊攤提

39. 運用淨現值法（NPV）選擇專案時，針對下列四個專案，要選擇哪一個專案來執行？
    (A) 10 萬元　　　　(B) 200 萬元　　(C) 50 萬元　　　　(D) 120 萬元

40. 運用還本期間法（Payback Period）選擇專案時，針對下列四個專案，要選擇哪一個專案來執行？

(A) 8 年   (B) 5 年   (C) 3 年   (D) 10 年

41. 運用內部報酬率法（IRR）選擇專案時，針對下列四個專案，要選擇哪一個專案來執行？

(A) 3%   (B) 5%   (C) 6%   (D) 8%

42. 運用效益成本比較法（BCR）選擇專案時，針對下列四個專案，要選擇哪一個專案來執行？

(A) 1.50   (B) 1.35   (C) 1.21   (D) 1.15

43. 專案經理掌握專案成本，要了解各項成本的定義，以下描述何者錯誤？

(A) 沉沒成本定義為已花費的成本

(B) 固定成本定義為不會隨著業績而改變的成本

(C) 若執行 A 專案之利潤為 25 萬元，執行 B 方案利潤為 28 萬元，則選擇執行 B 專案之機會成本為 3 萬元

(D) 通常無法有效追溯間接成本

44. 專案的時間和人力與物力是有限的，因此在選擇要執行哪一個專案就需要有專案選擇法（Project Selection Methods），以判斷如何獲得最大利潤。關於專案選擇法之描述，以下何者正確？

(A) 還本期間應選擇較長時間回本的專案，才能得到最大利潤

(B) 淨現值 = 現金收入的現值 + 現金支出的現值

(C) 若以淨現值法進行選擇，應選擇目前數值最小的專案

(D) 若以現值做為選擇依據，應選擇目前數值最大的專案

45. 選擇是否執行專案並於事前評估可能的利潤，是專案選擇法的重點所在，關於專案選擇法之描述以下何者正確？

(A) 效益成本比指的是成本除以效率所得的比例

(B) 應選擇效益成本比相對較小的專案

(C) 計算內部報酬率時，應使未來現金流入的現值和投資成本報酬率相等

(D) 選擇內部報酬率較小的專案，會有較高的獲利

46. 商業方案（Business Case），是在擬訂哪一份專案文件時，所要參考的？

(A) 專案章程   (B) 專案管理計畫   (C) 變更請求   (D) 專案結案文件

47. 在曼陀羅九宮格一頁式 5W3H 規劃中，關鍵績效指標（KPI）常常會取代哪一項？

(A) How Much   (B) How Many   (C) How   (D) Why

48. 在專案管理中，下列哪一項作業應該比其他作業優先執行？

(A) 指派任務（Assign Tasks）   (B) 編製專案時程（Schedule）

(C) 建立成本估算（Cost Estimation）   (D) 建立工作分解結構（WBS）

49. 以下關於工作分解結構（Work Breakdown Structure）的描述，何者錯誤？

(A) 每一項工作都是單一、有意義的   (B) 可以做為監督與控制的基礎

(C) 最基礎的工作元素稱為專案組合   (D) 以交付物為導向

50. 工作分解結構的最底層元素，稱為？

(A) 活動   (B) 規劃包   (C) 控制元件   (D) 工作包

答案

題號	1	2	3	4	5	6	7	8	9	10
答案	B	A	B	B	B	D	C	C	B	B

題號	11	12	13	14	15	16	17	18	19	20
答案	D	D	C	A	B	B	C	D	C	A

題號	21	22	23	24	25	26	27	28	29	30
答案	B	D	D	B	DEACB	C	AD	C	A	C

題號	31	32	33	34	35	36	37	38	39	40
答案	B	D	D	C	B	D	D	C	B	C

題號	41	42	43	44	45	46	47	48	49	50
答案	D	A	C	D	C	A	B	D	C	D

專案的八大
績效領域

2

Chapter

 2.1 利害關係人（Stakeholder）

利害關係人（Stakeholder）	
利害關係人，這個績效領域，描述：**專案利害關係人**相關的活動與功能。	有效地執行這個績效領域，會產生下列成果： 1. 在專案期間與利害關係人建立高生產力的工作關係。 2. 利害關係人同意專案的目標。 3. 對專案有益的（正面的）利害關係人會支持與滿意，對專案或交付物反對的（負面的）利害關係人，不會負面的影響專案的結果。

　　如同本書在第一章專案管理綜論所介紹的，最新版的《專案管理知識體指南（PMBOK）》，是採用十二項原則與八大績效領域的架構，而這八大績效領域，其中排在第一的，就是利害關係人，可見專案管理學會（PMI）對利害關係人重視的程度，另一方面，當然也是利害關係人要在專案的早期就要開始識別、分析、參與及管理的。

　　利害關係人理論是 1984 年由 R・愛德華・弗里曼在 *Strategic Management: A Stakeholder Approach* 一書中提出，他界定「利害關係人」是在一個組織中會影響組織目標或被組織影響的團體或個人，因此，他認為一位企業的管理者如果想

要企業能永續的發展，那麼這個企業的管理者必須制定一個能符合各種不同利害關係人的策略才行。

利害關係人（Stakeholder）的定義：

係指個人、團體或組織，可能會影響專案、計畫、或專案組合之決定、活動或結果，或受上述影響者。同時他們亦可能對專案及其最終結果產生影響力（可能是正面或負面）。

接下來要介紹利害關係人的列舉、參與的流程、及三大重要的產出：

📈 2.1.1 利害關係人的列舉

專案常見的利害關係人，由內到外排列，列舉如下圖所示：

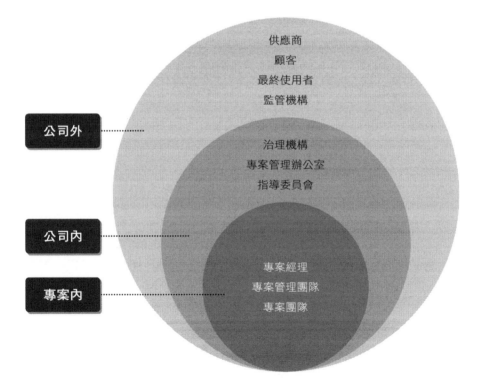

📊 2.1.2　利害關係人參與（Engagement）的流程

利害關係人參與的流程如下圖所示，並説明如後：

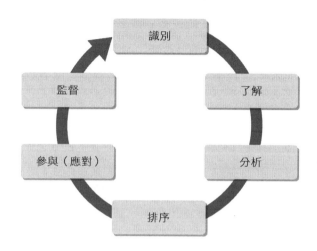

1. **識別（Identify）**

   在建立專案團隊之前，可以事先識別高階（High-level）的利害關係人，且隨著專案的進行，利害關係人識別會更詳盡。

2. **了解與分析（Understand and Analysis）**

   也就是要進行「**利害關係人分析**」，分析結果就是利害關係人清單及相關資訊，如組織職務、專案角色、期望、態度及利害關係（Stake）。其中利害關係，可運用的面向，包括：權力（Power）、關切（Interest）、衝擊（Impact）、態度（Attitude）、信念（Beliefs）、期望（Expectations）、影響程度（Degree of Influence）、專案的接近性（Proximity）、知識（Knowledge）、貢獻（Contribution）等。

3. **排序（Prioritize）**

   針對上述的分類，產生行動方案的排序。

4. 參與（應對）（Engage）

要善用「溝通方式（Communication Methods）」，本節後面會再詳細介紹專案溝通管理。

5. 監督（Monitor）

在專案生命週期間「全程」實施，確保利害關係人滿意專案的成果。

📊 2.1.3　利害關係人流程的三大產出

依據上述利害關係人參與流程執行後，要產生下列三大成果：

一、利害關係人登錄表（Stakeholder Register）

是識別利害關係人流程的主要產出，內容包含所有已識別利害關係人詳細的資訊，可歸類為以下三項：

1. 識別資訊（Identification Information）

姓名、組織職務（Position）、地點（Location）、聯絡（Contact）資訊、及專案角色（Role）。

2. 評估資訊（Assessment Information）

主要需求、期望及潛在的影響。

3. 利害關係人分類（Stakeholder Classification）

(1) 內部 / 外部（Internal/External）。

(2) 權力 / 關切 / 衝擊 / 影響（Power/Interest/Impact/Influence）。

(3) 向上 / 向下 / 向外（Upward/Downward/Outward）。

二、利害關係人對應 / 展現（Mapping/Representation）

識別利害關係人，實務上其步驟與案例可詳細說明如下：

1. 識別：大量蒐集利害關係人的資訊。

2. **分類並產生策略**：策略就是行動方案（Action Plan）。

3. **影響**：提升利害關係人的支持及降低阻礙。

最常用到的對應／展現是權力／關切（Power/Interest）模式 - 二維模式分析，一般而言，利害關係人可分成輕重遠近，權力就是輕重（重就是權力高），關切就是遠近（近就是關切度高）。專案利害關係人權力／關切模式可分析整理如下表所示，吾人可以運用權力 5 分及關切 5 分劃一條水平與垂直線，來將圖形分成四個區塊（象限），針對不同的象限，運用不同的策略（行動方案）來管理，本案例的利害關係人對應／展現可參考下圖所示：

利害關係人	關切（Interest）	權力（Power）	聯絡資訊	備考
張三	8	7		
李四	2	3		
王五	4	8		
杜六	9	2		
于七	9	6		
吳八	8	3		
丁九	2	9		

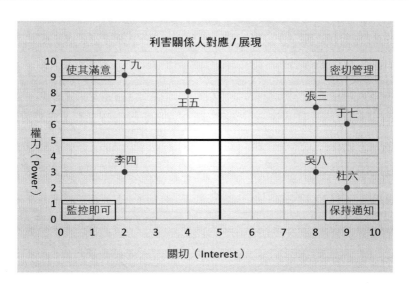

三、利害關係人參與評估矩陣

（Stakeholder Engagement Assessment Matrix）

此矩陣分為帶領（Leading）、支持（Supportive）、中立（Neutral）、阻礙（Resistant）、不明（Unaware）等五級，例如以下的表格案例，其中 C 代表現在參與等級（Current Engagement Level），D 代表目標理想（Desired）等級，若二者間有差距（Gap）則要強化溝通，縮小差距，以確保有效參與；若沒有差距，也要持續監督。

利害關係人	不明	阻礙	中立	支持	帶領
主管機關			C	D	
附近居民		C		D	

深度解析

在這邊要介紹專案利害關係人管理的顯著模型（Salience Model），如下圖所示。舉例說明，若是利害關係人是具合法性且急迫，但是沒有權力的話，是依賴的，要找有權力的人來核准。而若是有權力且急迫，但是不合法的話，就是危險的。

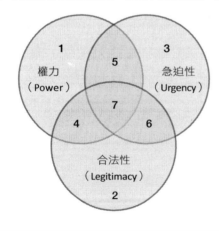

1. 靜止的（Dormant）
2. 自主的（Discretionary）
3. 請求的（Demanding）
4. 主導（支配）的（Dominant）
5. 危險的（Dangerous）
6. 依賴的（Dependent）
7. 確定的（Definitive）
8. 非利害關係人（Non-stakeholder）

📊 2.1.4 專案溝通管理 (Project Communications Management)

專案溝通管理就是為了要達成專案及利害關係人有效「資訊交換」的需求，確保能適時且適當地將專案相關資訊予以產生、收集、發布、儲存、檢索及最終處理的管理程序及方法。包括兩大部分，第一是發展溝通策略，確保資訊會有效提供給利害關係人，第二是執行相關活動來實踐這個溝通策略。

專案溝通管理的對象主要是針對利害關係人，而溝通是→透過方法傳遞訊息→得到回饋→從專案開始到結束都要→不斷修正。專案溝通管理共計有三個流程，介紹如下：

規劃溝通管理 ➡ 管理溝通 ➡ 監督溝通

一、規劃溝通管理 (Plan Communications Management)

依據利害關係人、組織及專案之資訊需求，發展專案溝通之方法與計畫。本流程旨在有效果地（Effectively）及有效率地（Efficiently），且及時地（Timely）提供利害關係人相關資訊。溝通規劃在專案早期就要做，且要於專案進行中定期（Periodically）審查。

本流程需要運用的方法與產出，說明如下：

1. 溝通需求分析 (Communication Requirements Analysis)

這是國際專案管理師（PMP）常考的題目，決定專案利害關係人的資訊需求。專案經理要考量專案溝通的複雜度，亦即「**溝通管道（Communication Channels）**」。例如：兩個人有 1 條溝通管道（我跟你），三個人有 3 條溝通管道（我跟你，我跟他，你跟他），而四個人有 6 條溝通管道（如下圖所示）。

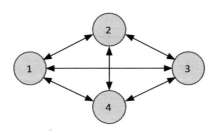

溝通管道的計算公式，如下所示：

$$公式：C_2^n = \frac{n \times (n-1)}{2}$$

其中 n 代表利害關係人的人數，若專案有 8 位利害關係人，則帶入公式，可得專案有 [(8×7)/2]=28 條溝通管道。

要識別利害關係人資訊與溝通需求（如利害關係人登錄表及利害關係人參與矩陣），計算溝通管道數量、了解溝通模式是一對一、一對多、還是多對多，並將組織圖（如 OBS 組織分解結構或 RACI 當責矩陣）繪出，還需找出專案組織及利害關係人責任與依存關係（先後次序），另外還包括掌握專案所需之訓練、部門及專業、物流（logistics）（有哪些人參與？在何處）、內部及外部資訊需求，及法規需求等。

2. **溝通技術（Communication Technology）**

   (1) **溝通急迫性（The Urgency of The Need For Information）**：溝通需要經常更新資訊且立即通知，還是定期書面報告就已足夠？

   (2) **技術可用性（The Availability of Technology）**：目前專案已建置的系統是否適當？或專案需要再確認變更？

   (3) **容易使用（The Ease of Use）**：確認所使用的溝通方法適合本專案，且有提供適當的人員訓練。

   (4) **專案環境（The Project Environment）**：是在一起工作（War Room），還是虛擬環境（Virtual Team），會對溝通的型態與方式造成影響。

   (5) **資訊的敏感性及機密性（Sensitivity And Confidentiality of The Information）**：識別資訊是否有機密性、其等級分類，並要提供保密的方法。

3. **溝通模式（Communication Models）**

   溝通是將訊息以及含義，經由不同方法或媒體，傳達訊息、觀念、態度等，並讓別人了解。巴納（Chester I. Barnard）曾說：「管理人員的首要作用，就

是發展並維持溝通系統」，由此可知溝通在組織中的重要性，以下介紹溝通模式中術語的定義，及下圖所示：

(1) 編碼（Encode）：編碼是指溝通發送人（Sender）將其所欲表達的想法，以某種符號或方式表現。編碼的方式很多，例如最常使用的文字和語言，也可以是圖畫或符號的呈現。

(2) 訊息（Message）：訊息是發送人真正想要表達的內容，也稱之為溝通訊息。

(3) 傳遞型式（Medium）：不管溝通者採取何種編碼方式，一般都可以經由不同的溝通管道，將所欲溝通的訊息傳達給接收人（Receiver）。傳遞型式就是「溝通媒介」，包括：口頭溝通、書面溝通和非語言的溝通，例如肢體語言等。

(4) 雜訊（Noise）：外在的雜訊會「干擾」溝通的內容傳遞或造成誤解。

(5) 解碼（Decode）：接收人是訊息傳遞的對象，但訊息被接收之前，訊息必須轉換成接收人能了解的形式，這種解釋的過程稱為解碼。

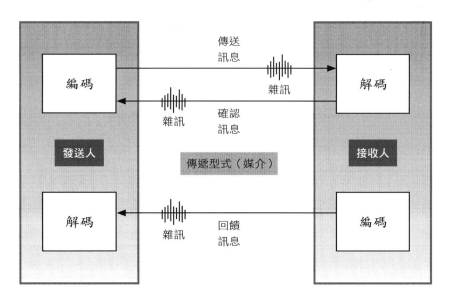

4. **溝通方法（Communication Methods）**

就是與利害關係人分享資訊的方法，常見的有三種：

(1) **推式溝通（Push Communication）**：將所需資訊送達對方。

(2) **拉式溝通（Pull Communication）**：適用於大量資訊或多接收人時，由接收人主動進入（Access）溝通內容，如內部網路（Intranet）、電子學習（e-Learning）及知識庫（Knowledge Repositories）等。

(3) **互動溝通（Interactive Communication）**：兩方或多方間或多方向間的資訊交換。

除此之外，專案經理還需熟悉的溝通方法還包括人際溝通、小組溝通、公共溝通、大量溝通及網路溝通等。

5. **人際與團隊技巧（Interpersonal and Team Skill）**

(1) **溝通風格評估（Communication Styles Assessment）**：要了解利害關係人的溝通偏好，可依據利害關係人參與評估矩陣之落差來認知與改進。

(2) **政治認知（Political Awareness）**：了解組織政策與專案環境之掌握。

(3) **文化認知（Culture Awareness）**：了解個人、團體、組織對專案溝通策略的不同。

6. **溝通管理計畫（Communication Management Plan）**

規劃要產生計畫，規劃溝通管理會產生溝通管理計畫。

這是本流程最重要的產出。其內容包含利害關係人溝通需求、資訊語言、格式、內容及詳細度，負責人、接收人、傳遞方法、溝通頻率，呈報流程（Escalation Process）- 運用於無法解決須呈報的問題，機密資料權限、溝通所需資源、資訊的流程圖、溝通管理計畫更新的方法及常用專有名詞詞彙及法規限制等。

深度解析

這邊提醒讀者，溝通時最好是聽大於說，多聽不同立場的意見，才能達到真正溝通的目的，如何產出一份溝通管理計畫書：可參考 5W+1（by who）、3H、1E 的原則：

5W：

- Why（為什麼做）：為什麼要這麼做？理由何在？原因是什麼？
- What（做什麼）：目的是什麼？做什麼工作？
- When（何時做）：什麼時間完成？什麼時機最適宜？
- Where（在哪裡做）：在哪裡做？從哪裡入手？
- Who（由誰做）：由誰來做？誰來完成？
- +1：by who（和誰一起做）：需要誰幫忙做？

3H：

- How（如何做）：怎麼做？如何做會更好？如何實施？做法是什麼？
- How Many（數量是多少）：具體數量是多少？或可用 KPI 表示之。
- How Much（成本是多少）：要花多少預算？金額是多少？

1E：

- Effect（效果）：會產生什麼效果（成果）。

 補充說明　上述的 5W3H1E 也可運用目前很熱門的「曼陀羅九宮格法」來呈現「一頁式的專案溝通計畫」，讓所有的利害關係人都能了解專案的溝通需求。

二、管理溝通（**Manage Communications**）

　　管理溝通要確保及時及適當收集、建立、傳遞、儲存、檢索、管理、監督及最終處置專案資訊，本流程旨在確保專案團隊與利害關係人間的資訊流（Information Flow）是有效果及有效率的。管理溝通就是發布資訊，要發布專案績效的資訊。

在這邊說明幾個有效的溝通管理方式：

▶ 傳送接收模式（Sender-Receiver Models）。

▶ 媒介選擇（Choice of Media）。

▶ 寫作型式（Writing Style）。

▶ 會議管理（Meeting Management）：會議資料準備、議題擬定、主持、決議與結論、跟催。

▶ 簡報發表（Presentations Techniques）。

▶ 促進技術（Facilitation Technique）。

▶ 主動聆聽（Active Listening）：認知、分類、確認、了解，減少誤解及消除溝通障礙。

本流程需要運用的方法與產出，說明如下：

1. **溝通技巧（Communication Skills）**

   (1) 溝通職能（Skill Competence）：促進團隊關係、資訊分享與提升領導力。

   (2) 回饋（Feedback）：善用互動式及教導（Coaching）、輔導（Mentoring）及協商談判技巧，並得到接收人的溝通回應。

   (3) 非語言（Nonverbal）：如肢體語言、聲調、臉部表情、眼神接觸（Eye Contact）等。

   (4) 簡報（Presentation）：進度報告、提供背景資料來協助決策及其他強化簡報的技術。

2. **專案報告（Project Reporting）**

   收集與發布專案工作績效報告（WPR, Work Performance Report）給適當的利害關係人，也可運用實獲值分析（EVA）的專案績效資訊。

3. **專案溝通（Project Communications）**

是本流程最重要的產出，包括：績效報告（Performance Report）、交付物狀態（Deliverable Status）、時程進度（Schedule Progress）、已發生成本（Cost Incurred）及簡報（Presentations）等，也可運用「一頁紙專案管理（OPPM）報告」來進行專案績效的展現，有利於專案的溝通。

深度解析

要提升溝通技巧，首重溝通形式的區分、了解與掌握，包含正式與非正式的（備忘錄或臨時性談話），書面與口頭、聽與說的、內部與外部的、垂直式與水平式等。管理溝通目的在於建立與利害關係人有效率的溝通管道，管理溝通要能確實的執行才有意義，管理溝通更要確認資訊是否過當或不足，必要時可向利害關係人確認是否了解。有關溝通形式的演練，讀者可以參考後面的 [小試身手] 自行練習。

三、監督溝通（Monitor Communications）

於全專案生命週期持續監督與控制專案溝通，促使最佳資訊流動，以確保達成利害關係人之資訊需求。本流程可驅動規劃溝通管理與管理溝通之反覆流程，故專案溝通管理具有連續性。監督溝通是依據專案溝通管理計畫，監控是否確實傳遞資訊給相關的利害關係人，並視需要修正溝通管理計畫，也就是要確保在正確的時間、將正確的資訊，傳遞給正確的對象。

深度解析

1. 溝通時，下列何者最重要？是語言文字、聲音語調還是肢體語言呢？

   根據麥拉賓（Albert Mehrabian）所提出的 55-38-7 法則，所謂肢體語言及外表佔溝通的 55%，聲音語調佔 38%，語言文字內容佔 7%。簡單來説，決定溝通效果的 55% 是視覺，38% 是聽覺，7% 是內容。因此，讀者若是參加面試，或向高層與客戶簡報時，也請依 55-38-7 的比例，強化肢體語言，展現自信心，常能得到更大的功效。

2. 為了提升專案溝通的效果，及確定利害關係人對於專案績效的資訊有著共同的了解，實務上可以訂定「專案溝通計畫矩陣表」，範例如下表所示：

提供者	接收者	發布管道	發送內容	發送頻率
團隊成員	專案經理	工作日誌	工作記錄	每日填寫 每週呈閱
分公司	總公司	週報表	專案執行 週 KPI	每週 1 次
專案經理	管理高層	專案 現況會議	專案執行 現況檢討	每月 1 次
專案經理	管理高層	專案 審查會議	專案成果 與階段審查	各階段與專案 完成時

小試身手

專案溝通的形式，化繁為簡後，可整理為下列四種形式：

A. 正式書面（**Formal Written**）　　B. 正式口頭（**Formal Oral**）

C. 非正式書面（**Informal Written**）　D. 非正式口頭（**Informal Oral**）

請問下列情況，適合哪一種溝通形式？

(1) 專案審查（Project Reviews）會議

(2) 通知專案團隊人員績效不佳

(3) 修正專案管理計畫

(4) 合約變更（Contract Modifications）

(5) 備忘錄筆記（Brief Notes）

(6) 發 e-mail 通知

(7) 腦力激盪（Brainstorming）

(8) 向高層簡報（Presentations）

(9) 發布專案章程（Project Charter）

(10) 專案進度報告（Progress Reports）

小試身手解答

題號	1	2	3	4	5	6	7	8	9	10
答案	B	D	A	A	C	C	B	B	A	A

精華考題輕鬆掌握

1. 請問有一群人，圍繞在專案經理身邊，可以協助專案經理提供決策，有時也稱為核心團隊（Core Team）的，其正式名稱是什麼？
   (A) 計畫經理　　　　(B) 功能經理　　　　(C) 專案管理團隊　　　(D) 專案團隊

2. 下列針對專案利害關係人（Stakeholders）之敘述，何者為非？
   (A) 顧客（Customer）屬於專案利害關係人之一
   (B) 專案利害關係人對專案的目標是一致的
   (C) 專案利害關係人可能是個人亦可為組織機構
   (D) 專案利害關係人對專案可能有正面或負面的影響

3. 請問下列哪一項利害關係人的角色與責任是要管理專案間之分享資源及識別與發展專案管理方法論、最佳實務（best practice）及標準？
   (A) 專案經理　　　　　　　　　(B) 專案管理團隊
   (C) 專案贊助人　　　　　　　　(D) 專案管理辦公室（PMO）

4. 在識別利害關係人流程中，其主要產出是什麼？
   (A) 利害關係人策略　　　　　　(B) 績效報告
   (C) 利害關係人登錄表　　　　　(D) 專案資訊

5. 利害關係人對應與展現（Mapping and Representation）中的權力／關切二維模式分析的方法，其步驟之正確順序為？
   a. 識別資訊　b. 產生策略與影響　c. 利害關係人分類
   (A) abc　　　　　(B) acb　　　　　(C) bac　　　　　(D) bca

6. 下列何項利害關係人分類後之策略是要「使其滿意」？
   (A) 高權力、高關切　　　　　　(B) 高權力、低關切
   (C) 低權力、高關切　　　　　　(D) 低權力、低關切

7. 利害關係人之主導、支持、中立、阻礙、不明之態度分析，稱為？
   (A) 利害關係人登錄表　　　　　(B) 利害關係人參與計畫
   (C) 利害關係人參與評估矩陣　　(D) 利害關係人對應展現

8. 你是某市政府拆除大隊的大隊長，你正在進行一個老舊社區拆除的專案，當大批人力進駐，開著怪手要進行拆除時，有一個老伯伯抱著瓦斯鋼瓶，嚷嚷説要跟房子一起共進退，請問這位老伯伯是屬於怎樣典型的代表？

(A) 外部的利害關係人　　　　　　　(B) 內部的利害關係人

(C) 負面的利害關係人　　　　　　　(D) 正面的利害關係人

9. 配合題：請完成利害關係人三大產出的配合題：

表達現在參與等級與目標理想等級的差距，要強化溝通，以達有效參與。若沒有差距，也要持續監督	(A) 利害關係人登錄表（Stakeholder Register）
包括識別資訊、評估資訊、及利害關係人分類	(B) 利害關係人參與評估矩陣（Engagement Assessment Matrix）
常用二維分析：識別、分類，產生策略、及影響（爭取支持，降低阻礙）	(C) 利害關係人對應／展現（Mapping/ Representation）

10. 請排出專案利害關係人管理流程正確的順序。

(A) 分析　　(B) 監督　　(C) 參與　　(D) 識別　　(E) 排序　　(F) 了解

11. 一個專案團隊有 10 個團隊成員，請問有幾條溝通管道？

(A) 55　　　　　　(B) 45　　　　　　(C) 110　　　　　　(D) 20

12. 有關發話人、解碼、訊息、雜訊、接收人、回饋等術語是代表什麼？

(A) 溝通技術　　　(B) 溝通模型　　　(C) 溝通方法　　　(D) 溝通障礙

13. 下列何者不為溝通方法之一？

(A) 互動溝通　　　(B) 拉式溝通　　　(C) 虛擬溝通　　　(D) 推式溝通

14. 專案管理資訊系統（PMIS）與 Google 系統，是屬於什麼溝通方法？

(A) 互動溝通　　　(B) 拉式溝通　　　(C) 間隔溝通　　　(D) 推式溝通

15. 請問投標人會議（Bidder Conference），適合什麼方式的溝通？

(A) 非正式口頭　　(B) 非正式書面　　(C) 正式口頭　　　(D) 正式書面

16. 你負責擔任公司資訊展產品發表會的專案經理，包含你在內一共有 15 名團隊成員，在執行流程完成之後由於種種因素共計有 3 個人離開，請問在這個專案的監控流程之溝通管道，比執行流程少了幾條？

(A) 105　　　　　(B) 66　　　　　(C) 45　　　　　(D) 39

17. 提升專案團隊溝通效率，能夠使得團隊更能夠協同作戰，以達成專案目標。為了確保團隊溝通的效率，訊息的傳遞應該以何者為導向？

(A) 專案資金贊助人　　(B) 專案發起人　　(C) 訊息接收人　　(D) 訊息傳播媒介

18. 在和顧客進行溝通時，專案團隊在什麼情形下需要出具正式的書面函文（Formal Written Correspondence）給顧客？

(A) 顧客要求專案團隊執行不在合約範圍內的工作項目

(B) 專案團隊發現專案出現失誤的時候

(C) 專案預算超支的時候

(D) 專案執行出現延誤的時候

19. 專案經理指派一位團隊成員去一個專案的供應商 - 某鋼鐵製造廠與其洽談，當專案經理有事情要打電話給這位團隊成員時，以下哪個選項是最重要的確認事項？

(A) 確認專案利害關係人的聯絡資訊

(B) 確認後續會議的議程和時間

(C) 複誦專案經理交辦事項，並重複確認需求

(D) 要求該團隊成員列出需求變更

20. 隨著科技的進步，溝通的形式逐漸被改變，專案經理發現利害關係人常用即時通訊軟體和專案成員討論專案的變更，但因為使用個人的帳號而沒有留下形式上的記錄，此時專案經理該如何處理？

(A) 將即時通訊軟體納入溝通管理計畫

(B) 請團隊成員每次討論都截圖並交給利害關係人簽名

(C) 規定只能以書信來往

(D) 禁止使用通訊軟體

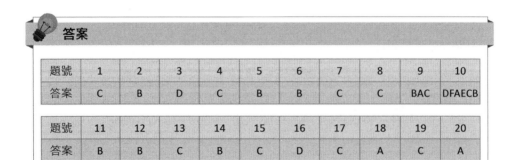

💡 **答案**

題號	1	2	3	4	5	6	7	8	9	10
答案	C	B	D	C	B	B	C	C	BAC	DFAECB

題號	11	12	13	14	15	16	17	18	19	20
答案	B	B	C	B	C	D	C	A	C	A

2.2　專案團隊（Project Team）

專案團隊（Project Team）	
專案團隊，這個績效領域，描述：**專案人員**相關的活動與功能。這些人員負責產生專案**交付物**，以實現企業的成果。	有效地執行這個績效領域，會產生下列成果： 1. 分享擁有權（分工負責）。 2. 建立高績效團隊。 3. 促使所有的團隊成員要展現適當的領導統御及人際關係技巧（軟技巧）。

　　專案團隊是專案的核心，因為專案需要靠「人」來完成。尤其是專案經理，更要發揮領導力與協調力，指導與管理專案團隊完成任務。本節將依序說明領導統御的技巧、專案團隊管理流程、權力的種類與衝突管理及激勵模型。

2.2.1　領導統御的技巧

一、專案團隊管理與領導

　　領導統御（Leadership）就是影響、激勵、傾聽、及帶領團隊，可分為集中型（Centralized）與分散型（Distributed）兩種。集中型就是由最高領導者來掌控，分散型就是分權給各部門主管來執行，兩者並沒有一定的優劣，要視公司的組織架構、文化、及員工的職能來決定。最新的領導統御方式，採取僕人式領導（Servant Leadership），本書將於第 5 章敏捷專案管理會詳細說明。此外，專案團隊發展時要注意的面向，有以下五點：

1. 願景與目標（Vision and Objectives）。

2. 角色與責任（R & R, Roles and Responsibilities）。

3. 專案團隊運作（Project Team Operations）。

4. 引導（Guidance）。

5. 成長（Growth）。

二、專案團隊的文化

要營造一個好的專案氣氛，專案經理是最重要的靈魂人物（Key Man），一個好的團隊文化，有以下七點：

1.　透明（Transparency）。

2.　正直（Integrity）。

3.　尊重（Respect）。

4.　正面論述（Positive Discourse）。

5.　支持（Support）。

6.　勇氣（Courage）。

7.　慶祝成功（Celebrating Success）。

三、高績效專案團隊

若要建立高績效團隊，專案經理要持續推動專案團隊具備以下的職能：

1.　開放的溝通（Open Communication）。

2.　分享了解（Shared Understanding）。

3.　分享責任（Shared Ownership）。

4.　信任（Trust）。

5.　協同（Collaboration）。

6.　調適（Adaptability）。

7.　恢復力（韌性）（Resilience）。

8.　賦權（Empowerment）。

9.　認可（表揚）（Recognition）。

四、領導技巧（Leadership Skills）

專案經理帶領專案團隊執行專案任務，要具備良好的領導統御技巧，這是屬於軟技巧（Soft Skill），也就是人際溝通（Interpersonal Skill）的技巧，包括下列：

1. 建立與維護願景（Vision），邁向共同目標。

2. 批判性思維（Critical Thinking）
   蒐集資料、邏輯分析、依據事實來做決策。

3. 激勵（Motivation）
   建立信念、迎接挑戰、融入團隊、鼓勵自動自發、培養責任感、差異化、個人成長培訓、成就感的滿足。

4. 人際溝通的技巧（Interpersonal Skills）

   (1) 又稱為軟技巧（Soft Skill）。

   (2) 情緒智商（Emotional Intelligence），也稱為 EQ。

   (3) 決策制定（Decision Making）。

   (4) 衝突管理（Conflict Management）。

五、情緒智商模型（Emotional Intelligence Model）

上述提到的情緒智商，可建立情緒智商的模型，分為自我察覺（意識）、自我管理、社會察覺（意識）、及社交技巧等四大構面，詳如下圖所示：

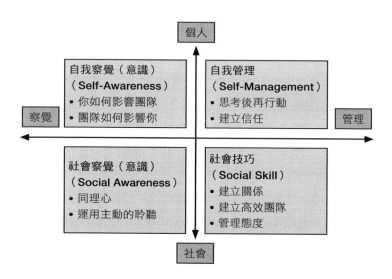

2.2.2 專案團隊管理流程

各位讀者了解了領導統御的技巧後，接下來要介紹專案團隊管理的流程、方法工具、及產出。專案團隊管理，大致可分為下列四大流程，且分別說明如後：

規劃團隊管理 ➡ 獲得團隊 ➡ 發展團隊 ➡ 管理團隊

一、規劃團隊管理

規劃團隊管理，要擬訂團隊管理計畫，也就是研擬專案團隊管理要「如何」進行，找方法、訂程序，內容可包括：組織圖、角色與責任、獲得團隊的方式、訓練發展計畫及任用管理等。在本書的前面曾經介紹過，資源是 3M 架構，也就是人、機、料，其中「人」就是專案團隊，因此擬定團隊管理計畫時，可加上對專案機器設備與材料的規劃，就可擴大形成了「資源」管理計畫。

本流程需要運用的方法與產出，說明如下：

1. 組織圖與職位說明

專案的組織圖與職位說明，可分為三種形式：

(1) 科層式組織圖（Hierarchical-type Charts）：包括組織分解結構（OBS, Organizational Breakdown Structure）與資源分解結構（RBS, Resource Breakdown Structure），如下圖所示：

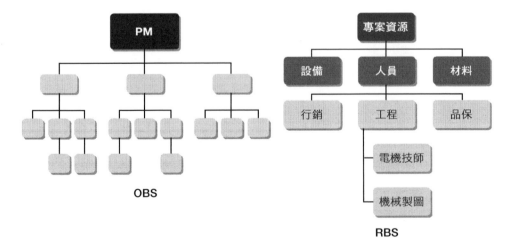

(2) 矩陣式組織圖（**Matrix-based Charts**）：也就是**責任分派矩陣（RAM, Responsibility Assignment Matrix**），通常以「RACI」代表團隊成員中的四種角色，分別是：

R：Responsible（負責承辦）

A：Accountable（當責主管審查）

C：Consult（事先諮詢）

I：Inform（事後通知）

因此責任分派矩陣（RAM）又稱為「**RACI 銳西法則（矩陣）**」、「**ARCI 阿喜法則（矩陣）**」，也稱為「**當責矩陣**」，請讀者練習下方的 [小試身手 1]。

小試身手 ①

RACI 矩陣演練：

1. 概念設計由張三與李四負責承辦，完成後，由王五負責審查，再通知杜六及于七。
2. 細部設計由杜六負責承辦，在設計前，請先行與張三進行事前諮詢，完成後，由李四負責審查，再通知于七、王五。
3. 打樣試製由于七負責承辦，事前需向張三、李四諮詢，並由杜六審查後，通知王五。
4. 組裝測試，請讀者自行設計排定。

活動	張三	李四	王五	杜六	于七
概念設計					
細部設計					
打樣試製					
組裝測試					

(3) **文字導向形式（Text-oriented Formats）**：

另一種則為團隊成員責任的詳細描述，可採用文字形式（如右圖），稱為職位說明書（Position Descriptions）、工作說明書（Job Descriptions）或角色 - 責任 - 授權表（Role-Responsibility-Authority）。

角色 _____

責任與工作項目 _____

_____

_____

授權 _____

_____

2. 團隊章程（Team Charter）

在專案早期建立，可強化共識、增進向心力、避免誤會及提高生產力，包括：團隊價值、溝通守則、決策制定準則與衝突解決、流程、會議守則、團隊協議等，實務上，可透過召開「**起始會議（Kick-off Meeting）**」來建立。起始會議可想成授旗典禮、破土典禮或誓師大會，代表專案要正式開始了。

二、獲得團隊（Acquire Project Team）

要獲得專案團隊成員，確保專案有足夠的人力。在矩陣型組織的狀況下，專案經理要與影響提供所需團隊的利害關係人有效地協商，如無法獲得所需團隊成員，則會影響專案時程、預算、品質及風險，並會降低專案成功之可能性；倘若未獲得所需人力，則要指派備選人力。

本流程需要運用的方法與產出，說明如下：

1. 先行指派（Pre-assignment）

先行指派就是如同「**班底**」或已事先指定適合的人選，是專案團隊的「**核心**」。

2. 協商（Negotiation）

與功能經理（如「**內調**」）、稀少資源（如公司只有一台測試儀器），或與外部組織或供應商協商。若協商更進一步進展到「**談判技巧**」，請參見 [2.5.6 專案採購管理] 的說明。

3. 多準則決策分析（Multi-criteria Decision Analysis）

因為獲得團隊要考量多面向的適用性，如可用性（Availability）、成本（Cost）、能力（Ability）、經驗（Experience）、知識（Knowledge）、技能（Skill）、態度（Attitude）及國際因素（International Factors）等，由以上多重的條件來篩選與評比尋找合適的專業人才，故有點類似「**外聘**」或委外辦理。

4. **虛擬團隊（Virtual teams）**

「**不在一起工作，但目標一致**」，例如跨地區或跨國團隊在不同地點工作或三班制在不同時段工作等均屬之，甚或職棒的啦啦隊員們，當球員在球場上揮汗如雨時，啦啦隊在看臺上幫我隊加油，也是「不在一起工作，但目標一致」的案例，這些都可稱為虛擬團隊。近期，因為科技快速發展，虛擬團隊已轉型成為了達成共同利益，而透過網路等傳播科技來進行跨地區的合作模式，讓企業在挑選以及保留人才的彈性增加，虛擬團隊的成員可以運用電子傳播等媒體進行互動與合作，例如召開視訊會議、利用雲端平台如 Google、Trello 或傳發 e-mail、LINE 等。

若以專案的人力資源為例，本流程就是專案團隊「**人才招募**」，可將上述四項工具，依其核心層次，由內圈到外圈，整理如右圖所示：

先行指派（班底）

協商（內調）

決策（外聘）

虛擬團隊：
不在一起工作，但目標一致

5. **專案團隊指派（Project Team Assignments）**

專案團隊指派是記錄專案團隊的角色與責任（R&R），相關名冊、組織圖、及時程等，可納入專案管理計畫中。白話來說也就是適當人員被指派到專案工作，「一個蘿蔔一個坑」。

6. **資源行事曆（Resource Calendars）**

識別工作天、班表（Shifts）、上班開始與結束時間、週末、國定假日的資源可用性，也要說明已被指定的團隊成員或資源需求，何時可以開始服務。產生的資源行事曆可做為 [2.4.1 專案時程管理 - 估計活動工期] 的依據，因為活動工期與資源有著密切相關，資源越充足，工期越短；資源越缺乏，工期越長。

三、發展團隊（Develop Team）

發展團隊要提升職能、團隊成員互動及整體團隊環境來強化專案績效。本流程的目的在於「**1+1>2**」，主要包括下列各項：

▶ 提高團隊合作（Teamwork）及向心力（Cohesiveness）。

▶ 強化人際溝通技能（Interpersonal Communication Skills），也就是軟技巧（Soft Skill）。

▶ 強化領導（Leading）與激勵員工（Motivate Employees）。

▶ 降低耗損（Attrition）及離職率（Turnover Rate）。

▶ 有效授權、賦權（Empower）及協同決策（Collaborative Decision Making）。

▶ 運用團隊成長（Team-Building）來提升整體專案績效。

本流程需要運用的方法與產出，說明如下：

1. **集中辦公（Colocation）**

例如「**專案辦公室（War Room）（或稱：Task Force）**」，類似軍隊中的戰情室，進行沙盤推演，了解敵我目前位置、資源佈建及下一步的策略等。有時公司也會運用會議室（Meeting Room）擺設大型「**儀表板（Dashboards）**」或「**資訊散熱器（Information Radiators）**」等，內容包括：專案時程表、組織圖、資源分解結構（RBS）、風險分析、工作進度燃盡圖、專案績效實獲值分析（EVA）等，這也可稱為專案辦公室。

2. 衝突管理（Conflict Management）

衝突的來源包括稀少的資源、時程的優先順序及個人工作風格，因此制定團隊行為守則（Team Ground Rule）、團隊規範及具體的溝通規劃及角色定義等，可以降低衝突。成功的衝突管理可提高生產力及增進工作關係，且衝突要在發生「早期」就處理，要用「私下的」、「直接的」及「協同的」方式處理，若破壞性的衝突持續發生，則要運用正式的程序，如祭出紀律行動（Disciplinary Actions）等。

3. 團隊成長（Team-Building）

有各種型式，從 5 分鐘的現況審查會議、一起建立 WBS，或到戶外（Off-Site）進行的人際關係成長活動等都算是。若團員不在一起工作時（Operate From Remote Locations）（如虛擬團隊），團隊成長更為有價值（Valuable），可利用非正式的溝通與活動來增加彼此的信任及促進良好的工作關係。

4. 表揚與獎賞（Recognition and Rewards）

最初始的表揚與獎賞計畫在發展團隊管理流程時就應該律定。員工覺得在組織有價值時，會受到激勵，這些價值可運用表揚與獎賞來實現。一般而言，金錢是有形的獎賞，但有時無形的獎賞更為有用，如員工進修成長的機會、完成工作的成就感、被稱讚、能夠應用專業技能創新或克服挑戰等。

只有做出真正好的事情才允許被獎賞，例如完成了某項艱鉅的任務，但若是發生疏失，造成加班趕工，則不能給予獎賞。獎賞不能人人有獎（如選拔每月最佳員工），要獎勵真正應該獎勵的員工，好的獎勵策略是：在整個專案進行期間表揚與獎賞比只有在專案結束時才有來的好，若在跨國集團工作時，獎賞要留意文化差異（Cultural Difference）。

5. 個人及團隊評估（Individual and Team Assessments）

專案經理要評估個人及團隊績效，包括決策制定、資訊處理及團隊互動（Interact）的成效等。可利用的工具包括：態度調查、特殊評估、結構式

訪談、能力測驗、及焦點團體法等，可以強化團隊成員間之了解、信任、允諾、團隊溝通，以及於專案執行期間促進團隊之生產力。

 深度解析

1. 「專案團隊模型」之「塔克曼階梯（Tuckman Ladder）」，也就是發展團隊的五個階段，依據順序說明如下：

   (1) 形成期（Forming）：團隊成員會合，開始了解自己的角色和職責。在此階段，專案經理要特別注意「穀倉（筒倉）效應（Silo Effect）」，在此時期，本位主義過大，缺乏溝通，就像是一個個高高樹立的筒倉，必須要靠專案經理去溝通與協調。

   (2) 震盪期或風暴期（Storming）：開始處理專案工作，有時會有意見上的分歧，必須進行釐清和討論。

   (3) 規範期（Norming）：開始共同工作並調整彼此工作習慣和態度，學習彼此信任。

   (4) 績效期（執行期、表現期）（Performing）：團隊可以良好運行，以團隊合作的方式讓專案團隊發揮效益。

   (5) 終止期或解散期（Adjourning）：專案工作完成並交付專案成果，成員回到原來的工作崗位或加入新組建的團隊中。

2. 「專案團隊模型」之「卓克斯勒 / 西貝特團隊績效模型」（Drexler/Sibbet Team Performance Model），說明專案團隊在創建階段與維持階段的七個演進的步驟，如下圖所示：

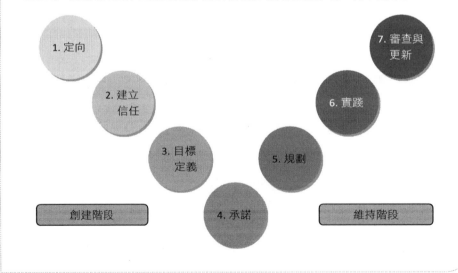

四、管理團隊（Manage Team）

管理團隊就是「**任用管理**」，要追蹤團隊成員績效、提供回饋、解決議題及管理團隊變更，使團隊績效最佳化。本流程旨在：影響團隊行為、管理衝突及解決議題，且要在專案全程執行。專案經理要有好的領導力、溝通力、激勵力、及衝突解決力，來促使團隊成員創造高的績效，在矩陣型組織（Matrix Organization）中，專案成員需同時面對專案經理及功能經理，這樣的情況需要特別注意雙重報告關係（Dual Reporting Relationship）（又稱 2-Boss），因此管理專案團隊非常重要，且是專案經理的責任。

本流程需要運用的方法與產出，說明如下：

1. **決策制定（Decision Making）**

   以目標為焦點、遵循決策制定程序、研究環境因素、分析可用資訊、激勵團隊創意、並且關注風險議題，進而達成共識，做出正確決定。

2. **情緒智商（Emotional Intelligence）**

   就是提高「EQ」，要識別、評估、管理、控制個人或他人情緒，來降低壓力，增進合作（包括：了解關切，期望行動、追蹤議題）。

3. **領導（Leadership）**

   專案經理的領導能力非常重要，其主要工作是引導團隊、鼓勵（Aspire）團隊，完成任務。領導在專案的任何生命週期的階段，都很重要。

輕鬆口訣

領導的模式可分為獨裁式、民主式、放任式等三種。
成功的領導：不是你去做，而是跟我來。

小試身手 2

請完成專案團隊管理流程內涵的配合題（連連看）練習：

提升團隊與個人職能、成員間互動及整體團隊環境來提升專案績效	（　）	(A) 規劃團隊管理
追蹤團隊成員績效、提供回饋、解決議題及管理團隊變更，最佳化團隊績效	（　）	(B) 獲得團隊
定義如何獲得、發展、運用及管理專案團隊	（　）	(C) 發展團隊
招募適當的團隊成員到專案工作	（　）	(D) 管理團隊

2.2.3 權力的種類與衝突管理

專案經理要熟悉權力的種類與衝突管理，並且要會應用，才能解決專案團隊中「人」的問題。

一、權力的種類（Types of Power）

1. 正式的（Formal）權力：來自組織正式的職位。

2. 獎勵的（Reward）權力：獎勵績效卓越的團隊成員。

3. 懲罰的（Penalty）權力：適度的懲罰還好，但是過度的懲罰，會破壞團隊的和諧。

4. 專家的（Expert）權力：具備高度專業知識，能讓部屬信服，願意自發來服從。

5. 參照的（Referent）權力：對於管理者高度崇拜（如專案經理是彼得杜拉克）或尊敬（專案經理是老闆的小舅子，背後一隻老虎），所以尊重其領導。

小叮嚀
據「PMIism」（PMI 的中心思想，會轉化為出題精神），在大多數的情況下，最希望專案經理是以「專家的權力」來帶領團隊。

二、衝突解決（Conflict Solving）的方式

1. 撤退（**Withdraw**）/迴避（**Avoid**）：暫時性權宜，雙方從衝突中暫時退出。

2. 調和（**Smooth**）/和解（**Accommodate**）：強調雙方共同性來解決問題，只是暫時的緩解。

3. 強制（**Force**）/指示（**Direct**）：如同「**我說了就算**」，這是較不好的方法，一方獲勝，另一方失敗。

4. 妥協（**Compromise**）/和好（**Reconcile**）：雙方各讓一步來解決衝突，有時也會雙輸（Lose-Lose）。

5. 協同（**Collaborate**）：將多方意見整合，以達共識（Consensus）。

6. 面對（**Confrontation**）/問題解決（**Problem Solving**）：分析問題，提出問題解決方案，並驗證之。

小叮嚀
依據「PMIism」，最適當的衝突解決方式就是「面對」問題、解決問題。

2.2.4　激勵模型（Motivation Models）

一、馬斯洛需求層次理論（Maslow's Hierarchy of Needs Theory）

從低層次到高層次依序分別是：生理需求（Physiological）→安全需求（Safety）→社交需求（Social）→自尊需求（Esteem）→自我實現（Self-Actualization），如下圖所示。馬斯洛研究發現，人們一旦低層次的需求得到滿足，這項需求就不再是激勵因子，而會往上一個層次去需求，就會成為新的激勵因子。

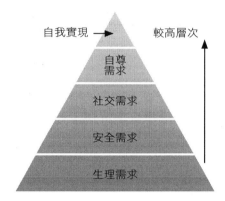

自我實現 ➡ 較高層次

自尊需求

社交需求

安全需求

生理需求

二、麥克格勒格爾理論（McGregor's Theory）

道格拉斯・麥克格勒格爾（Douglas McGregor）研究工人的行為，提出兩種模式：X 理論與 Y 理論，來闡述不同的管理者（如專案經理）如何對待他們的團隊成員。

1. **X 理論**：認為大部分的員工都不喜歡工作，且會試著逃避工作（偷懶），因此，連員工休息的時候，也要監督他們。X 理論的管理者比較像獨裁者，他們相信只有懲罰、獎金或升職，才能激勵員工。

2. **Y 理論**：認為在給予適當激勵與期望之下，人們會盡力去表現。這些管理者相信員工會有創意且會承諾對專案任務的負責。管理者只要支持他們的團隊、關心團隊成員的身心，而且只需適度監督即可。

X 理論：人性本惡　　　　　Y 理論：人性本善

三、海茲伯格理論（Hertzberg's Theory）

為海茲伯格所提出的，又稱為激勵 - 保健理論（Motivator-Hygiene Theory），他認為有二種因子對激勵有貢獻：

1. **保健因子**：處理工作環境有關的問題，只能防止不滿意的產生。例如：薪資、勞健保。

2. **激勵因子**：處理工作本身的成就感，及在工作中會得到滿意度。例如：獎金、升遷。

要注意的是：保健因子不能增加滿意度，而只能防止不滿意；但是激勵因子可以帶來滿意度。此外，不良的保健因子會影響員工動機，而好的因子則會增加良性的動機。上述理論內涵，整理如下表所示：

	具備	不具備	案例
保健因子（當然品質）	還好	不滿意	薪資、勞健保
激勵因子（魅力品質）	很滿意	還好	獎金、升遷

四、丹尼爾平克理論（Daniel Pink's Theory）

就是在說明內在與外在動機（Intrinsic vs. Extrinsic Motivations）：

1. **外在動機**：如薪資等，只是短暫的動機。

2. **內在動機**：是長期動機。藉由「自發、精通、及目標」，就能成功。

本理論也擬定了激勵的方程式，表示如下：

自發（**Autonomy**）＋精通（**Mastery**）＋目標（**Purpose**）＝激勵（**Motivation**）

五、麥克來藍德成就動機理論
（McClelland Achievement Motivation Theory）

也稱為三需求理論（Three Needs Theory），他認為員工因三項需要而受到激勵：成就、權力與歸屬感。

1. **成就追求（Need for Achievement）**：想要超越別人，追求名譽、財富或成功的需求。

2. **權力需求（Need for Power）**：領導團隊或影響組織或他人行為的需求。

3. **歸屬需求（Need for Affiliation）**：屬關係導向，簡單說就是：愛與被愛，是讓他人喜歡和接受的需求。

一般認為，最佳管理者是高權力需求與低歸屬需求者。

六、期望理論（Expectancy Theory）

對正面結果的期望可產生激勵，如一個人想要買房子，就會努力工作去賺錢；或者一個學生想要得到好成績，就會努力去唸書。一個管理者若是能描繪願景，激勵員工去達成，讚美員工是有價值的貢獻者，就會塑造一個高績效專案團隊。反之，若管理者公開批評員工，對他們的期望不高，他們也就是表現平平。

💡 小試身手解答

1

活動	張三	李四	王五	杜六	于七
概念設計	R	R	A	I	I
細部設計	C	A	I	R	I
打樣試製	C	C	I	A	R
組裝測試					

2 C, D, A, B,

精華考題輕鬆掌握

1. 有關專案團隊管理的流程順序，下列何者正確？

   a. 發展團隊　b. 規劃團隊管理　c. 獲得團隊　d. 管理團隊

   (A) b-d-c-b　　　　(B) a-b-c-d　　　　(C) b-c-a-d　　　　(D) b-c-d-a

2. 請問下列何者是獲得資源這個流程的工具？

   (A) 人際網路　　　　(B) 組織圖　　　　(C) 協商　　　　(D) 團隊成長

3. 有一個專案因為執行不力，撤換了專案經理。公司指派你擔任專案經理，你想要查證哪些工作項目或活動由誰承辦或負責審查，請問這份文件的名稱？

   (A) RACI 矩陣　　　　　　　　(B) 利害關係人登錄表

   (C) 資源分解結構（RBS）　　　(D) 團隊績效評估

4. 有關情緒智商（EQ）矩陣，「思考後再行動」是屬於哪一個象限？

   (A) 自我察覺　　(B) 自我管理　　(C) 社會察覺　　(D) 社會技巧

5. 團隊的形成就像從小到大結交朋友的過程，必須經過成員彼此認識、取得共識和信任，共同執行任務直至結案。身為一位專案經理，你一手組建的的團隊目前已經可以有紀律的以組織良好的團隊形式解決問題，成員彼此互助且有效率，請問你的團隊處於哪個階段？

   (A) 形成期　　(B) 風暴期　　(C) 績效期　　(D) 終止期

6. 專案經理在執行專案時可適用各種權力，以促進專案以更有效率的方式推動，其中PMI 最支持應該使用的權力為何？

   (A) 正式的權力　　(B) 獎勵的權力　　(C) 懲罰的權力　　(D) 專家的權力

7. 關於發生衝突的解決辦法，下列何者是 PMI 最支持的辦法？

   (A) 最好的方法是強制（Force）裁決一方獲勝、一方失敗

   (B) 妥協和好（Compromise/Reconcile），使得雙方各讓一步，相敬如賓

   (C) 調和（Smooth）透過強調雙方的共通性減緩衝突，天下無大事

   (D) 面對問題（Confrontation）：藉由分析問題，提出問題解決方案

8. 你是演唱會行銷專案的專案經理，由於年底是旺季，致使專案的數量大增。公司的規定，一個專案除了專案經理之外，「禁止」聘用超過兩位的員工，但經過你的評估這個專案需要六位人力，身為專案經理的你應該如何處理？

   (A) 使用虛擬團隊的方式完成工作　　(B) 與人資經理再要求人力

   (C) 將人力委外　　　　　　　　　　(D) 與其他功能經理協商

9. 害怕衝突的產生，常常會導致沒有人敢說真話，長此以往對於組織來說是會阻礙進步的。隨著時代的演進，傳統（Traditional View）和現代（Contemporary View）對於衝突的發生和解決，漸漸有了不同的看法，以下描述何者錯誤？

(A) 現代看法認為，面對衝突發生的解決辦法，就是壓制（Suppress）其發展

(B) 傳統看法認為，衝突是由挑起紛爭的人找麻煩造成的

(C) 現代看法認為，衝突有其好處

(D) 傳統看法認為，應該避免衝突的發生

10. 請寫出塔克曼階梯（Tuckman Ladder），發展團隊五階段的正確順序：

(A) 績效期　　　(B) 規範期　　　(C) 形成期　　　(D) 終止期　　　(E) 風暴期

11. 請問下列何者是丹尼爾平克理論（Daniel Pink's Theory）？

(A) 屬於雙因子理論：保健因子與激勵因子

(B) 自我實現是最高等級的需求

(C) 內在動機的自發、精通、及目標，才是長期動機

(D) 對正面結果的期望可產生激勵

12. 下列何者是錯誤的？

(A) X 理論是人性本惡

(B) 保健因子是不具備時覺得還好，具備時很滿意

(C) 馬斯洛的階層理論最高的是自我實現

(D) PMI 認為最好的問題解決方法是面對

13. 「人生為了什麼而活？」「人類要獲得什麼才會滿意？」為了了解這樣的人生難題，馬斯洛提出了需求層次理論（Maslow's Hierarchy Of Needs Theory），因為與人的心理有關，故有時被運用在人力資源管理和動機的釐清部分，以下何者是馬斯洛需求層次理論的「最高的層次」？

(A) 社交需求　　　(B) 生理需求　　　(C) 自我實現　　　(D) 自尊需求

14. 心理學的理論有時會被使用在人力資源管理上，以下關於麥克格勒格爾理論（McGregor's Theory）和海茲伯格理論（Hertzberg's Theory）的描述，何者錯誤？

(A) 麥克格勒格爾理論認為，有適當的期望和鼓勵，人們會認為對工作盡心盡力是有趣的

(B) 海茲伯格理論認為，工作中的保健因子（Hygiene）只能防止員工心裡不滿意

(C) 海茲伯格理論認為，工作中的激勵因子（Motivator）能為員工帶來滿意的感覺

(D) 麥克格勒格爾理論認為，大部分的人都是喜歡工作的

15. 由你擔任專案經理的專案接近尾聲，已進入工期的最後兩個月，此次專案團隊成員們盡心盡力讓一切步上正軌，甚至比原定計畫提前。此時一位部門經理通知你，因為有新的專案要馬上開始，所以你管理的專案最後兩個月的人力會被調走三名、經費也將會被刪減 50%，而新專案的專案經理為董事會成員的親戚。依據你的專業判斷，這個新的專案重要性並不在你的專案之上，在這種突發狀況下，身為專案經理的你，應如何反應才是最好的方法？

    (A) 向上級主管協調借調人員何時可回歸

    (B) 動用預備金外包，將此專案依照原來的預算和人力完成

    (C) 向其他專案借調人員

    (D) 向專案管理辦公室提出各專案優先排序的要求

16. 總經理委託你籌備一個緊急專案，由你擔任專案經理，必須負擔專案計畫書的撰寫和人力資源的協調。當你完成人力資源規劃並經過總經理確認後，你開始和各部門經理協調人員調派，以符合專案的任務屬性，但某部門經理卻以部門正在重新組建等理由拒絕你，眼看再這樣下去將導致專案時程延誤，請問下列何者可能是無法獲得協助的原因？

    (A) 重新修改專案計畫書以更符合總經理的期望

    (B) 專案計畫書之網路圖時間階段有誤

    (C) 專案未包含專案章程，且該部門經理沒有參與此計畫書之審核

    (D) 工作分解結構不夠完整

答案

題號	1	2	3	4	5	6	7	8	9	10
答案	C	C	A	B	C	D	D	C	A	CEBAD

題號	11	12	13	14	15	16
答案	C	B	C	D	D	C

2.3　開發方式與生命週期（Development Approach and Life Cycle）

開發方式與生命週期（Development Approach and Life Cycle）	
開發方式與生命週期，這個績效領域，描述：**專案的開發方式、進行的節奏、生命週期的階段**等相關的活動與功能。	有效地執行這個績效領域，會產生下列成果： 1. 開發方式與專案的交付物一致。 2. 專案的生命週期由階段所組成，在專案的開始到結束的期間，要連結企業與利害關係人價值的交付。 3. 專案生命週期的階段，會促進交付的進行節奏，及產生專案交付物所需要的開發方式。

　　專案的開發方式與生命週期（Development Approach and Life Cycle）是在專案初期很重要的評估與決策，要選擇與建立適當的開發方式、交付進行的節奏及專案的生命週期，以利呈現最佳的專案成果。

2.3.1　專案開發、節奏及生命週期的關係

　　專案交付物的型式決定其開發的方式，不同的交付物型式與開發方式，影響專案交付物的數量與進行節奏，進而決定了專案的生命週期與階段。

2.3.2　交付的節奏（Delivery Cadence）

　　交付的節奏就是專案交付的時機與頻率，有以下三種形式：

1. **單次交付（Single Delivery）**

   在專案結案時一次交付。

2. **多次交付（Multiple Deliveries）**

   (1) 順序式（Sequential）：就像是開發新藥，依據三期的試驗計畫，依序來進行交付。

   (2) 分開式（Separate）：買新房子時，分別點交權狀、傢俱、鑰匙。

3. 週期交付（Periodic Deliveries）

固定的交付期程，如新開發的軟體每個月交付一次進行測試，且每半年（或每年）在市場上發行（發布）（Release）。

2.3.3 開發方式（Development Approaches）

專案的開發方式有三種，如下圖，並說明如後：

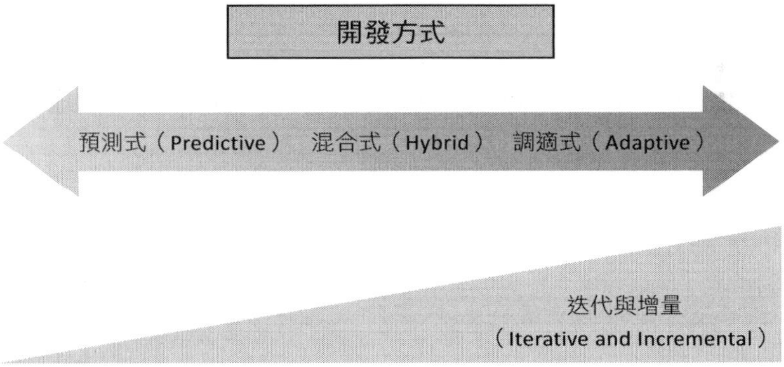

1. 預測式（Predictive），也就是瀑布式（Waterfall）

適用於專案初期需求已很明確，且風險與變動比較小的專案，「按部就班」來進行，就像「大隊接力」，第 1 棒交給第 2 棒，以此下去。

2. 調適式（Adaptive），也就是敏捷式（Agile）

適用於專案需求有高度不確定性與變動性的時候，因此要「摸著石頭過河」，採取「迭代與增量」的方式來進行。本書的第五章會詳細地介紹敏捷專案管理。

3. 混合式（Hybrid）

介於上述兩者之間，就是將預測式與調適式組合的方式。舉例如下：

(1) 專案的初期因為不確定性比較高，所以採用「調適式」，到了中段以後，不確定性降低，則採用「預測式」。

(2) 若專案有兩個交付物（專案標的）（Deliverable），可依據交付物的特性，其中 1 個採取調適式，另 1 個採取預測式。

小叮嚀

根據考上 PMP 的學長姊回報，PMP 的考題是「混合式」佔最大比例，請各位考生要特別注意！

有關交付的節奏及開發方式的選擇，以建置「社區活動中心」為案例，針對建築物營造、銀髮族服務、網站架設、及社區服務訓練等交付物，依據其需求與特性的不同，可以分別訂定適合的交付的節奏與專案的開發方式，說明如下表：

交付物	交付的節奏	開發方式
建築物營造	單次交付	預測式
銀髮族服務	多次交付	迭代式
網站架設	週期交付	調適式
社區服務訓練	多次交付	增量式

📊 2.3.4　開發方式的選擇考量因素

針對開發方式的選擇，要考量因素有以下三項：

1. **產品、服務、或結果**：創新的程度、需求確定性、範疇穩定性、變更是否容易發生、交付方式的選擇、風險大小、安全需求、及法規要求。
2. **專案**：利害關係人、時程限制、及資金是否到位。
3. **組織**：組織結構、文化、組織能力、及專案團隊規模與地點。

📊 2.3.5　專案生命週期（Project Life Cycle）

專案生命週期（Project Life Cycle）亦即將專案分為多個「**階段（Phase）**」，其目的為「易於管理」。專案生命週期可整理如下圖所示，表示專案付出的努力（工作量、資源使用量）與時間軸之關係，在專案初期，成本和人力需求的程度

都很低，然後隨之增加，其工作量到達頂點後，再逐漸降低工作量慢慢近尾聲而至專案結束，此種曲線的形狀稱為「**山型圖**」。

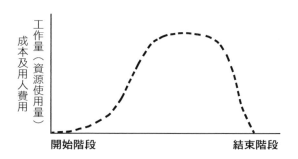

專案管理各階段之產出及成本費用與投入人力及與時間軸的關係圖，詳如下圖所示：

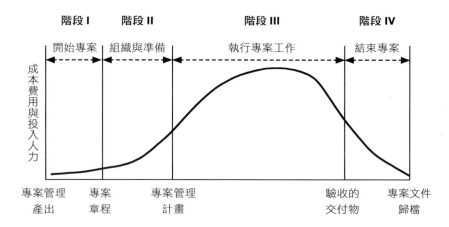

專案生命週期架構大概可分為 4 個階段：

1. 開始專案（Starting the Project）。

2. 組織與準備（Organizing and Preparing）。

3. 執行專案工作（Carrying out the Project Work）。

4. 結束專案（Closing the Project）。

專案生命週期定義專案自開始至結束之各階段過程（Defines the Beginning and End of the Project），專案各階段必須產生有形（Tangible）之「產出」，稱為「交付物（Deliverables）或（專案標的）」，依據專案的定義，專案交付物就是產品、服務或結果，也就是專案標的之「泛稱」。這些專案交付物的產出目的在於審查專案執行的績效：

1. 專案是否有必要繼續。

2. 專案是否必須進行修正。

各階段「產出」通常必須經過「**階段閘門審查（Phase Gate Review）**」後，始得進行下一個階段，否則必須要承擔風險。

1. 專案生命週期就是：「分階段」，分階段後就會「易於管理」。
2. 專案生命週期工作量與時間軸的關係是「山型圖」。

深度解析

1. 專案生命週期的階段，越多越好嗎？

   答：不是。是剛好就好，通常專案生命週期可分成 3 至 5 個階段。

2. 專案可以只有一個階段就好嗎？

   答：可以。因為階段間要進行階段閘門審查（Phase Gate Review），需要完成大量的文件，通常適合複雜度高且成本高的專案；若專案是比較小型的話，可以簡單一點，只用一個階段（其實就是不用分階段），也是可以的。

最後要說明，五大流程群組與專案生命週期間的階段是不同的，假若專案生命週期分了數個階段來進行，在每一個階段內都要依照五大流程群組，也就是「IPECC」來進行，詳如下圖所示：

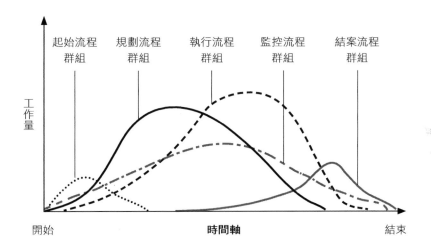

深度解析

五大管理流程與階段間的互動關係圖，有以下五大特性：

1. IPECC 五大流程群組的個別工作量，都呈現「山型圖」。
2. 執行流程的工作量最高，規劃流程次之。
3. 監控流程的時幅（Time Duration）最長，代表專案要「全程」監控。
4. IPECC 五大流程群組是重疊的（Overlapping），而不是相互獨立的。
5. 把 IPECC 五個圖形合併加總起來，可以得到一個「大的山型圖」。

精華考題輕鬆掌握

1. 請問下列何者不是常見的交付的進行節奏（Delivery Cadence）？
   (A) 單次交付　　　(B) 多次交付　　　(C) 週期交付　　　(D) 重疊交付

2. 針對多次交付（Multiple Deliveries），有兩種方式，請選出正確答案。（複選 2 項）
   (A) 平行式　　　　(B) 順序式　　　　(C) 分開式　　　　(D) 漸減式

3. 下列何者不是常見的開發方式（Development Approaches）？
   (A) 預測式　　　　(B) 循環式　　　　(C) 調適式　　　　(D) 混合式

4. 請問敏捷式（Agile）專案管理，在 PMBOK 中，稱為什麼式？
   (A) 順序式　　　　(B) 單一式　　　　(C) 瀑布式　　　　(D) 調適式

5. 請問下列何者屬於預測式（Predictive）的開發方式？
   (A) 敏捷式　　　　(B) 螺旋式　　　　(C) 瀑布式　　　　(D) 迭代式

6. 請問混合式（Hybrid）是下列哪兩種方式的組合？（複選 2 項）
   (A) 刺探式　　　　(B) 並行式　　　　(C) 預測式　　　　(D) 調適式

7. 開發新冠肺炎新藥，需要依照不同期的試驗計畫來依序交付對應的進度或試驗結果，
   這在專案中交付的進行節奏（Delivery Cadence）屬於以下何者？
   (A) 單次交付　　　(B) 多次交付　　　(C) 週期交付　　　(D) 免責交付

8. 「開發方式與生命週期」這個績效領域的描述，以下何者錯誤？
   (A) 開發方式與專案的交付物不需要一致
   (B) 專案的生命週期由階段所組成
   (C) 在專案的開始到結束期間，要連結到企業與利害關係人價值的交付
   (D) 此績效領域會描述與專案進行節奏相關的活動與功能

9. 以下各種專案的開發方式，何者較適用於專案初期需求明確，且變動比較小的專案？
   (A) 敏捷式（Agile）　　　　　　　　(B) 預測式（Predictive）
   (C) 調適式（Adaptive）　　　　　　(D) 混合式（Hybrid）

10. 如果把專案視為一個生命體，從發起一個專案到產生交付物結束專案的過程，稱為專案
    的生命週期。在下列專案生命週期之各階段，何者支用成本與用人之費用會是最高的？
    (A) 起始階段　　　(B) 規劃階段　　　(C) 執行階段　　　(D) 監控階段

11. 關於專案的開發方式，以下何者正確？

(A) 專案的交付物如果有兩個，可以依據特性一個採用調適式、一個採用預測式

(B) 為求專案執行的步調穩健，擇定一種開發方式後就不會在不同階段使用不同方式

(C) 各方法中以預測式的迭代與增量程度最高

(D) 預測式開發常被描述為「摸著石頭過河」

12. 下列何者定義了專案的開始與結束？

(A) 專案管理計畫　　(B) 專案經理　　　　(C) 專案贊助人　　　(D) 專案生命週期

13. 專案生命週期常以成本及用人費用和時間繪製圖形代表不同階段的資源使用量，主要是何種圖形？

(A) 山型圖　　　　　(B) 微笑曲線　　　　(C) 浴缸曲線　　　　(D) 期末高

14. 專案的生命週期，要如何來進行？

(A) 分解成工作包　　(B) 分解成任務　　　(C) 分階段　　　　　(D) 比照產品生命週期

15. 針對專案生命週期中五大流程（IPECC）的展現，下列何者為非？

(A) 執行最高　　　　　　　　　　(B) 監控的時幅最長

(C) 各自獨立，不重疊　　　　　　(D) 每一個都是山型圖

答案

題號	1	2	3	4	5	6	7	8	9	10
答案	D	BC	B	D	C	CD	B	A	B	C

題號	11	12	13	14	15
答案	A	D	A	C	C

2.4 專案規劃（Project Planning）

專案規劃（Project Planning）	
專案規劃，這個績效領域，描述：<u>為了交付專案交付物與成果，所需要的起始、持續、及演進的組織與協調</u>相關的活動與功能。	有效地執行這個績效領域，會產生下列成果： 1. 以組織的、協調的、有計畫的態度，來探討專案的進度。 2. 研析一個整體的方法來交付專案結果。 3. 執行專案時，演進的資訊是逐步精進完善的，以產生專案交付物或成果。 4. 針對不同的情況，要發展不同的時間規劃。 5. 規劃資訊是必要的，來管理利害關係人的期望。 6. 在專案期間，基於突發事件或變更的需求或情況，要建立調適計畫的流程。

　　專案的規劃非常重要，產生的專案管理計畫，是專案後續執行與監控的依據。專案經理在進行專案規劃時，有以下五項規劃的變數（Planning Variables）要考量：

1.　開發方式。

2.　交付物。

3.　組織需求。

4.　市場狀況。

5.　法規限制。

　　完成上述五項規劃變數的考量與評估後，就可以開始進行專案時程、成本及其他方面的規劃。

2.4.1　專案時程管理（Project Schedule Management）

　　專案時程管理之主要目的是依據時限完成專案工作，以確保專案按照事先計畫的時程來執行。專案經理需要建立時程管理計畫，以描述專案團隊將如何與何時交付專案範疇內所定義的產品、服務和結果，也要擬定專案時程（進度）表，來做為與利害關係人溝通的工具，並可彙整為時程的績效評估報告。專案時程管理包括以下六個流程：

1. 規劃時程管理（Plan Schedule Management）。

2. 定義活動（Define Activities）。

3. 排序活動（Sequence Activities）。

4. 估計活動工期（Estimate Activity Durations）。

5. 發展時程（Develop Schedule）。

6. 控制時程（Control Schedule）。

　　專案時程管理的架構圖說明如下：

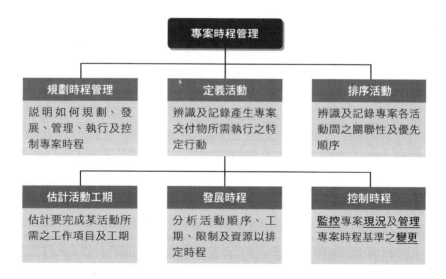

彙整專案時程管理大架構重點，如系統架構圖所示：

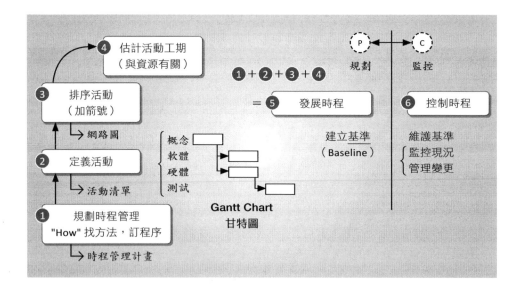

一、規劃時程管理（Plan Schedule Management）

本流程要建立政策、程序及文件，來說明如何規劃、發展、管理、執行及控制專案時程，也就是規劃「未來流程」「如何」做。

 規劃是 How（如何）的問題，也就是：找方法，訂程序。
規劃要產生計畫，規劃 OO 管理，產生 OO 管理計畫。

本流程需要運用的方法與產出，說明如下：

1. 排程方法論（Scheduling Methodology）

要考量專案的開發方式（如預測式、調適式、或混合式）與生命週期。也可參考企業的作業管理或生產排程的需求，採用先進先出（FIFO）、最早接單日期、最早截止日期、最短工期、最長工期、或重要評比排序等。此外，可運用排程軟體（Scheduling Software）來協助繪製專案的甘特圖與網路圖。

2. **時程管理計畫（Schedule Management Plan）**

規劃要產生計畫，規劃時程管理會產生時程管理計畫，內容包括：

(1) 專案時程模型發展。

(2) 發布與迭代長度（Release and Iteration Length）。

(3) 準確度與量測單位。

(4) 組織程序連結。

(5) 專案時程模型維護。

(6) 控制門檻（Control Thresholds）：就是「臨界值」，或稱「閾（音ㄩˋ）值」，超過此時限，就要採取行動方案。

(7) 績效量測法則。

(8) 報告格式。

二、定義活動（Define Activity）

定義活動主要是識別及記錄產生專案交付物所需執行的特定行動。在專案範疇管理時，建立工作分解結構（WBS）流程，是先將交付物分解至 WBS 最底層的工作包（Work Package）。而專案時程管理時，再將工作包進一步分解成活動（Activity），活動可視為專案的任務（Task），是時程、成本估計與監控的基礎，詳見右圖的說明。

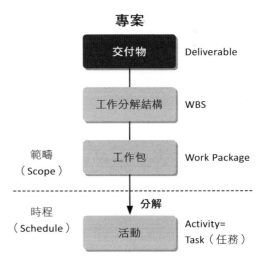

專案

交付物　Deliverable

工作分解結構　WBS

範疇（Scope）　工作包　Work Package

分解

時程（Schedule）　活動　Activity= Task（任務）

本流程需要運用的方法與產出，說明如下：

1. 分解（Decomposition）

    將工作分解結構（WBS）中所得到的工作包，繼續分解到更小更易於管理的活動（Activity），可做為時程規劃、評估、控制的基礎，分解後的產出就是「活動清單」。

2. 滾波規劃（Rolling Wave Planning）（湧浪規劃法）

    越遠期的工作規劃，越粗略；越近期的工作規劃，越詳細。也就是逐步精進完善（Progressive Elaboration），或稱「**遠粗近細**」，也就是「**滾動式檢討**」。在專案生命週期間，工作可存在不同的詳細度：在早期策略階段，活動可以用「里程碑」（Milestone）的形式來表示。

    🖥 小叮嚀

    本流程的產出內容包括：活動清單、活動屬性及里程碑清單，因為常常一起出現，可稱為「三劍客」，相關說明將在下面第 3 點～第 5 點跟各位說明。

3. 活動清單（Activity List）

    就是專案中需要執行活動的列表，不包括任何不在專案範疇內的工作，活動清單的內涵包括：活動識別及工作描述之範疇，提供足夠資訊確保專案成員了解哪些任務需要完成。要注意的是時程活動是專案時程的元件，而不是 WBS 的元件。可用一張圖來了解何謂活動清單，並說明專案範疇問題與時程問題之不同處，其中專案範疇管理的內涵將於本書 [2.6.1 專案範疇管理] 來介紹。

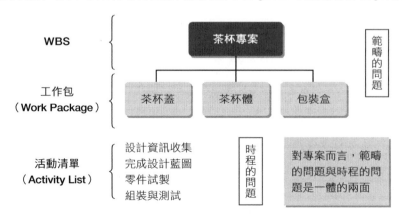

4.　活動屬性（Activity Attributes）

就是活動清單的補充資料，活動屬性要更詳細描述活動的內容與特性，可用來協助時程規劃、分類及排序。包括：活動識別、活動編碼、活動描述、前置活動、接續活動、邏輯關係（先後次序）、提前與延後、資源需求、強制日期、及假設與限制等。

5.　里程碑清單（Milestone List）

因為在專案的早期，所以保持在較粗略的「里程碑清單」模式，主要是訂定專案幾個重要的事件點，例如：合約需求、強制日期等。例如建立新廠房，何時破土？何時蓋好？何時正式生產？關切這個重要時間點。

三、排序活動（Sequence Activities）

排序活動係識別與記錄各項專案活動間之關係。活動是依據邏輯關係來排序，也就是定義依存關係或先後次序。每一個活動或里程碑，除了第一個及最後一個活動外，至少有一個前置活動（Predecessor）或接續活動（Successor）。在排序時可運用提前（Lead）或延後（Lag）時間，來協助定義實際可行的專案時程，另外排序活動也可運用專案管理軟體、自動化工具或人工方式（徒手繪製）來製作。

本流程需要運用的方法與產出，說明如下：

1.　順序圖法（PDM, Precedence Diagramming Method）

以節點（Node）代表某項活動，並以箭號（Arrow）顯示各活動間之先後順序的一種專案網路圖形法，因為活動在節點上，所以本法又可稱為「**節點圖**」或稱為 AON（Activity-On-Node）。順序圖（PDM）通常以方塊來表示，活動在節點上，天數也在節點上，詳下圖所示：

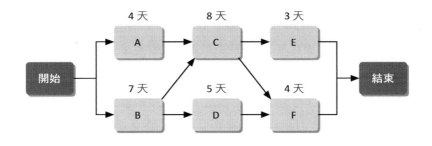

順序圖包含下列四種依存關係：

(1) 結束 - 到 - 開始（F-S, Finish-to-Start）：前項活動結束後，後項活動才可以開始。如高中畢業後，大學才可以開始。這是「**最常使用**」的依存關係。

(2) 結束 - 到 - 結束（F-F, Finish-to-Finish）：前項活動結束後，後項活動才可以結束。如清潔人員打掃教室，要等課程結束後，進來打掃完成才可以結束。

(3) 開始 - 到 - 開始（S-S, Start-to-Start）：前項活動開始後，後項活動才可以開始。如校慶典禮開始後，園遊會與學藝展覽等就可以開始。

(4) 開始 - 到 - 結束（S-F, Start-to-Finish）：前項活動開始後，後項活動才可以結束。這個依存關係，比較不常用到。

2. **箭線圖法（ADM, Arrow Diagramming Method）**

以箭號（Arrow）代表某一項活動並連接各節點（Node），以顯示各活動間之相互關係及先後次序的專案網路圖形法，因為活動在箭號上，所以本法又可稱為「**箭頭圖**」或稱為 AOA（Activity-On-Arrow）。僅可使用一種依存關係：「結束到開始」（F-S），有時需使用虛擬活動（以虛線表示），只表達順序邏輯關係，不使用資源，不佔工期。箭線圖（ADM）通常以小圓圈來表示，活動在箭號上，天數也在箭號上，詳下圖所示：

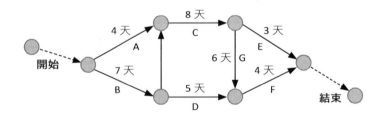

3. **依存關係決定與整合（Dependency Determination and Integration）**

(1) **強制依存（Mandatory Dependencies）**：硬邏輯（Hard Logic），某些工作因先天或實體限制所需要之強迫限制。例如蓋房子必須先蓋三樓才能蓋四樓。

(2) **刻意依存（Discretionary Dependencies）**：軟邏輯（Soft Logic, or Preferred Logic），基於專業考量或時程因素，而對某些工作所做的限制，亦即業界習慣。例如是先鋪地板，還是先刷牆上的油漆。

(3) **外部依存（External Dependencies）**：專案與外部非專案工作間，相互影響關係所做的限制。例如環評通過才能蓋公路。

(4) **內部依存（Internal Dependencies）**：可由專案團隊控制，如要組裝完成後，才可進行測試。

4. **提前與延後（Lead and Lag）**

提前係允許後續活動提前開始。如：第一版的文件完成前 10 天，可以開始第二版文件的撰寫，可運用結束到開始（F-S）的關係加上 10 天的提前時間。

延後係規範後續活動延後展開。如：混凝土需要 6 天的硬化期，所以後續活動必須等待 6 天才可以開始。

5. **專案時程網路圖（Project Schedule Network Diagrams）**

為本管理流程最重要的產出，由專案時程活動間的邏輯（依存）關係（先後次序），來繪製專案時程網路圖，如前述提到的順序圖（PDM）或箭線圖（ADM）。

 排序活動就是「加上箭號」，產生「網路圖」。

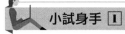 **小試身手** ①

請完成下面之順序圖與箭線圖之比較表：

英文（字頭語）		
中文	順序圖	箭線圖
活動在哪裡？		
又名（字頭語）		
依存關係有幾種？		
依存關係是哪幾種？		
虛活動是否需要？		

四、估計活動工期（Estimate Activity Duration）

估計活動工期是假設在資源充足下，估計要完成某活動所需之工期。估計活動工期參考的資訊包括：工作活動範疇、需求資源型式、估計的資源數量及資源行事曆。通常由熟悉本專案活動的個人或團隊來估計，且隨著專案進行，估計會愈來愈準確（逐步精進規劃），其中進行估計所做的假設，應完整的記錄下來。

本流程需要運用的方法與產出，說明如下：

1. 類比估計法（Analogous Estimating）

又稱為「**由上而下估計法**」（Top-Down Estimating），將過去類似專案實際耗用的時間當做基礎，以估算現在專案可能需要的工期。通常是在專案早期，對專案細部時間資料不足下使用，需要歷史資訊及專家判斷來增加其準確性。此外，參考的專案或活動越類似、估計者越有經驗，則估計值會越準確，但有經驗者會「墊高」估計值，這也是專案經理要去防範與避免的。

2. 參數估計法（Parametric Estimating）

運用歷史資訊與其他參數間之統計關係（公式）來估計。例如在單位標準的工作率下，需要多少時間來完成，公式就是：**工期＝數量／產能**。

例如：一個程式需寫 6,000 行的程式，專案經理預估一個工程師一天寫 120 行，那麼整個時間的估算期就大約是 50 天。

3. 三點估計法（Three-Point Estimating）

用於計畫評核術（PERT, Program Evaluation and Review Technique），藉由考量估計不確定性及風險來提高預測的準確性。PERT 是以時間為主軸來控制工作進度之方法，又稱為方案鑑定與檢討方法。此種管理技術是利用網路圖來規劃專案的工期、人力、物力、資金等，再利用數學模式來檢討各個單項作業實際執行時可能的開始時間、完成時間、及「**瓶頸（Bottleneck）**」、「**緩衝時間（寬裕時間）（Float Time）**」等，以做為管理與控制之用。

PERT 是屬於貝他分配（Beta Distribution），有三種情況：

▶ 樂觀時間（Optimistic，以 O 表示）。

▶ 最有可能時間（Most likely，以 M 表示）。

▶ 悲觀時間（Pessimistic，以 P 表示）。

$$\text{PERT 估計工期的公式 } t = \frac{(O+4M+P)}{6} \text{（屬於加權平均法）}$$

$$\text{標準差 } \sigma = \frac{(P\text{-}O)}{6}$$

若是用三角分配（Triangular Distribution），則加起來除以 3 即可。

$$\text{三角分配估計工期的公式 } t = \frac{(O+M+P)}{3}$$

4. 由下而上估計（**Bottom-up Estimating**）

可對個別活動再進行分解，以利於估計，做法上要先估計最底層活動的工期，再「**聚合加總**」以得到結果。

5. 備案分析（**Alternatives Analysis**）

在於了解是否有不同之方法可以完成工作，如不同之資源能力或技巧等級、不同大小或型式的機器、不同的工具（手做或自動化）、自製或採購等。

6. 緩衝分析（**Reserve Analysis**）

也稱為風險準備分析，加入應變準備時間（時間儲備或緩衝），以利專案遇到時程不確定時，需要額外的時間則使用之。可以是加上固定時間、固定比例或風險分析的結果。當專案執行後，資訊亦較清楚時，則應變準備的使用、減少或刪除，應與相關的假設及資訊一起記錄於文件中。

7. 工期估計（**Duration Estimates**）

為本流程最重要的產出，是完成一項活動所需的量化工期（工時）的估算，有時因為有不確定性，也可以用：3 週 ±2 天或專案會在 19 天（含）以內完成的機率是 84% 來表示。

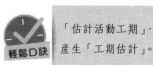
「估計活動工期」，產生「工期估計」。

8. 估計的基礎（Basis of Estimates）

就是活動工期估計的「補充資料」，例如：假設、限制、估計的可能範圍、信心水準及風險影響等。

【深】【度】【解】【析】

在這邊要介紹估計的準確度與精密度：

1. 準確度（Accuracy）：簡稱準度，是估計的平均值與真實值的距離。若以射箭為例，就是箭著點的平均值與靶心的距離，越小的就越準確。

2. 精密度（Precision）：簡稱精度，是估計值的分佈程度。若以射箭為例，就是箭著點的集中程度，越集中的就越精密。精密度與標準差有關，精密度越高（集中），標準差就越小；機密度越低（發散），標準差就越大。

準確度高
精確度高

準確度高
精確度低

準確度低
精確度高

準確度低
精確度低

小試身手 ②

專案時程管理 - 工具與技術 - 連連看練習（Part A）

分解 （Decomposition）	（　）	(A) 又稱為「由上而下估計法」（Top-Down Estimating），乃是將過去類似專案實際所耗用的時間當做基礎，以估算現在專案可能需要的工期
滾波規劃 （Rolling Wave Planning）	（　）	(B) 共分為四種，分別為強制依存、刻意依存、外部依存、內部依存
依存關係決定 （Dependency Determination）	（　）	(C) 運用歷史資訊與其他參數間之統計關係來估計。如工期 = 數量 / 產能

由下而上估計 （Bottom-up Estimating）	（　）	**(D)** 又稱湧浪規劃法，是屬於逐步精進規劃，愈遠期的工作規劃愈粗略，愈近期的工作規劃愈詳細
類比估計法 （Analogous Duration Estimating）	（　）	**(E)** 運用樂觀時間 (O)、最有可能時間 (M)、悲觀時間 (P) 來估計工期
參數估計法 （Parametric Estimating）	（　）	**(F)** 將專案的工作包，進一步分解為活動
三點估計法 （Three-Point Estimates）	（　）	**(G)** 先估計底層活動的資源，再向上聚合（加總）以得到結果

五、發展時程（Develop Schedule）

　　發展時程主要是分析活動排序、工期、資源需求及時程限制，以建立專案時程模型，也就是目前第五個流程，要將前面四個流程整合起來。發展完成的時程模型（時程圖表），可以做為專案績效的基準（Baseline）使用。基準就是被比較的對象，在專案執行中，要依據工作進度、專案管理計畫變更及風險特性，修正及維護實際可行的時程。專案時程表有助於與專案成員清楚了解何時需要執行何種專案活動及里程碑何時會到來。

　　本流程需要運用的方法與產出，說明如下：

1.　時程網路分析（Schedule Network Analysis）

　　用來建立專案時程模式，採用之方法包括：

　　(1)　要徑法（CPM, Critical Path Method）。

　　(2)　資源優化技術（Resource Optimization Techniques）。

　　(3)　建模技術（Modeling Techniques）。

也需要注意評估專案的緩衝（Reserves）（寬裕時間），以避免專案延誤。且要再審查網路圖，是否要徑（Critical path）上有高風險活動或需要執行風險回應計畫。

2. **要徑法（CPM, Critical Path Method）**

某公司軟硬體建置專案的網路圖，如下圖所示，此專案共計有 7 個活動，是運用順序圖（PDM）法所繪製出來的網路圖，因為活動在節點上，所以又稱為節點圖，也就是 AON（Activity-On-Node）。

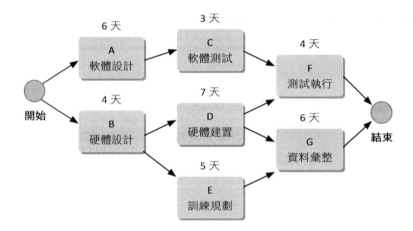

要徑法的解法步驟有三個步驟，説明如下：

(1) 找出所有路徑（共 4 條）

A-C-F、B-D-F、B-D-G、B-E-G

(2) 計算各路徑的工期

A-C-F　　6+3+4=13

B-D-F　　4+7+4=15

B-D-G　　4+7+6=17

B-E-G　　4+5+6=15

(3) 找出最大（工期最長）者，即為「要徑（Critical Path）」：所以要徑就是 B-D-G，要徑工期 = 專案工期 =17 天。

深度解析

要徑就是「關鍵路徑」，也就是「管理重點」，此條路徑工期最長，緩衝時間（寬裕時間）（浮時）（Float）=0，換句話說，這條要徑上有任何延誤就會影響到整個專案的時程。

浮時（Float）指的是在專案時程上的彈性時間，又稱為緩衝時間（寬裕時間）（Slack Time）。是指在不延遲專案結束的前提下，你能延遲一項任務最早開始時間的時間量，又稱為全浮時（Total Float）。由於要徑沒有任何緩衝時間，因此在要徑上的活動，浮時為 0。

深度解析

資源優化，包括 (1) 資源撫平法及 (2) 資源平滑法。

3. 資源撫平法（Resource Leveling）

是一種網路分析的方法，通常是用在要徑法分析之後使用。初步的時程安排係將許多資源集中運用在關鍵性的活動時段（要徑）中，唯該時段可能因資源不足或管理不易而無法執行，故必須調整任務，以達到資源的重新調整分配，亦即要考慮「資源受限」的情況。由於資源受限，故重新調整資源分配，「設定資源上限」，且「要徑可能會改變」，經過資源撫平的時程會「比原時程更長」。

4. 資源平滑法（Resource Smoothing）

在原浮時內調整，不會改變要徑，也不會延長專案時間，希望專案各活動及路徑的資源使用，越平滑越好。

5. 假設情境分析（What-If Scenario Analysis）

就是對「當情境 X 發生時，應當如何處理？」這樣的問題進行分析。可以分析不同情境對專案工期的影響，如從台北去高雄，選擇搭高鐵或搭火車，這兩種不同情境，就會有不同的到達時間。此外，若遇天候、災損、資源不足及重大風險時，需要的時程也會加長。

6.　模擬（Simulation）

用不同組合的活動假設來計算各種可能方案的專案工期，最常用的技術是「蒙地卡羅分析（**Monte Carlo Analysis**）」，由建模（Modeling）開始，建模就是找出代表專案情境的方程式，藉由隨機地輸入，計算可能的工期分佈，然後利用這些分佈計算出整個專案的可能分佈結果。

7.　時程壓縮（Schedule Compression）

在不改變專案範疇、時程限制及強制日期下，縮短專案時程，包括下列兩種方式：

(1) **縮程法（Crashing）**：增加資源及縮短專案時程，也就是「趕工」，風險是可能會「降低品質」，且會增加成本。

(2) **快速跟進法（Fast Tracking）**：將原本有先後順序的活動，以平行（重疊）的方式同步執行，來壓縮時程，風險是有可能需要「重工」（Rework）。

8.　調適式時程規劃法（Adaptive Schedule Planning）

運用「**發布與迭代計畫（Release and Iteration Plan）**」，依據企業策略目標、產品演進歷程，考量依存關係及最優先要完成的功能，來決定需要的發布（如大改款）次數與迭代（如小改款）次數，隨後才是功能（Feature）與任務（Task）層級的安排。有關調適式與敏捷式專案的內容會在本書第五章詳細介紹。

規劃的目的在建立基準，故基準會在規劃流程群組最後一節產生。

9.　時程基準（Schedule Baseline）

為本流程最重要的產出，經由時程網路分析所得之專案時程，由適當的利害關係人（贊助人或客戶）提報與核准，包括專案基準的開始與結束日期。時程基準是專案管理計畫的一部分。

10. **專案時程（Project Schedule）**

可以分為下列三種形式：

(1) **里程碑圖（Milestone）**：訂出專案幾個最重要的時間點（查核點），而里程碑的查核點則視活動的數目、風險的程度、管理的詳細度來決定。

(2) **甘特圖（Gantt Chart）**：是條狀圖的一種類型，顯示專案各活動的進度隨著時間進展的情況。甘特圖可顯示各活動的開始與結束，及各活動間的依存關係（先後次序）。

(3) **網路圖（Network Diagram）**：包括順序圖（PDM）與箭線圖（ADM），請參閱第三個流程 - 排序活動的說明。

 深度解析

上述三種專案時程表達的適當時機：
- 里程碑圖：向高階長官簡報，簡明扼要。
- 甘特圖：跨部門溝通，表達清楚，全員皆懂。
- 網路圖：專案內，由專案經理掌控要徑及各活動的浮時，做好重點管理。

11. **時程資料（Schedule Data）**

就是時程基準的「補充資料」，包括：里程碑、專案活動、專案屬性、假設和限制，通常會提供資源需求、備案時程、應變準備時程等資料。

小試身手 3

專案時程管理 - 工具與技術 - 連連看練習（Part B）

緩衝分析 （Reserve Analysis）	（　）	(H) 要將資源衝突（有限資源）考慮進去，亦即考量資源依存關係（Resource Dependencies）以找出真正的要徑（Critical Path）
關鍵鏈法 （Critical Chain Method）	（　）	(I) 將有先後順序的活動以平行（Parallel）的方式同步執行以壓縮時程

---

小試身手 3（續）

資源撫平法（Resource Leveling）	(　　)	(J) 以隨機的輸入，來計算專案工期可能的分佈。最常用的技術是蒙地卡羅分析（Monte Carlo Analysis）
假設情境分析（What-If Scenario Analysis）	(　　)	(K) 增加資源使用，以縮短專案時程之做法（亦即趕工）
模擬（Simulation）	(　　)	(L) 對「當情境 X 發生時，應當如何處理？」這樣的問題進行分析
縮程法（Crashing）	(　　)	(M) 考慮資源限制，將資源上限設定為常數（如最多 5 人，最多 3 台機器）
快速跟進法（Fast Tracking）	(　　)	(N) 加入應變準備時間（時間儲備或緩衝），以利專案遇到時程不確定時，需要額外的時間則使用之。可以是加上固定時間、固定比例或風險分析的結果。

六、控制時程（Control Schedule）

嚴格來說，控制時程不是屬於規劃流程的，而是屬於 [2.5.7 監控新工作與變更] 的，但是我們還是在此介紹，以符合專案時程管理的完整性。控制時程主要在監控專案現況（進度），管理時程基準的變更。

本流程需要運用的方法與產出，說明如下：

1. 控制時程是屬於「監控」流程群組

因此投入包括：工作績效資料（WPD）與專案管理計畫，其中：

輕鬆口訣：監控就是「績效」與「計畫」做比較。

(1) 工作績效資料，就是關於專案進度（Progress）的資訊，如哪些專案活動已經開始，它們的工期、完工率及哪些活動已完成。

(2) 此處的專案管理計畫 = 時程管理計畫 + 時程基準。

2. **績效審查（Performance Reviews）**

績效審查就是要量測、比較及分析時程績效與時程基準之差異，如實際開始與結束日期、完工百分比及未完成工作的進度。績效審查是監控流程群組常用的工具與技術。

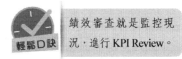

績效審查就是監控現況，進行 KPI Review。

3. 本流程主要的產出是工作績效資訊（WPI）、變更請求（Change Request）及相關的專案管理計畫與文件更新。

💡 **小試身手解答**

1

英文（字頭語）	PDM	ADM
中文	順序圖	箭線圖
活動在哪裡？	節點（Node）	箭號（Arrow）
又名（字頭語）	AON	AOA
依存關係有幾種？	有 4 種	只有 1 種
依存關係是哪幾種？	F-S F-F S-S S-F	F-S（結束 - 開始） （最常用）
虛活動是否需要？	不需要	可以需要

2 Part A：F, D, B, G, A, C, E

3 Part B：N, H, M, L, J, K, I

📊 2.4.2　專案成本管理（Project Cost Management）

專案成本管理係針對專案成本與預算進行規劃、估計、籌募資金、財務管理及控制，以利專案能在預算內完成，包括下列四個流程：

1. 規劃成本管理（Plan Cost Management）。

2. 估計成本（Estimate Costs）。

3. 決定預算（Determine Budget）。

4. 控制成本（Control Costs）。

專案成本管理的架構圖說明如下：

規劃成本管理	估計成本	決定預算	控制成本
定義專案成本**如何**被估計、預算、管理、監視及控制	發展完成專案活動所需資源的成本概算（針對**個別**工作包或活動）	將活動或工作包之估計成本**聚合**，以建立授權的**成本基準**	**監控**專案預算更新**現況**及**管理**成本基準之**變更**

彙整專案成本管理大架構重點，如系統架構圖所示：

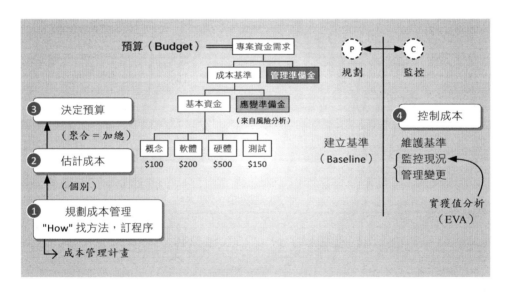

一、規劃成本管理（Plan Cost Management）

　　成本管理關心完成專案活動所需各項資源的成本，規劃成本主要定義專案成本如何被估計、預算、管理、監視及控制。要關切的是專案生命週期成本（Project Life Cycle Cost）：含設計與開發（Design And Development）、製造 / 獲

得（Manufacturing/Acquisition）、營運與維護（Operation And Maintenance）及汰除（Disposal）的成本。

本流程需要運用的方法與產出，說明如下：

1. **備案分析（Alternatives Analysis）**

如選擇提供資金的策略方案，包括自籌（Self-Funding）、抵押（Equity）、借貸（Debt）等，亦包括自製（Making）、採購（Purchasing）或租用（Renting, or Leasing）等。

2. **成本管理計畫（Cost Management Plan）**

規劃成本管理，產生成本管理計畫，內容包括：

(1) 建立度量的單位。

(2) 定義成本的精密程度。

(3) 定義成本的正確程度。

(4) 與組織程序建立連結。

(5) 定義控制門檻（Control thresholds），也就是臨界值，或稱閾值。低於或高於此值就應採取行動（如節省支用）。

(6) 定義績效量測的規則。

(7) 定義成本報告的格式。

二、估計成本（Estimate Costs）

估計成本，係發展完成專案活動所需資源的概算成本。要考慮估計可能差異的原因，包括風險，也要考慮備案及如何節省成本，通常初始階段的概算（ROM, Rough Order Of Magnitude）：為 -25% 至 +75%，到後來當資訊較詳細（Definitive）時，會變成比較精細，縮小範圍至 -5% 至 +10%。

成本估計要針對所有專案要用到的資源，包括人工、材料、機具、服務、設備等，也包括通貨膨脹（Inflation）及應變準備金（Contingency Cost）等。

本流程需要運用的方法與產出，説明如下：

1. 估計成本的方法與 [2.4.1 專案時程管理 - 估計活動工期] 類似，相關的估計法已經詳細介紹過，因此工期當初如何估計，成本也就如何估計。

2. 緩衝分析（**Reserve Analysis**）

又稱「**風險準備分析**」，許多對專案的成本估計，都包括**應變準備金**（**Contingency Reserve**），以防範風險的發生導致成本的不確定性。計算方法可以是加上固定成本、固定比例或定量分析的結果，當專案執行後，資訊亦較清楚，應變準備金可能會使用、減少或刪除。應變準備金應於成本文件中清楚地識別，而且應變準備金是資金需求的一部分。

3. 成本估計（**Cost Estimate**）

這是本流程主要的產出，也稱為「工作成本估計」，是對完成專案工作所需資源成本的量化評估，如直接人工、材料、儀器、服務、設施、資訊技術、通貨膨脹或應變準備金等。

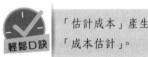
「估計成本」產生「成本估計」。

4. 估計的基礎（**Basis of Estimates**）

就是成本估計的補充資料，包括：

(1) 估計的基礎要文件化。

(2) 估計的假設與限制。

(3) 可能結果範圍（例如：$10,000（±10%），代表實際成本可能介於 $9,000 到 $11,000 之間）。

(4) 最終估計的信心水準。

三、決定預算（**Determine Budget**）

本流程是將活動或工作包之估計成本，加以「聚合（加總）」，以建立授權的成本基準。成本基準包括所有授權的預算，但是不包括管理準備金。專案之預算構成授權的資金以執行專案，且專案的成本績效，可藉由授權的預算量測之。

本流程需要運用的方法與產出，說明如下：

1. **成本聚合（Cost Aggregation）**

    係依據專案工作分解結構（WBS）之工作包成本進行聚合（加總），再加總到 WBS 更上一層（如控制帳戶）（Control Accounts），最後彙整出專案成本。

2. **歷史資訊審查（Historical Information Review）**

    如參數估計及類比估計法，需要解析專案特性來發展數學模式，此時就會應用到歷史資訊。

3. **資金限制調和（Funding Limit Reconciliation）**

    一般而言，公司不歡迎資金定期支出中有巨額支出，因此資金限制與計畫支出之差異，需要工作重新排程，來調和（撫平）（Level Out）支出率，所以可以藉由專案時程之強制時間限制，讓支出更平順。

4. **融資（Financing）**

    就是向外借貸，尤其是長期的基礎建設或公共服務專案。

5. **成本基準（Cost Baseline）**

    規劃的目的在建立基準，故基準是在規劃流程群組的最後一個流程產生。成本基準是成本估計隨時間變化的「**累計值**」，標準的話，是一條「**S 型曲線**」，S 型曲線又稱為「**學習曲線**」，在實務及生活上有許多的應用。

6. **專案資金需求（Project Funding Requirements）**

    專案資金需求＝成本基準＋管理準備金

    有關成本基準、專案資金需求及專案預算的關係，請見下圖說明，其中有四個重點：

    (1) 成本基準是一條連續的 S 型曲線。

    (2) 專案資金需求是一筆一筆的（Incremental），不是連續的。

    (3)「專案資金需求」的「最後值（最高值）」就是「專案預算」。

(4) 若專案預算高於成本基準，則表示有動用管理準備金。

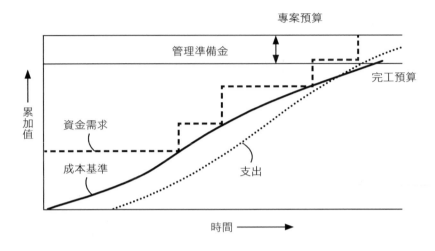

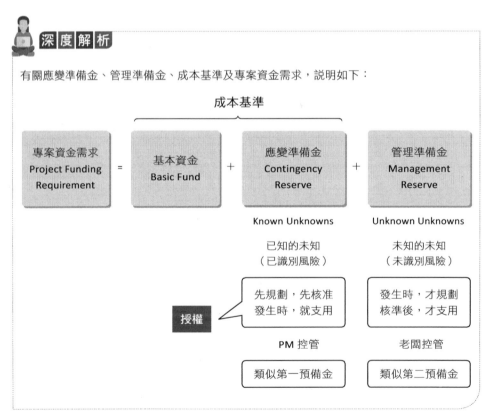

四、控制成本（Control Costs）

嚴格來說，控制成本不是屬於規劃流程的，而是屬於 [2.5.7 監控新工作與變更] 的，但是我們還是在此介紹，以符合專案成本管理的完整性。控制成本主要用於監控專案預算、更新成本支用現況及管理成本基準之變更。專案成本控制要對可能會發生成本基準變更的因素施加影響，確保成本支用不超過授權的專案階段資金與總體資金，並且監督成本績效，記錄所有與成本基準的偏差，必要時採取措施，將預期的成本超支（Overrun）控制在可接受的範圍內。當變更發生時，管理這些成本的變更，若有核准的變更，要適時地通知利害關係人，共同修正成本或資源運用。

本流程需要運用的方法與產出，說明如下：

1. 控制成本是屬於「監控」流程群組，監控就是「績效」與「計畫」做比較。成本績效的量測，可運用實獲值分析（EVA），將於 [2.7 專案量測] 說明。

2. 本流程主要的產出是工作績效資訊（WPI）、變更請求（Change Request）及相關的專案管理計畫與文件更新。

2.4.3　其他規劃

專案的規劃除了主要針對於時程與成本的規劃之外，還有一些其他項目需要進行規劃，介紹如下：

一、專案溝通（Communication）

如本書 [2.1.4 專案溝通管理] 所介紹的，專案經理要多運用 5W3H 及適當的溝通技巧與形式，與利害關係人溝通，並要妥善將專案績效的資訊傳遞給利害關係人。

二、專案團隊組建（Project Team Composition and Structure）

專案經理要掌握專案團隊成員的職能，並且依據職能來進行任務分工，其他的內容請參閱 [2.2 專案團隊]。

三、實體資源（Physical Resource）

專案要規劃的實體資源包括：機器、設備、材料、軟體、測試環境及許可證照等。實體資源的取得，與供應鏈（Supply Chain）及物流（Logistics）有關，也與採購及預算有關。尤其是大型工程與營建專案，更要注意實體資源規劃，要考量前置時間（Lead Time）、運送（Delivery）、儲存（Storage）、存貨（Inventory）及汰除與丟棄（Disposition）等。

四、採購（Procurement）

有關採購的規劃，將於 [2.5.6 專案採購管理] 一併再詳細介紹。

五、變更（Change）

專案的環境因應風險發生、專案環境改變、或客戶需求變更的需要，常會有變更發生，專案團隊要在整個專案期間，準備調適計畫（Adaptive Plan）。專案若是預測式（瀑布式）專案，可訂定變更控制流程（Change Control Process）或重新訂定基準（Rebaselining）等。若專案是採取調適式（敏捷式），因應變更的發生，可重新排序產品待辦清單（Reprioritizing the Backlog）。專案的變更計畫，是規劃階段完成，而實際變更發生時的監控，請參閱 [2.5.7 監控新工作與變更]。

六、度量（Metrics）

在專案規劃、交付、及量測工作間的連結就是「度量」。度量的定義是描述要度量的屬性及說明如何進行量測。對於專案的度量，要設定「控制門檻（Thresholds）」，來確認工作績效是否達到預期，並且要關注是往正向的或負向的發展。因此要建立專案績效的度量、基準（Baseline）、及控制門檻，也要發展適當的測試或評估流程與程序。有關於專案的度量與量測，將於 [2.7 專案量測] 再詳細介紹。

七、校準（Alignment）

專案的規劃要與公司策略目標及專案章程的預期效益進行校準。規劃的活動與工件（產出）（Artifacts），在專案中要持續整合（Integrated），若是大型專案，則要整合成「**專案管理計畫（Project Management Plan）**」，尤其是專案的範疇與品質，要與交付的承諾、資金配置、及資源的型式與可用性來校準，專案也要與組織其他有關的專案或計畫進行校準。

精華考題輕鬆掌握

【專案時程管理】

1. 關於專案時程管理之執行流程，以下何者排序正確？

   a. 估計活動工期　b. 排序活動　c. 規劃時程管理

   d. 定義活動　e. 控制時程　f. 發展時程

   (A) dbcaef　　　　　(B) dbcafe　　　　　(C) cdbafe　　　　　(D) fedbac

2. 專案時程管理有許多網路圖用於管理和與專案團隊進行討論，若 A → B 是你專案中兩個有前後關係、但可同時進行的活動，以下哪一種工具，不需要借助虛活動，可以使你表達出「前後兩活動同時進行」也表達出順序？

   (A) 計畫評核術（PERT）　　　　　(B) 箭線圖法（ADM）

   (C) 順序圖法（PDM）　　　　　(D) 要徑法（CPM）

3. 進行專案時程管理的時候，有許多工具圖可作為輔助，更有利於報告的進行和討論，關於時程管理使用到的圖，下列敘述何者錯誤？

   (A) 箭線圖法（ADM）只有一種依存關係

   (B) 順序圖法（PDM）有四種依存關係

   (C) 箭線圖法（ADM）有時會使用虛擬活動的表示法，不佔用工期和資源

   (D) 最常用到依存關係是「結束 - 結束」關係

4. 依據《環境影響評估法》第 5 條，開發行為對環境有不良影響之虞者，應實施環境影響評估。簡言之，要等開發單位提出之環境影響評估報告通過後，才可以開始施工。如果以專案管理的角度來看，請問這是哪種依存關係（Dependency）？

   (A) 強制依存　　　　(B) 刻意依存　　　　(C) 外部依存　　　　(D) 內部依存

5. 為了培養適合企業轉型的人才，環球智慧探索公司要開始研發知識管理系統，因此規劃了一個內部架構的專案，在工作分解結構完成之後，此專案主要有以下活動：

   a. 建立公司內部執行架構　b. 內部架構系統的開發　c. 設計系統前端介面

   公司想要於建立公司內部執行架構後，讓內部架構系統的開發和設計系統前端介面同時開始進行，則三個活動間有何依存關係？

   ⓐ 開始到結束　ⓑ 結束到結束　ⓒ 結束到開始　ⓓ 開始到開始

   (A) 活動 a 和活動 b 為ⓒ關係，活動 b 和活動 c 為ⓓ關係

   (B) 活動 a 和活動 b 為ⓒ關係，活動 b 和活動 c 為ⓑ關係

(C) 活動 a 和活動 b 為 ⓐ 關係，活動 b 和活動 c 為 ⓒ 關係

(D) 活動 a 和活動 b 為 ⓐ 關係，活動 b 和活動 c 為 ⓐ 關係

6. 下列哪一種工期估計的方法，常被認為最「不」準確？

(A) 類比估計法　　(B) 參數估計法　　(C) 三點估計法　　(D) 由下而上估計法

7. 你正在執行一個軟體開發專案，完工的樂觀值為 90 天、最近似值為 120 天、悲觀值為 150 天，關於估計活動工期以下描述何者錯誤？

(A) 計畫評核術（PERT, Program Evaluation and Review Technique）和要徑法（CPM, Critical Path Method）都是採用加權平均法

(B) PERT 加權平均法計算工期的結果為 120 天

(C) 標準差為 10 天

(D) 三點估計法中的三角分配法不是屬於加權平均法的一種

8. 關於要徑法（CPM, Critical Path Method）的説明，以下何者錯誤？

(A) 要徑為執行時間最短的路徑

(B) 可以用來計算浮時

(C) 要徑包括正向和反向兩種計算方法

(D) 計算要徑時，要考慮各活動的前後順序

9. 執行專案的過程中，在既定範疇中進行時程、成本和品質的管理是很重要的，如果專案要徑上的活動確定會延遲，此時作為專案經裡的你必須下的決策是什麼？

(A) 通知業主專案將會延遲　　　　(B) 壓縮時程

(C) 設法取得更多的資源　　　　　(D) 刪減或變更既有範疇

10. 專案完成工作分解結構（WBS）後，以系統化的方式分層顯示專案的結構圖形，並且以網路圖的形式排列出工作事項的前後順序，並依據資源需求，完成估計活動工期。身為一位專案經理，請問在完成前述工作之後，接著應該做的是下列哪一項工作？

(A) 定義活動　　(B) 排序活動　　(C) 發展時程　　(D) 確認範疇

11. 你是軟糖客製化專案的專案經理，今天突然接到客戶來電要求變更軟糖的規格，根據你的評估，這項變更會導致你要在要徑上增加一個月的時間，身為一個專案經理，該怎麼做對於專案來説是最有益的？

(A) 諮詢專案發起人　　　　　　　(B) 告知客戶專案變更會造成的影響

(C) 刪減範疇　　　　　　　　　　(D) 壓縮時程

12. 目前你所參與的專案團隊規劃之期程如下圖，英文字母是活動的名稱，方塊上的天數
是預計執行的期程，由於客戶的要
求，現在必須加入一個期程為 2 天的
新活動 X，他的前置活動為 A、後繼活
動為 B，請問現在專案預計執行期程是
幾天？

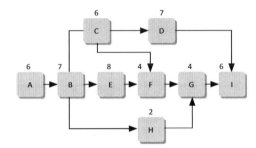

   (A)35 天 　　　　(B)37 天
   (C)38 天 　　　　(D)42 天

13. 你是一位管理顧問，被指派為一個軟體公司的新形態直播軟體開發專案提供建議。目
前面臨的問題是，客戶要求該軟體需要提前兩個禮拜完成。專案經理已經確認專案範
疇內所有的工作項目都是必要的，若刪減會造成專案失敗，但經過評估，若每一項活
動期程都減少原來預計的 5%，則有很高機率可以完成客戶的要求。在此情況，你會
建議專案經理應該如何處理，是最快速有效的做法？

   (A) 與管理階層討論刪改範疇的可能性。啟動變更控制過程，解釋該專案時程需要維
   持，並審查所涉及的風險

   (B) 研究要徑上的哪些活動可以並行

   (C) 開始進行專案未完成之風險評估的審查

   (D) 要求專案團隊提出期程減量 5% 的計畫書

14. 你所執行的專案因為社會議題開始受到民眾關注，因此管理階層開始將此專案嚴格
檢視，必須在 50 天之內完成。專案執行至今的成本績效指標（CPI）是 1.25，而根據
之前的評估，此專案的要徑為 46 天、標準差則是 2 天，請問此專案的最大浮時是幾
天？（專案完成時程預估，以 1 倍標準差計算）

   (A)0 天 　　　(B)2 天 　　　(C)4 天 　　　(D)6 天

15. 下列是一項機台優化改造機密任務之時
程規劃及順序網路圖，請問下列選項中
何者為所代表的要徑？

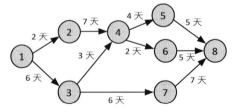

   (A)1-2-4-5-8 　　　(B)1-3-4-6-8
   (C)1-3-4-5-8 　　　(D)1-3-7-8

16. 下列何種方法通常被認為可以縮短專案時程？

(A) 資源撫平法（Resource Leveling）　　(B) 經常檢視時程表（Schedule）

(C) 快速跟進（Fast Tracking）法　　(D) 將活動（Activity）串聯（In Series）來執行

17. 活動 A（工期 1 週），可馬上開始。活動 B（工期 4 週），在活動 A 結束後開始。活動 C（工期 6 週）在活動 B 結束後開始。活動 D（工期 8 週），在活動 A 結束後開始。活動 C 及活動 D 都要結束，專案才能結束，請問專案要徑的工期是幾週？

(A) 11 週　　　　(B) 12 週　　　　(C) 15 週　　　　(D) 10 週

18. 續上題，活動 D 的浮時（Float）是幾週？

(A) 1 週　　　　(B) 2 週　　　　(C) 3 週　　　　(D) 4 週

19. 專案時程管理中需要善用工具建立許多文件，其中「時程管理計畫」和「網路圖」是很重要的，請問上述兩者分別在什麼階段建立？

(A) 排序活動；估計活動資源　　(B) 發展時程；估計活動期程

(C) 規劃時程管理；排序活動　　(D) 估計活動期程；控制時程

20. 你負責籌劃一次迷你馬拉松活動專案，根據你們專案團隊初步評估，這個專案最短可在 200 天完成，經過主管審查後再重新討論，蒐集資料後發現其他類似的專案平均比你們所估計的時間要多花 20% 的時間，其中還有一個專案花了 340 天。請問經過修正過後，你認為此專案最可能花費幾天可完成？

(A) 180 天　　　　(B) 200 天　　　　(C) 250 天　　　　(D) 340 天。

21. 長頸鹿食品公司臨時進行企業改組，新上任的執行長想要在最短時間內掌握公司食品之品質流程改善專案的時程概況，這種狀況下身為專案經理的你，應該提供什麼呈現方式最為合適？下列哪一種時程表型式最適合在此時呈現給新任之執行長？

(A) 甘特圖　　　(B) 網路圖　　　(C) 里程碑圖　　　(D) 魚骨圖

22. 目前你所參與的專案團隊規劃之期程如右圖，英文字母是活動的名稱，方塊上的天數是預計執行的期程，由於客戶的要求，你必須進行時程的壓縮，請問哪個活動有最多的浮時（Float 或 Slack）可以做為壓縮時程的目標？

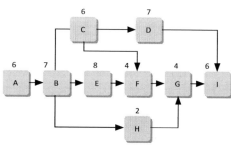

(A) C　　　　(B) D　　　　(C) E　　　　(D) G

23. 妳所做的專案，其中某活動之樂觀時間為 6 天，最有可能時間為 21 天，悲觀時間為 36 天，請以 PERT 法，求此活動之估計工期？

   (A) 5 天　　　　　(B) 21 天　　　　　(C) 36 天　　　　　(D) 45 天

24. 續上題，該活動在 16 天到 26 天完成之機率是多少？

   (A) 50%　　　　　(B) 68%　　　　　(C) 95%　　　　　(D) 99.73%

【專案成本管理】

25. 有關於專案進行估計成本（Estimate Costs），以下描述何者錯誤？

   (A) 備案及如何節省成本不需在此流程考量

   (B) 初始階段的粗略概算，範圍約在實際值的 -25% 至 +75%

   (C) 資料較詳細後，較精確的概算範圍約在實際值的 -5% 至 +10%

   (D) 通貨膨脹（Inflation）和應變準備金（Contingency Reserve）在此流程也需估算

26. 關於估計成本時使用的工具與技術，以下何者錯誤？

   (A) 類比估計法與其他方法相較之下比較不準確

   (B) 對於專案成本的估計，通常會加上應變以預防不確定性

   (C) 由下而上估計法較為費時，且會墊高估計的成本值

   (D) 類比估計是一種由下而上（Bottom-UP Estimating）的估計法

27. 你是一位專案經理必須針對專案進行成本估計，目前已蒐集足夠的各活動成本可供估計，專案發起人希望估計值能夠「準確」且願意給你較多時間進行估計，何種估計方式較不適合你現階段使用？

   (A) 類比估計　　(B) 參數估計　　(C) 由下而上估計　　(D) 三點估計

28. 估計成本時會使用三點估計法（Three-Point Estimates），此方法所稱之三點不包含哪一項指標？

   (A) 機會成本　　(B) 樂觀成本　　(C) 最有可能成本　　(D) 悲觀成本

29. 進行成本估計（Estimate Costs），初始階段概算估計的成本值與實際值相較，大約落在哪個區段？

   (A) -5% 至 +10%　　(B) -15% 至 +45%　　(C) -25% 至 +75%　　(D) -35% 至 +105%

30. 成本聚合（Cost Aggregation）是用於哪個流程的方法與工具？

   (A) 決定預算　　(B) 排序活動　　(C) 控制成本　　(D) 定義活動

31. 有關於成本聚合（Cost Aggregation）的描述，以下何者正確？

(A) 將成本進行加總

(B) 會使用到類比估計法，要發展數學模式

(C) 以工作重新排程的方式，來重新調和支出率

(D) 向公司外部其他對象借貸

32. 關於決定預算的產出，以下描述何者錯誤？

(A) 資金需求 = 成本基準 + 管理準備金

(B) 應變準備金用於因應可預期的事件，管理準備金用於因應不可預期的事件

(C) 專案資金需求是連續的，而非一筆一筆增加

(D) 成本基準是活動成本隨著時間變化的累計值，將成本基準累加（y 軸）對時間（x 軸）做圖為 S 型曲線

33. 「將活動或者工作包估計成本聚合起來，建立用來授權的成本基準（Cost Baseline）」，以上描述的是專案成本管理的哪一個流程？

(A) 規劃成本管理　　(B) 估計成本　　　(C) 決定預算　　　(D) 控制成本

34. 請問估計成本（Estimate Costs）與決定預算（Determine Budget）的差別是什麼？

(A) 估計成本：個別，決定預算：排序

(B) 估計成本：聚合（加總），決定預算：個別

(C) 估計成本：個別，決定預算：聚合（加總）

(D) 估計成本：排序，決定預算：撫平

35. 專案成本基準（Cost Baseline），不包括何者？

(A) 管理預備金（Management Reserve）

(B) 緊急預備金（Contingency Reserve）

(C) 已知的未知成本（Known Unknown Cost）

(D) 基本工程管理成本（Basic Engineering and Management Cost）

36. 成本基準是一條什麼形狀的曲線？

(A) W　　　　　　　(B) U　　　　　　　(C) S　　　　　　　(D) X

37. 應變準備金（Contingency Reserve）要如何編列？

(A) 由專案經理參考前一個專案來編列

(B) 由公司財務部來編列

(C) 由專案贊助人來編列

(D) 由專案經理參考本專案的風險分析來編列

38. 以下關於控制成本（Control Costs）的描述，何者錯誤？

(A) 必須隨時了解現階段花費與成本基準的差異

(B) 如果有變更通過核准，為求快速因應不須通知利害關係人

(C) 整個過程都要記錄執行至今的成本效益，據此和成本基準比較

(D) 必要時採取行動來調整成本的超支行為

39. 成本基準（Cost Baseline）包括下列哪兩項？（複選 2 項）

(A) 基本資金（Basic Fund）

(B) 管理準備金（Management Reserve）

(C) 專案預算（Project Budget）

(D) 應變準備金（Contingency Reserve）

40. 請問應變準備金與管理準備金分別由誰來控管？

(A) 應變：專案團隊，管理：專案管理團隊

(B) 應變：專案經理，管理：財務部

(C) 應變：專案經理，管理：老闆

(D) 應變：PMO，管理：公司治理（Governance）

答案

題號	1	2	3	4	5	6	7	8	9	10
答案	C	C	D	C	A	A	A	A	B	C

題號	11	12	13	14	15	16	17	18	19	20
答案	A	B	B	D	D	C	A	B	C	C

題號	21	22	23	24	25	26	27	28	29	30
答案	C	B	B	B	A	D	A	A	C	A

題號	31	32	33	34	35	36	37	38	39	40
答案	A	C	C	C	A	C	D	B	AD	C

2.5 專案工作（Project Work）

專案工作（Project Work）	
專案工作，這個績效領域，描述：**建立專案流程、管理實體資源、及營造一個學習環境等**相關的活動與功能。	有效地執行這個績效領域，會產生下列成果： 1. 有效率與有效果的專案績效。 2. 對專案與環境，建立適當的流程。 3. 與利害關係人適當地溝通。 4. 有效率的管理：實體資源。 5. 有效益的管理：採購案。 6. 經由持續學習與流程改善，增進團隊能力。

專案工作就是繼上一節完成專案的規劃後，進行專案的「**執行**」與「**監控**」，確保專案團隊能順利完成專案的交付物與成果。本節計分為八個重點工作項目，以心智圖整理如下圖所示：

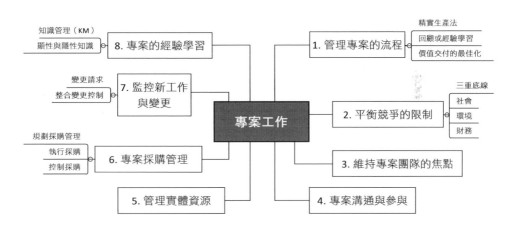

2.5.1 管理專案的流程（Managing Project Processes）

1. **精實生產法（Lean Production Methods）**

   (1) 導入豐田生產系統（TPS），也就是及時生產（JIT, Just in Time），屬於拉式（Pull）的生產方式，目標在降低庫存。

(2) 運用價值流圖（Value Stream Mapping），增加價值與去除無附加價值（Non-Value-Added）的流程，也就是要消除浪費。

(3) 審查任務看板（Kanban or Task Board），掌握瓶頸（Bottleneck）流程。

2. **回顧或經驗學習（Retrospectives or Lessons Learned）**

召開回顧會議，檢視工作狀況，提升與改善工作效率。

3. **掌握專案資金花費最佳之處？（Where is the next Best Funding Spent?）**

力求專案價值交付的最佳化。

上述三項內容，與敏捷專案管理有關，請讀者閱讀第五章，有更詳細的介紹。

2.5.2 平衡競爭的限制 （Balancing Competing Constraints）

專案經理要掌握專案的限制條件，如滿足交付日期、預算經費、品質政策、三重底線（Triple Bottom Line）（也就是社會、環境、財務）、及法規要求。除了要折衷滿足專案平衡的限制外，專案經理要確保利害關係人滿意（Stakeholder Satisfaction）。

2.5.3 維持專案團隊的焦點 （Maintaining Project Team Focus）

專案經理要領導團隊、激勵團隊、維持團隊的高生產力、及持續交付價值。此外，要察知專案議題（Issues）、延遲（Delay）、及成本超支（Cost Overruns）的發生。有關專案團隊的內容，請讀者複習 [2.2 專案團隊]。

📊 2.5.4　專案溝通與參與
　　　　　（Communications and Engagement）

　　專案經理要與專案團隊及利害關係人維持良好的溝通，善用正式 / 非正式與書面 / 口頭的溝通技巧。要收集溝通的資訊及專案績效報告（Performance Report），並且按照溝通管理計畫內訂定的方式來發布資訊（Distribute Information）。上述內容，本書已於 [2.1 利害關係人] 詳細說明了。

📊 2.5.5　管理實體資源（Managing Physical Resource）

　　於 [2.4.3 其他規劃] 時，要規劃專案的實體資源，當進到專案工作這個流程後，要持續完成訂購、運輸、儲存、追蹤、及控管專案的實體資源，包括機具與物料。要降低在工廠內的材料處理與存貨、減少等待時間、降低報廢（Scrap）與浪費、及營造一個安全的工作環境。

📊 2.5.6　專案採購管理
　　　　　（Project Procurement Management）

　　專案採購管理，就是向專案團隊之外的供應商，購買或獲得所需之產品、服務或結果之流程。簡言之，專案採購管理即是「合約管理」。合約（Contract）是買賣雙方間具有法律效力的文件，賣方有義務提供產品，而買方有義務提供金錢或其他有價的報酬。合約又可稱為協議書（Agreement）、次合約（Subcontract）或採購單（Purchase Order）。

　　大部分的組織都有書面化的政策和程序，明確定義誰能代表組織來簽署及管理這些協議（通常專案經理是沒有權限來簽署的）。即使如此，專案經理還是需要做出正確的採購決策，並維護買賣間的良好關係。最後，要請讀者注意，在 PMBOK 的內容敘述中，專案採購管理是比較以「買方（甲方）」的角度來處理採購議題。

專案採購管理的架構圖說明如下：

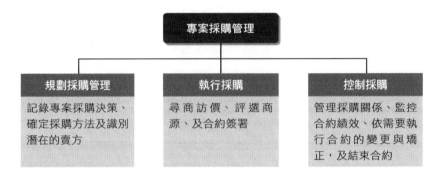

一、規劃採購管理（Plan Procurement Management）

　　規劃採購管理嚴格來說是屬於規劃流程群組，要在專案的早期來進行，主要是記錄專案採購決策、確定採購方法及識別潛在的賣方。因此要來識別「自製還是外購」（Make or Buy），亦即何項專案需求可由專案團隊完成，另何項專案需求需要採購，或向組織外部獲得產品、服務或結果。因此要考慮是否、如何、何時採購何種項目，及採購數量。

 深度解析

可以運用 5W3H，進行採購規劃分析：

- Why 緣由
- What 標的
- When 時間
- Who 對象
- Where 處所

- How 方式
- How many 數量
- How much 金額

＊註：5W3H 也可用曼陀羅九宮格方式來表示。

本流程需要運用的方法與產出，說明如下：

1. 選擇「合約形式（**Contract Types**）」

   專案採購的合約形式有「三種」，要了解每種合約形式的特性，才能選擇最適當的合約形式。三種合約形式說明如下：

   (1) 固定價格（總價）合約（**Fixed Price Contracts**）：對明確定義的產品，給一個固定的總價格。

   ▶ 特性：可以進行「**開標（價格標）**」，最低價者得標，範疇（規格）要定義清楚。

   ▶ 舉例：公司要買 30 台筆記型電腦（規格的差異會造成價金的差異）。

   ▶ 風險：在賣方（賣方得標後，依約定時間必須交貨）。

   ▶ 優點：最常用、風險較低（風險在賣方）、需較少之管理、全部價格已知。

   ▶ 缺點：需要更多的努力來建立工作範疇（規格），及可能會發生賣方變更申請或賣方縮減工作範圍之風險。

   ▶ 適用時機：全部工作範疇已清楚定義（已完成採購標的之細部規格設計）、不需要稽核賣方的發票、或僅需對賣方做較少的管理工作時。

   ▶ 固定價格合約的種類：

   ■ 確實固定價格（FFP, Firm Fixed Price）。

   ■ 固定價格加上激勵費用（FPIF, Fixed Price Incentive Fee）：可以訂出目標，若能達到，則加付固定的激勵費用。

 深度解析

激勵（Incentive）：買方與賣方基於共同的目標（範疇、時間、成本、品質等）一致，一般適用於大型努力和長期的開發。例如：賣方若能提早交貨，則買方除了原始固定價格外，要多支付激勵金給賣方。

■ 固定價格經濟價格調整（FPEPA, Fixed Price with Economic Price Adjustments）：以固定價格為基礎，可隨市場之經濟價格變化調整之。

深度解析

常見的實務案例包括：油價、金價、匯率等會隨市場價格波動者均屬之。例如，若油價上漲的話，則買方要給賣方補貼。

小試身手 1

對賣方而言，(1)FFP，(2)FPIF，(3)FPEPA，哪一個是風險最高的？

(2) 成本可償還合約（Cost-Reimbursable Contracts）：償付賣方的實際成本，再加上賣方利潤的費用。

▶ 特性：拿發票來結報，實報實銷。

▶ 適用：非我專業，請賣方提交建議書（Proposal）。

▶ 舉例：電腦公司參展，要委外進行展場佈置。有時可參考「政府採購法」之「最有利標」（評選標）之精神，辦理賣方建議書評選，挑選最適當的賣方。

▶ 風險：在買方（因為：範疇不完全），因此可訂價金上限（天花板）（Ceiling）來規範賣方。

▶ 支付賣方金額＝實際成本（發票金額）（材料錢）＋賣方利潤（工錢）

▶ 優點：僅需較少的努力、時間和成本去建立工作範疇（採購規格）（因為非我專業）。

▶ 缺點：風險較高、要稽核賣方的發票、對賣方需要更多的管理工作、全部成本未知。

▶ 成本可償還合約的種類：

■ 成本加激勵費用（CPIF, Cost Plus Incentive Fee）：若最後成本少於期望成本，則雙方可基於一項事先協調好的「**分配比例**」，來分享「**額外之利潤**」。

■ 成本加固定費用（CPFF, Cost Plus Fixed Fee）：此為成本可償還合約中最常用的，其中固定費用指的是賣方完成工作後可得「**固定之利潤**」。

■ 成本加授予費用（CPAF, Cost Plus Award Fee）：賣方可贖回所有的合法成本，但大多數的費用，要根據合約的「**績效準則滿足**」後，才能獲得。故費用支付的決定權在買方，而不是申請（Appeal）就付款。

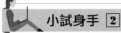

小試身手 2

對買方而言，(1)CPIF，(2)CPFF，(3)CPAF，哪一個是風險最高的？

(3) 時間與材料合約（Time and Material（T&M）Contracts）：為混合型合約，有固定價格合約的特性，單位費率已事先訂定（Unit Rates Are Preset）。有成本可償還合約的特性，合約的最終價格在合約簽署時未知（Open Ended）。

▶ 特性：訂單價，不訂總價，因為數量未知，因此稱為「開口式」或「開放式」合約。

▶ 舉例：ADSL 裝機（工時 + 線材）、時薪打工、工廠叫瓦斯、計程車車資。

▶ 風險：在買方，因為範疇（規格）不完全。

▶ 優點：建立迅速，單價費率訂好，即可開始。

▶ 缺點：全部價格未知、需要較多的監督。

▶ 適用時機：成本小、緊急、短期間、買方要掌控、工作範疇不完全。

深度解析

合約形式總整理：

	成本可償還合約 「實價」合約			時間與材料 「單價」合約	固定價格 「總價」合約		
	CPFF 加固定	CPIF 加激勵	CPAF 加授予	T&M	FPEPA 經濟可調	FPIF 激勵	FFP 固定
風險	買方			買方	賣方		
規格（SOW）	粗略			←——→	精細		
總價	不知道			不知道	已知		
稽核發票	要檢查			不用檢查	不用檢查		
賣方利潤	知道			不知道	不知道		

小試身手 ③

合約共有哪三種形式？請完成下表：

合約形式	簡介及適用時機	實例	風險在何處？

2. 自製或外購分析（**Make or Buy Analysis**）

　　為了決定一項產品或服務要自製或向外採購，通常反映執行組織的觀點和專案的需要，以及考慮專案組織的長期策略判斷。若關鍵品項也用採購的，幾年以後，就自廢武功了。

(1) Make（自製）：當買方有能力和足夠的資源、要掌握核心能力、及要保護智慧財產權（Intellectual Properties to Protect）。

(2) Buy（外購）：當賣方有專業能力並能以更低的成本和風險執行工作。

自製或外購分析後，會產生「**自製或外購決策**」，是一份文件化的說明，包含哪些專案產品、服務或結果要向外獲得，而哪些是由專案團隊自己來執行。另外也包括保險政策、履約保證金（Performance Bond）等，以因應已識別的風險。

3. **採購工作說明書（Procurement Statement of Work）- 採購 SOW**

   採購工作說明書由專案範疇基準發展而來，使可能的賣方評估是否有能力提供產品、服務或結果，內容包括規格、需要的品質、品質等級、績效資料、績效時段、及工作地點等。

4. **採購管理計畫（Procurement Management Plan）**

   是本流程主要的產出，採購管理計畫說明採購流程如何管理，包括採購流程如何與專案配合，如時程、專案監控，以及主要採購活動的時間表如何安排，這次採購的度量（Metrics）（KPI）要如何訂定來管理合約，主要利害關係人角色與責任（R&R）都會影響計畫採購的限制與假設。此外，內容也可包括採購是否需要獨立估計（Independent Estimate）（合理地審查賣方提報的價格，以利底標的訂定），合約的法律管轄權（Legal Jurisdiction）及付款方式，風險管理議題（如保險）如何因應，以及預審合格賣方（Pre-Qualified Selected Sellers）的確認。

5. **商源評選準則（Source Selection Criteria）**

   商源評選準則要針對賣方所提之建議書（Proposal）進行評估，可分為客觀（Objective）及主觀（Subject）兩種方式，也可運用加權評分法。評選準則包括：能力與能量（Capability And Capacity）、產品成本與生命週期成本、交付日期（Delivery Date）、技術專業與方法（Technical Expertise and Approach）、工作說明書（SOW）的回應工作計畫、關鍵人員的資格（Qualification）、可利用度（Availability）及職能（Competency）、財務穩定性（Financial Stability）、管理經驗或稱實績（Reference）、知識轉移的持續性（Suitability of Knowledge Transfer）。

二、執行採購（Conduct Procurements）

執行採購的流程，可分為招標流程與合約簽署等兩項，整理於下方的心智圖。

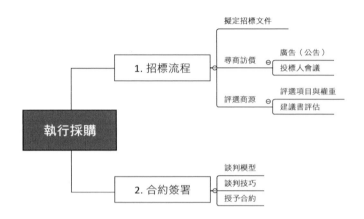

1. 招標流程（The Bid Process）

(1) 擬定招標文件（Bid Documents）：當合約形式決定後，要依據適用的合約形式，擬定招標文件，共有四種形式，整理如下表：

項次	項目	內容說明	適用合約	輕鬆口訣
1	投標邀請書 Invitation For Bid（IFB）	用於邀請投標	固定價格合約 （總價合約）	請你來參標吧！
2	資訊需求書 Request For Information（RFI）	請求對方提供資訊	徵求賣方公司資訊及採購標的物的資訊	請提供資訊吧！
3	提案邀請書 Request For Proposal（RFP）	請賣方提供執行內容、技術、期程的資訊	成本可償還合約 （實價合約）	請提供建議書吧！
4	報價邀請書 Request For Quotation（RFQ）	邀請對方報價	用於時間及材料 （T&M）合約 （單價合約）	請提供報價書吧！

(2) 尋商訪價（獲得賣方回應）

▶ **廣告（Advertising）**：類似於「公告」的意思，如選擇適當的報紙進行刊登、特殊貿易出版物、政府機構公告及線上公告（Posting）等，此做法可擴大潛在賣方清單。通常透過廣告讓越多的賣方知道來參與標案，買方可以買到更符合的（高品質且低價格）商品。

▶ **投標人會議（Bidder Conference）**：亦稱為承包商、販售商或投標前會議。旨在確保所有可能的賣方均在相等的地位（Equal Footing），並對採購案有清楚、共通的了解（建議書、技術規範及合約要求）。並可依據投標商問題的回應，修正（Amendments）採購文件。

> 🖥 **小叮嚀**
>
> 投標人會議在 PMP 考題中常考情境題，是重要的 PMIism（出題精神），也請讀者留意。

(3) 評選商源（選擇賣方）

▶ **評選項目與權重**：評選項目請參閱前面說明過的「**商源評選準則（Source Selection Criteria）**」，可視專案採購需求，挑選出評選項目後，給予適當的的權重佔比。

▶ **建議書評估（Proposal Evaluation）**：以下舉一個範例來說明：最上面的線段代表的是資格標，也就是篩選廠商是否符合資格（如專案經理必須具備 PMP 資格），不符合者就直接被淘汰。第二個線段可以運用價格標或如範例中進行「**加權項目**」的評估，選出得分最高的為得標廠商。如本案例，當採購案對於價格特別重視時（加權佔 50%），可以採用「**獨立成本估計**」（Independent Cost Estimate），類似於謹慎地「**訂底標**」來審查賣方提交的價格。

廠商	A	B	C	D	E
專案經理資格	不符合	合格	不符合	合格	合格
價格（50%）		80		90	70
品質（30%）		90		80	80
交期（20%）		70		80	70
總分		81		85	73
得標商				得標	

2. 合約簽署（Contracting）

(1) **談判模型**（**Negotiation Model**）：史蒂芬柯維（Steven Covey）針對談判的思維，有提出「**雙贏理論**」（Principle of Think-Win-Win），一般而言，談判的結果會有下列三種情形：

▶ 雙贏（Win-Win）：是最好的結果，雙方都滿意。

▶ 一方贏，另一方輸（Win-Lose/Lose-Win）：是一種競爭的結果，可能是一方運用強制（Force）方式來贏，或是輸方選擇故意輸掉，來完成談判。

▶ 雙輸（Lose-Lose）：常發生於雙贏之後，再發生兩方之競爭，雙方的情況都變得更糟（Worse-off）。

談判若想要雙贏，通常有下列三個條件：

▶ 特性：雙方要成熟、正直、且可以為對方提供價值。

▶ 信任：互相信任，達成協議。

▶ 方法：換位思考，站在對方角度看問題，共同解決關鍵議題。

(2) **談判技巧**（**Negotiation Skills**）：雙方簽約前，要澄清合約架構、要求及互相達成協議。談判的內容包含：責任、變更權限、適用的條款與法律、技術與商業管理方法、專利權、合約資金籌措、全案時程、價格及付款方式等。

專案經理在合約談判中的角色，有兩點：
(1) 與賣方發展良好的關係。
(2) 得到公平合理的價格（不是我方最大利潤）。

深度解析

常見的談判技巧可整理如下（考題會出現一些情境題）：

- 延遲（Delay）
- 說謊（Lying）
- 撤離（Withdrawal）
- 有限授權（Limited Authority）
- 黑白臉（Good Guy/Bad Guy）
- 公平合理（Fair and Reasonable）

- 期限（Deadline）
- 意外（Surprise）
- 極端要求（Extreme Demands）
- 有權人不在場（Missing Man）
- 人身攻擊（Personal Attack）
- 既成事實（Fait Accompli）

(3) **授予合約（Reward Contracts）**：經過合約談判後，與選擇的賣方（Selected Sellers），也就是得標商，進行簽約儀式完成合約簽署。合約是一個正式相互約束的協議（Agreements），是具有法律規範效力的，強制賣方提供規定的產品，並強制買方付款。合約的內容可包含：採購工作聲明、主要採購標的、時程、里程碑、績效報告、檢驗與驗收準則、保險與履約保證金（Performance Bound）、保固（Warranty）、獎勵（Incentives）與罰則（Penalty）、變更處理、終止與爭議處理機制。在 [2.1.4 專案溝通管理] 有說明過，合約的任何變更均應是「正式且書面（Formal Written）」。

三、控制採購（Control Procurements）

控制採購流程旨在管理採購關係、監控合約績效、依需要執行合約的變更與矯正，及結束合約。並且要確保買賣雙方之績效符合協議條款（Term）的規範，具體要進行的工作內容包括：

▶ 收集及管理專案記錄，如財務績效、採購 KPI 等。

▶ 採購計畫與時程持續精進與控管。

▶ 建置機制 - 蒐集、分析及報告採購績效的資訊。

▶ 監督採購環境，要促使完成採購案，有需要時可進行調整。

▶ 進行帳單付款（Payment of Invoice）。

控制採購就是：「履約」（履行合約）。

　　本流程於廠商交貨後進行採購標的之「**檢驗**」，並且要辦理「**採購稽核**（**Procurement Audits**）」，評估此次採購的流程是否成功，並且「當做一面鏡子」（流程是否有可借鏡之處），也就是好的供應商多向其採購，不好的供應商謝謝再聯絡，相關的稽核結果可做為後續採購管理調整之依據。若買賣雙方對於合約驗收有爭議的話，可以進行「**求償管理（Claims Administration）**」，對於合約的變更或不足之處，達成補償的協議。最後，要正式書面通知賣方合約已經完成，且要將所有的採購文件歸檔妥存。

深度解析

在採購管理的最後，本書要說明一下專案管理實務在成本、資源、及採購上針對規劃與估計的順序：

估計活動資源（人機料）➡ 決定採購或獲得方式 ➡ 估計成本

因為不同的採購方式，如採購、外包、租用、借用等，對於要花費的成本，都是不同的。

🖥 2.5.7 監控新工作與變更
（Monitoring New Work and Changes）

在專案的執行過程中，要全程的實施監控，確保專案依據專案管理計畫來執行。以下針對兩種開發方式對於變更管理的差異、監控流程最常用到的工具、及整合變更控制流程，進行解析說明：

1. 針對兩種不同的開發方式，對於變更管理的差異，說明如下：

   (1) **預測式（Predictive）專案（或稱為 Waterfall 瀑布式專案）**：發生變更時，專案經理要分析評估變更帶來的影響與風險（尤其是範疇、時程、成本、資源、及人力），提出變更請求（Change Request），接著送交整合變更控制（ICC）流程，由變更控制委員會（CCB）來審查。要按照變更管理計畫的流程來進行，且唯有核准的（Approved）變更，才可以納入執行。

   (2) **調適式（Adaptive）專案（或稱為 Agile 敏捷式專案）**：比預測式專案，更容易發生變更（擁抱變更是敏捷的精神）。因為運用迭代 - 增量（Iterative-Incremental）的開發與交付，因此可以新增或修正產品待辦清單（Product Backlog），由產品負責人（Product Owner）重新進行排序，交由開發團隊去處理與交付排序最優先的工作。

2. 專案監控流程最常運用的方法與工具，有下列兩項：

   (1) **變異分析（Variance Analysis）**：監控就是用執行的成果（績效）與計畫的基準做比較（包括時程、成本、資源運用等），常發生差異（因為計畫趕不上變化），就要進行變異分析，專案經理要將重點放在掌握變異的原因及程度大小。若有差異，則提出變更請求（Change Request），包括預防或矯正行動（Preventive or Corrective Actions）及缺點改正（Defect Repair）。

   (2) **趨勢分析（Trend Analysis）**：依據專案過去的績效，來預測未來績效，可提前預警及防範專案的問題（如時程延誤）。

3. 整合變更控制流程

接下來要說明專案的整合變更控制（ICC, Integrated Control Change）流程，主要就是要審查所有變更請求，核准（Approve）變更及管理交付物（Deliverables）、組織流程資產、專案文件及專案管理計畫等的變更。比較正規的方式是透過「變更控制委員會（CCB, Change Control Board）」來核准或拒絕變更的申請，這個委員會的角色與責任應於變更控制系統（Change Control System）及構型管理系統（Configuration Management System）中律定，且應獲得贊助人、顧客及其他利害關係人的同意。獲核准的變更要反映到已修正的基準（Baseline）包括範疇、時程及成本基準。且要同步填寫「變更記錄單（Change Log）」，保存變更資料（也就是修正履歷）。

深度解析

變更請求（Change Request）：包括預防行動（Preventive Action）、矯正行動（Corrective Action）及缺點改正（Defect Repair）等三項。變更請求產生後，要送去「整合變更控制（ICC）」流程去進行審查。針對「變更請求」，在專案管理實務上，常見的案例包括：變更申請書（修簽單）、工程變更請求（ECR）（設計變更）（簡稱設變）、工程變更通知（ECN）、電子簽核系統等。若用最簡單且易懂的方式來形容變更請求，就是：「**改善提案**」、「**設變**」或是「**修約**」，這樣可以讓讀者更容易理解一些。

 小試身手 ④

身為專案經理，請排列執行整合變更控制（ICC）的正確次序：
(A) 提出變更請求，送交變更控制委員會審查
(B) 發生變更時要能察知
(C) 持續關心變更請求審查進度，直至核准
(D) 核准的變更請求要適時地通知利害關係人
(E) 影響會造成變更之因素，希望專案不要變更
(F) 唯有核准的變更可以納入執行
(G) 分析評估變更對專案的影響與衝擊

2.5.8 專案的經驗學習（Learning Throughout the Project）

專案團隊要定期召開「回顧會議（**Retrospectives**）」，依據經驗學習（Lessons Learned）的體會與領悟，商討如何精進未來的工作。專案經理也要負責做好「知識管理（**KM, Knowledge Management**）」的工作，亦即運用現有的知識與建立新知識，來達成專案目標及促進組織的學習。一般而言，知識可以分成兩種：

1. 外顯的（Explicit）

可利用文字、圖片或數字來表達，當然也會比較容易被傳遞與發布。

2. 內隱（默示）的（Tacit）

如經驗、洞察力（Insight）、或實務技能（老師傅的一雙手）等，比較不容易被記錄及保存。

知識管理的重點要放在「**分享（Sharing）**」與「**整合（Integration）**」專案團隊及利害關係人的專業、技能、成果或失敗的教訓，簡單來說，就是「**經驗傳承**」。專案團隊要填寫「**經驗學習登錄表（Lessons Learned Register）**」，來記錄最佳的流程，且要避免發生同樣的錯誤。

深度解析

專案工作在執行時，要善用資訊系統，常見的四大系統整理如下：
1. 專案管理資訊系統（PMIS）：記錄專案的進度、成本、及績效的資訊。
2. 工作授權系統（Work Authorization Systems）：定義為在正確的時間、地點，完成正確的工作，如 ERP（企業資源規劃）或工單（製令）系統。
3. 構型（形態）管理（Configuration Management）系統：
   (1) 若是針對產品，就是記錄規格的演進歷程。
   (2) 若是針對文件、軟體，則是管理版次的修訂履歷。
4. 知識管理（KM）系統，也就是要做好「經驗傳承」，要記錄在「經驗學習登錄表」。

小試身手解答

1 (1) FFP，因為另外兩個可能會補貼賣方，而 FFP 是確實固定價格，沒有補貼，因此風險是最高的。

2 (2) CPFF，因為 (1) 成本加激勵費用（CPIF），願意分享利潤給賣方，表示買方一定獲得更大的利潤（或節省費用），而 (3) 成本加授予費用，是要符合績效準則才付費，因此對買方有一定的保護，而 CPFF 對買方而言，什麼好處都沒有，因此是風險最高的。

3

合約形式	簡介及適用時機	實例	風險在何處？
固定價格 （Fixed Price）（Lump Sum） （總價合約）	價格標，最低價者得標 規格清楚	買筆記型電腦	賣方
成本可償還 （Cost-Reimbursable） （實價合約）	拿發票來結報，實報實銷 非我專業，規格不完全	參加電腦展，展場佈置	買方
時間及材料 （Time & Material）（T&M） （單價合約）	只定單價，不定總價 （因為數量未知） 小成本，緊急時	工讀生（工時鐘點費）、開放式合約叫瓦斯	買方

4 E, B, G, A, C, D, F

註：唯有「核准的」變更，才可以納入執行。

精華考題輕鬆掌握

1. 專案管理流程運用價值鏈（Value Chain）的主要目的是？
   (A) 提前製程　　　　(B) 雙專長職能工作　(C) 資源撫平　　　　(D) 消除浪費

2. 下列何者不為三重底線（Triple Bottom Line）之一？
   (A) 社會　　　　　(B) 治理　　　　　(C) 環境　　　　　(D) 財務

3. 合約的形式有許多種，不同的合約內容可能偏向買方或賣方有利，因此選擇和撰寫合約時不可不小心謹慎，執行下列何項流程時會要選擇合約形式？
   (A) 規劃採購管理　(B) 執行採購　　　(C) 控制採購　　　(D) 控制品質

4. 專案採購標的的範疇若很明確，適合哪種合約？
   (A) 固定價格　　　(B) 成本可償還　　(C) 時間與材料　　(D) 請求提供計畫書（RFP）

5. 願景公司的開發土地專案，因為工作的範疇無法確定，想要用定單價，不定總價（因為數量未知）的方式來辦理外包處理，請問願景公司適合採取哪一種合約？
   (A) 固定價格　　　　　　　　　(B) 成本可償還
   (C) 請求廠商提供資訊（RFI）　　(D) 時間與材料

6. 一個大型咖啡連鎖店的專案經理正在執行一個前所未見的專案，內容是新建一棟廠房展現咖啡製作過程同時和原料展示櫃檯結合，方便民眾參觀以招攬顧客。該公司擁有強大的法律團隊可以撰寫各式各樣的合約，並有能力清楚定義範疇，專案經理正評估何種合約形式最為合適，請問你會給他什麼建議？
   (A) 成本加固定費用合約（CPFF）　　(B) 成本加激勵費用合約（CPIF）
   (C) 成本加授予費用合約（CPAF）　　(D) 固定價格合約（FPC）

7. 堅毅公司要進行採購案規劃，但不知道哪些廠商有能力提供該品項，請問堅毅公司需要擬定哪項文件，來給可能的賣方評估是否有能力可以提供？
   (A) 採購管理計畫　　　　　　　(B) 採購工作說明書
   (C) 獨立成本估計　　　　　　　(D) 投標文件

8. 在一次的採購案中，賣方是企業管理顧問公司，買方每小時支付賣方團隊 5,000 元做為諮詢業務的費用，但會由買方審查賣方的績效。在今年底的審查之後，買方決定不支付合約的部分價格，請問雙方簽定的是什麼類型的合約？
   (A) 固定總價合約　　　　　　　(B) 成本加授予費用合約
   (C) 時間與材料合約　　　　　　(D) 固定總價加激勵費用

9. 合約的形式要謹慎律定，請問下列哪一種合約對賣方最不利？

   (A) 請求賣方提供報價書　　　　　　(B) 固定價格合約

   (C) 成本可償還合約　　　　　　　　(D) 時間與材料合約

10. 想要進行採購的買方發出投標文件（Bid Document）之後，會取得賣方公司資訊及完成標案預計方式之賣方建議書（Seller Proposal），請問得到建議書之後要依據什麼文件來評估賣方建議書的好壞？

    (A) 採購管理計畫　　(B) 採購文件　　(C) 商源評估準則　　(D) 合約

11. 章合公司已完成合約談判，正在與選擇的賣方（得標商）進行協議（合約）的簽署，請問目前該公司正在進行哪一個專案採購管理流程？

    (A) 規劃採購管理　　(B) 執行採購　　(C) 控制採購　　　(D) 規劃品質管理

12. 你是 2030 年半導體產業商品展覽的學術資料專案經理，與一研究機構簽完合約過了幾個月，研究機構表示無法如期產出當天要展示的機台，請問你會如何處理？

    (A) 立即終止合約　　　　　　　　　(B) 強力要求廠商於期限內交貨

    (C) 請求進行採購績效審查　　　　　(D) 拒絕付款

13. 新福公司的副總裁主要是主管公司的採購案，他對於採購案的價格，都會要求專案經理要多花心思去編列，如果你是該公司的專案經理，你要多運用哪項工具？

    (A) 市場分析　　　(B) 商源評選分析　　(C) 獨立成本估計　　(D) 自製或外購分析

14. 實實公司正在進行提案邀請書（RFP, Request For Proposal）的研擬，請問實實公司準備要採取哪一種合約？

    (A) 固定價格　　　　　　　　　　　(B) 成本可償還

    (C) 請求廠商提供資訊（RFI）　　　　(D) 時間與材料

15. 下列何者不屬於專案執行採購的招標流程？

    (A) 擬定招標文件　　(B) 尋商訪價　　(C) 評選商源　　　(D) 合約簽署

16. 你身為專案經理，目前正在與賣方進行採購談判，你跟賣方説，請在明天以前決定，否則你後天一早坐上飛機到歐洲出差一個月，這件事就不再溝通了，請問是運用了哪個談判技巧？

    (A) 期限（Deadline）　　　　　　　(B) 有權人不在場（Missing Man）

    (C) 撤離（Withdrawal）　　　　　　(D) 極端要求（Extreme Demands）

17. 對於參與專案的利害關係人而言，以下何種談判的結果會是最好的？

    (A) 一方贏，另一方輸　　　　　　(B) 雙贏

    (C) 雙輸　　　　　　　　　　　　(D) 第三方調解

18. 你的公司分期付款購買了最先進的虛擬實境工廠操作模擬機，雙方合意交易但其實此機器還在測試階段，於是當初在合約中有特別註明業者要針對此機台每週提交報告書，然而賣方已 3 個星期未提交報告，你首先該怎麼辦？

    (A) 暫停繳交這期的款項

    (B) 寫信通知賣方已違約，並要求其在未來改正其表現

    (C) 判斷該報告對專案是否重要，否則可擱置

    (D) 打電話向賣方詢問報告撰寫進度

19. 連連看

投標邀請書（Invitation For Bid）（IFB），適用於	(A) 固定價格合約（總價合約）
報價邀請書（Request For Quotation）（RFQ），適用於	(B) 成本可償還合約（實價合約）
提案邀請書（Request For Proposal）（RFP），適用於	(C) 時間及材料（T&M）合約（單價合約）

20. 下列何者不為變更請求（Change Requests）的內容？

    (A) 驗證交付物　　(B) 矯正行動　　(C) 預防行動　　(D) 疵病修復

21. 下列何者要在專案的全程來進行？

    (A) 專案發起　　(B) 專案規劃　　(C) 專案執行　　(D) 專案監控

22. 專案之任何計畫變更請求，要送去下列哪一項流程？

    (A) 發展專案章程　　　　　　　　(B) 定義範疇

    (C) 監督風險　　　　　　　　　　(D) 執行整合變更控制（ICC）

23. 你擔任專案經理參與了專案的規劃階段，出資者做為利害關係人向你說明專案執行期間只有短短六個月，且口頭保證該專案絕對不會有任何的變更，否則會付賠償金，專案經理應該如何？

    (A) 放寬專案管理方式　　　　　　(B) 照原定規劃設定變更控制委員會

    (C) 要求更多預算　　　　　　　　(D) 要求更長工期

24. 變異分析（Variance Analysis）主要是屬於哪一個績效領域的方法與工具？

    (A) 利害關係人　　(B) 專案團隊　　(C) 專案工作　　(D) 專案交付

25. 請問通常變異分析完成後，接著要做什麼？

(A) 聚合成本　　　　(B) 分解任務　　　　(C) 顧客檢驗　　　　(D) 趨勢分析

26. 為了專案的經驗學習（Lessons Learned），要召開什麼會議？

(A) 起始（Kickoff）　　　　　　　　(B) 審查（Review）

(C) 回顧（Retrospectives）　　　　　(D) 結案（Close-out）

27. 專案進行中，有時會有一些未記錄的知識或資訊，只有某些專案團隊成員知道，而且通常他們會自己保留起來，請問這類知識的名稱是什麼？

(A) 常識（Common Knowledge）　　　(B) 共享知識（Shared Knowledge）

(C) 隱性知識（Tacit Knowledge）　　　(D) 集體知識（Tribal Knowledge）

28. 請問專案知識管理（KM）之主要目的是什麼？

(A) 記錄與存檔　　(B) 分享與傳承　　(C) 教導與遵守　　(D) 除錯與發布

29. 下列何者是在正確的時間、地點、完成正確的工作？

(A) 工作授權系統　(B) 記錄管理系統　(C) 專案管理資訊系統　(D) 構型管理系統

30. 公園改建新計畫專案進入結案階段，專案經理為了以終為始，希望將這次的經驗化為下次執行專案的養分，故請團隊成員進行專案回顧和經驗學習回饋分享（Lessons Learned），然而此時團隊成員麥克不願意參與分享，專案經理應該如何處裡？

(A) 跳過此過程直接完成結案

(B) 重新宣示 Lessons Learned 的意義

(C) 直接更換該成員

(D) 評估此狀況對於專案之衝擊和影響，在不影響成本及時程下，盡力做好溝通

答案

題號	1	2	3	4	5	6	7	8	9	10
答案	D	B	A	A	D	D	B	C	B	C

題號	11	12	13	14	15	16	17	18	19	20
答案	B	C	C	B	D	A	B	B	ACB	A

題號	21	22	23	24	25	26	27	28	29	30
答案	D	D	B	C	D	C	C	B	A	D

2.6 專案交付（Project Delivery）

專案交付（Project Delivery）	
專案交付，這個績效領域，描述：**專案交付要達成的範疇與品質**等相關的活動與功能。	有效地執行這個績效領域，會產生下列成果： 1. 專案對企業目標及策略進展，做出貢獻。 2. 專案要實現在發起階段允諾要交付的成果。 3. 專案要依據計畫時程，實現利益。 4. 專案團隊對於需求，要有清楚的了解。 5. 專案利害關係人接受與滿意專案交付物。

最新的專案管理觀念，就是要進行「**價值的交付（Delivery of Value）**」。在 [1.7 專案的發起] 有提到，專案運用商業方案（Business Case）來進行投資報酬率的詳細估計，運用商業畫布（Star-up Canvas）來描述企業高階經營策略的問題，包括收入流與成本結構。專案授權文件（Project-authorizing Documents），如專案章程（Project Charter），要將專案的預期成果量化，以利定期量測績效，另外還有針對專案生命週期或主要交付物的基準計畫（Baselined Plans）或高階地圖（High-level Roadmaps）。上述這些企業文件，要展現專案的成果是如何與組織的企業目標來校準。

接下來，專案要採取適當的開發方式（Development Approach），在專案的生命週期中，發布交付物（Releasing Deliverables），因此可以「**傳遞價值**」給企業、顧客、或其他的利害關係人，綜上所述，專案要支持組織策略的執行與達成企業的目標，要聚焦於確保交付物的範疇與品質，所以本節會介紹專案的範疇與品質管理。

2.6.1 專案範疇管理（Project Scope Management）

專案範疇管理要確保完成專案所需執行的工作，並清楚地定義與控制整個專案所涵蓋之範圍（何人、何事、何物），有哪些是專案必須完成的，而哪些是不在專案內的。專案團隊及利害關係人必須對要完成之產品及所需之流程有相同的了解，也就是定調。專案範疇管理包含下列六個流程：

1. 規劃範疇管理（Plan Scope Management）。

2. 收集需求（Collect Requirements）。

3. 定義範疇（Define Scope）。

4. 建立工作分解結構（Create WBS）。

5. 確認範疇（Validate Scope）。

6. 控制範疇（Control Scope）。

專案範疇管理的架構圖說明如下：

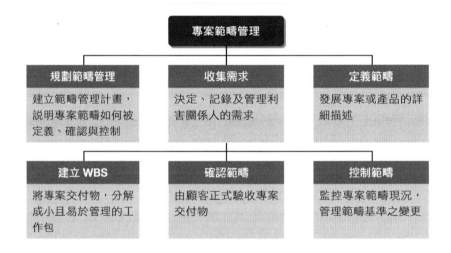

一、規劃範疇管理（Plan Scope Management）

本流程要規劃專案的範疇管理流程如何進行，可以參考專案章程、開發方式與生命週期、備案分析（Alternatives Analysis）及歷史資訊文件等，會產生出兩個專案管理計畫的子計畫：

1. 範疇管理計畫（Scope Management Plan）

描述範疇如何定義、發展、確認及監控。內容包括：專案範疇說明書的準備、建立工作分解結構（WBS）的方法、範疇基準的核准與維護、完整專案交付物的正式驗收（Formal Acceptance）、及專案範疇說明書變更請求的程序。

2. 需求管理計畫（Requirements Management Plan）

記錄需求如何被分析、文件化及管理，本計畫內容包括：

(1) 需求活動如何被計畫、追蹤及報告。

(2) 構型（Configuration）管理活動（變更之啟動、衝擊分析、追蹤及核准）。

(3) 需求優先次序化流程（Requirements Prioritization Process）。

(4) 產品度量（Product Metrics）。

(5) 可追蹤結構（Traceability Structure）。

二、收集需求（Collect Requirements）

先介紹一下需求的定義：需求是一種產品、服務、或結果的狀況或能力，以滿足企業的需求。而收集需求則是判別、記錄及管理利害關係人之需求，以達成專案目標。專案的成功與否，與管理專案及產品需求之好壞，有直接的影響，因此要將贊助人、顧客及其他利害關係人之需求與期望量化，並記錄之。專案需求的確定，可做為未來工作分解結構（WBS）、時程、成本、品質等規劃的基礎。

若專案在初期，沒有明確的需求，則可運用原型（Prototypes）、展示（Demonstrations）、故事板（Storyboard）、及測試模型（Mock-ups），來發展專案需求。利害關係人有時候會說：「要看到實品才會了解」（I'll Know It when I See It），所以可以運用迭代、增量或調適開發法（Iterative, Incremental, or Adaptive Approaches）來達成，也就是要導入敏捷專案管理，請參閱本書第五章的說明。

這邊介紹幾項收集需求所應用到方法與工具，要提醒讀者的是，這些方法不需要當問答題來背，但要了解每一個工具的要義，也就是關鍵字（Keywords）的含意：

1. 資料蒐集（Data Gathering）

(1) 腦力激盪（Brainstorming）：發揮想像力，產生想法。

(2) 訪談（Interview）：請教有經驗的前輩。

(3) 焦點團體（**Focus Groups**）：邀請一群專家進行話題鎖定的討論。

(4) 問卷調查法（**Questionnaires and Surveys**）：藉由設計問卷，大量發送由回應者填寫，加以統計分析，快速獲得所需資訊。

(5) 標竿法（**Benchmarking**）：就是「**向模範學習**」，與其他專案比較，識別最佳實務、產生改善想法及提供績效衡量的基礎。

2. 資料分析（**Data Analysis**）

進行**文件分析**（**Document Analysis**），包括協議、營運計畫、企業流程或介面、企業規則資料庫、市場文獻、議題記錄單、政策與程序、及提案邀請書（RFP）等。

3. 決策制定（**Decision Making**）

(1) **投票表決**（**Voting**），可包括：

- ▶ 一致同意（Unanimity）。

- ▶ 獨裁（Dictatorship）。

- ▶ 多數決（Majority）：超過 50%（絕對多數）。

- ▶ 複數決（Plurality）：最高票（相對多數）。

(2) **多準則決策分析**（**Multicriteria Decision Analysis**）：同時有兩個以上目標和參數需要考量，則需要用矩陣表單來進行系統分析，例如買房子同時會考量交通便利性、售價、生活機能、公共設施比例、購屋優惠、當地政府補助等因子，這時就需要進行評估和排序，才能找到適合自己的最佳解。

4. 資料展現（**Data Representation**）

(1) **關係圖**（**Affinity Diagrams**）：將大量的意見分類成不同的群組，進行審查與分析，又名「親和圖」。

(2) **心智圖**（**Mind Mapping**）：又稱「思維導圖」，由腦力激盪法產生意見，整合至單一圖形上，且可一直衍生來產生創意。

5. 人際與團隊技巧（Interpersonal and Team Skill）

   (1) **名義團體法（Nominal Group Technique）**：也就是腦力激盪＋投票表決，於腦力激盪下，增加投票流程，並將意見排序。

   (2) **觀察／交談（Observation/Conversation）**：在工作環境下，觀察工作或執行相關流程的狀況。特別適用於：使用該產品有困難或不願意表達需求時。又稱工作影子（Job Shadowing），可由外部觀察者審查被觀察者工作之績效。

   (3) **促進（Facilitation）**：可運用「**促進研討會（Facilitated Workshop）**」，是一種「**聯合審查**」，跨部門（Cross-Functional）邀集利害關係人，快速解決問題。如聯合應用開發（JAD）、品質機能展開（QFD）等。

6. 系統關聯圖（Context Diagram）

   是範疇模型（Scope Model）的例子，藉由營運系統的投入（Input）、流程（Process）及產出（Output）（稱為流程 IPO 模式），來描繪產品範疇。

7. 原型（Prototypes）

   也稱為雛型，於真正製作前，藉由工作模型獲得早期之需求回饋（Feedback），這是一種持續精進的迭代循環（Iterative Cycle），透過全尺寸模型建立（Mock-up Creation）、實驗、建立回饋及原型修正，獲得足夠資訊後，才正式到製造階段。如最近發展的 3D 列印、汽車的原型概念車、及飛機研發進行風洞試驗等都是原型的案例。

 深度解析

德爾菲法（Delphi Technique）
(1) 德爾菲法是使專家間達成共識的方法，參與的專家要以匿名方式進行。
(2) 促進者（引導者）發問卷徵求專家對專案相關議題的想法。
(3) 回覆結果會重新發給專家傳閱，這流程經過多輪後，便可達共識。
(4) 目的：降低專家的偏見，且避免讓任何人對結果有不當的影響力。

本流程的產出共計兩項：

1. **需求文件（Requirements Documentation）**

   描述個別需求如何達成企業需求。在變成基準（Baseline）之前，需求要明確、可量測、可追蹤（Traceable）、完整一致，並要獲得利害關係人接受（Acceptable）。內容包括：

   (1) 企業需求。

   (2) 企業及專案目標及可追蹤性。

   (3) 功能需求（產品資訊與企業流程）。

   (4) 非功能需求（服務等級、安全）。

   (5) 品質需求與驗收標準。

   (6) 支援與訓練需求。

   (7) 需求之假設與限制。

   (8) 需求優先次序化流程。

2. **需求追蹤矩陣（Requirements Traceability Matrix）**

   是一種表格（Table）的形式，連接原始需求，並於專案生命週期中追蹤需求的變更。要確認每一項需求有企業加值（Add Business Value），故要與企業及專案目標連結。本矩陣也提供管理產品範疇變更的結構。包括下列需求：

   (1) 企業需求、機會及目標。

   (2) 專案目標。

   (3) 專案範疇 / 工作分解結構（WBS）。

   (4) 交付物（Deliverables）。

   (5) 產品設計與開發。

   (6) 測試策略（Test Strategy）及測試場景（Scenarios）。

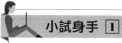

小試身手 1

請試著完成收集需求流程之方法與工具的配合題：

訪談 （Interviews）	（　）	(A) 找跨功能（部門）的一起開會（聯合審查），以求加快達成共識的速度
焦點團體 （Focus group）	（　）	(B) 將大量的意見分類成群組（Sorted into Groups），進行審查與分析
促進研討會 （Facilitated workshops）	（　）	(C) 找專家，將其隔開，採用匿名方式，發問卷，經過多輪，達成共識，目的在消除偏見。又稱專家隔離偵訊（徵詢）法
名義團體技術 （Nominal Group Technique）	（　）	(D) 是範疇模型（Scope Model）的案例，藉由營運系統的投入、流程及產出（IPO），來描繪產品範疇
關係圖 （Affinity Diagrams）	（　）	(E) 找有經驗的專家詢問，通常是 1 對 1 的方式
德爾菲法 （The Delphi Technique）	（　）	(F) 向模範的相關專案學習，包括組織內、組織外同業及異業等
決策制定 - 投票表決 （Decision-Making）-Voting	（　）	(G) 藉由工作模型（Working Model）的實驗，獲得早期之需求回饋（Feedback），再進行修正確定後，才正式進入製造階段
標竿法 （Benchmarking）	（　）	(H) 找一群專家來討論，其主題是事先定義且受限定的內容
系統關聯圖 （Context Diagrams）	（　）	(I) 腦力激盪加上投票表決
原型（雛型） （Prototype）	（　）	(J) 包括：一致同意（Unanimity）、多數決（Majority）、複數決（Plurality）、獨裁（Dictatorship）

三、定義範疇（Define Scope）

定義範疇主要在發展專案交付物及產品詳細的描述，產生的專案範疇說明書來描述專案的交付物、假設條件、及限制條件的內容。

 深度解析

- 假設（Assumptions）：將不確定的事，當作真的會發生，或真的不會發生，通常是表達理想狀況。
- 限制（Constraints）：主要是資源的限制，如人員、機器設備、材料、時間。

本流程需要運用的方法與產出，說明如下：

1. **產品分析（Product Analysis）**

   包括產品分解（Product Breakdown）、系統工程（System Engineering）、價值工程（Value Engineering）及價值分析等。

2. **專案範疇說明書（PSS, Project Scope Statement）**

   是本流程主要的產出，描述專案交付物及產生這些專案交付物須執行的工作，也提供利害關係人對專案範疇有共同的了解。它能夠協助專案團隊做更詳盡的規劃、指導專案團隊執行工作、並且提供變更申請時，用來衡量該變更請求是否超過專案範疇之基準。常見的內容可包括：產品範疇描述、專案交付物、專案假設、專案限制、專案排除物、專案驗收準則等。

 深度解析

專案範疇說明書（PSS），具體的實務案例可以列舉如下：

如：需求說明書、服務建議書、合約、邀請提案書（RFP, Request for Proposal）、工作說明書（SOW, Statement of Work）、規格書（SPEC, Specification）、行程建議書、產品型錄、DM（Direct Mail）等。最後，用最簡單的話來說，範疇就是「規格」。

四、建立工作分解結構（**Create Work Breakdown Structure**）

本書於 [1.8 專案規劃的準備] 已介紹過工作分解結構了，請讀者自行複習。在這邊特別要說明以下兩點：

1. 專案範疇管理進行的流程順序

規劃範疇管理 ➡ 收集需求 ➡ 定義範疇 ➡ 建立工作分解結構

也就是本節的前三個流程進行完成後，才進行建立工作分解結構。本書將專案工作分解結構編入 [1.8 專案規劃的準備]，是因為有了工作分解結構，才能進行專案八大績效領域，尤其是專案團隊、時程、及成本的規劃與執行。

2. 範疇基準（Scope Baseline）：包括下列三項：

(1) 專案範疇說明書（PSS）：就是規格書。

(2) 工作分解結構（WBS）：將專案交付物分解成更小、更易於管理的元件 - 工作包。

(3) 工作分解結構字典（WBS Dictionary）：它不是真的字典，而是「辭彙表」，是工作分解結構的補充資料，包括：帳號識別碼、工作描述、負責組織、時程里程碑清單及相關時程活動、需要資源及成本估計、品質需求及驗收準則、技術參考資料及合約資訊等。

五、確認範疇（**Validate Scope**）

確認範疇流程是取得利害關係人（顧客或贊助人）對已完成的專案交付物，做正式的驗收過程，所以本流程也可稱為「**顧客驗收**」。如果專案提前終止，也需要執行專案確認範疇流程及將專案進度文件化。有一件事必須先釐清，也就是確認範疇（Validate Scope）和控制品質（Control Quality）是不一樣的。控制品質（品質管制）最主要是由品管單位確認交付物的正確性及符合品質要求，確認範疇則是由顧客或贊助人確認交付物的驗收。

本流程需要運用的方法與產出，說明如下：

1.　**檢驗**（Inspections）

審查（Review）、稽核（Audits）、及現地勘查（Walkthroughs）等，都可視為同義字。運用測量、檢查，及驗證專案交付物及工作是否達到當初所擬定驗收標準的要求。

2.　**交付物的完成**（Completion of Deliverables）

(1) **驗收準則**（**Acceptance or Completion Criteria**）：要事先擬定，提供給顧客，以利進行交付物驗收。

(2) **技術績效量測**（**Technical Performance Measures**）：完成技術上的 KPI 項目。

(3) **完成的定義**（**DOD, Definition of Done**）：可以設計檢核表（Checklist），完成的話打勾標記，來進行確認。

3.　**驗收的交付物**（Accepted Deliverables）

為本流程最重要的產出，交付物符合驗收標準時，由顧客或贊助人正式簽署與核准。確認利害關係人驗收專案交付物後，會收到顧客或贊助人的正式文件，送交至結束專案或階段（專案結案）流程。

六、控制範疇（Control Scope）

控制範疇係監控專案與產品範疇現況，及管理範疇基準的變更，簡而言之，控制就是：「**監控現況、管理變更**」。控制專案範疇要確保所有的變更請求和建議的矯正行動皆透過 [2.5.7 監控新工作與變更] 中的整合變更控制（ICC）來處理。專案若有無法控制的範疇變更，可視為「**範疇潛變（Scope Creep）**」，也可稱為範疇蔓延或範疇膨脹。範疇潛變是專案經理及專案管理學會（PMI）所不喜歡的情況，標準的做法是要「**結束現有合約，另起新合約**」。

本流程需要運用的方法與產出，説明如下：

1. **變異分析（Variance Analysis）**

   是一種運用專案績效量測，來評估原始範疇基準變異的大小。專案範疇控制之重點包括測量專案範疇基準產生變異的原因及程度大小，及決定是否需要矯正或預防行動。因為控制就是：績效與計畫做比較，所以，控制 OO 流程最常用到的工具技術就是變異分析（VA）。

2. **趨勢分析（Trend Analysis）**

   藉由趨勢分析提前預警，是否需要預防或矯正行動。

3. 本流程屬於監控流程群組，其產出包括：工作績效資訊、變更請求及專案管理計畫與文件的更新。

 深度解析

1. 完成「建立工作分解結構後」，是否就是進行「確認範疇」？若不是，那「建立工作分解結構」後，要進行什麼？

   答：不是，建立工作分解結構完成後，要進行專案團隊的任務指派及專案時程與成本的規劃。

2. 完成「確認範疇後」，是否就是進行「控制範疇」？若不是，那「確認範疇」後，要進行什麼？

   答：不是，「確認範疇」後，就是完成顧客驗收了，要進行結束專案或階段，也就是專案結案。而「控制範疇」是典型的專案監控流程，是全專案生命週期都要持續實施的。

3. 「確認範疇」與「控制品質（品質管制）（QC）」，何者要優先執行，為什麼？

   答：控制品質，因為品管就是廠內檢驗，完成後才到「確認範疇」，由顧客或贊助人正式驗收。

📊 2.6.2 專案品質管理（Project Quality Management）

專案品質管理係確保能如質完成專案工作的所有管理流程及方法；包括品保系統中的品質政策、目標、職責及相關執行方式，持續推動品質改善，包括以下三個流程：

1. 規劃品質管理（Plan Quality Management）（QP）。

2. 管理品質（Manage Quality）（品質保證）（QA）。

3. 控制品質（Control Quality）（品質管制）（QC）。

專案品質管理的架構圖説明如下：

專案品質管理		
規劃品質管理	**管理品質**	**控制品質**
識別專案及其交付物的品質需求與標準，並記錄專案如何展示其符合要求	將品質管理計畫轉換成納入組織品質政策，且可執行的品質活動	監控及記錄執行品質管理活動的結果，以評估績效及確保專案產出是完整、正確及符合顧客期望的

品質的定義：一組與生俱備的特性（特徵）（Characteristics）所能實踐需求的程度。因此品質就是特性，要用此特性來設計、製造、銷售產品，其涵義為：**「符合要求（Conformance of Requirement）」**、**「適合使用（Fitness for Use）」**。

在現代更將專案品質定義為：

▶ 顧客滿意（Customer Satisfaction）。

▶ 管理者的責任（Management Responsibility）。

▶ 預防重於檢驗（Prevention Over Inspection）。

▶ 持續改善（Continuous Improvement）。

▶ 與供應商的互惠夥伴關係（Mutually Beneficial Partnership with Suppliers）。

　　在此要提出一個重點：國際專案管理學會（PMI）不贊同鍍金（Gold Plating）的行為，「鍍金」一詞是指專案多做了一些原本不在專案範疇內的事項，也就是「超出顧客預期」。理論上，只要是有多餘的時間或資源，一般專案經理是不會拒絕多做一些額外的服務，如此也可以增加與客戶間的關係，但這是屬於「行銷」的範疇。但在 PMP 考試中，這種做法是不需要的，因為這樣做可能多花費了公司的資源去完成非屬於專案的內容。簡單來説，品質就是要達到剛好符合期望，不要多，也不要少（No More No Less）。

深度解析

「鍍金（**Gold Plating**）」與 [2.6.1 專案範疇管理 - 控制範疇] 中所提及「**範疇潛變（Scope Creep**）」都是 PMI 不贊成的行為，其二者的差異：

- **鍍金**：超過顧客戶要求，自己多給的（多此一舉）（台語：舉枷）。
- **範疇潛變**：顧客超過的要求，如同奧客，遇到時，要「結束現有合約，另起新約」。

一、規劃品質管理（Plan Quality Management）

　　規劃品質管理要識別專案及其交付物的品質需求與標準，並記錄專案如何展示其符合要求。本流程與其他規劃流程要平行（Parallel）進行，例如時程、成本調整及風險分析等，且品質是規劃的、設計的、內建的（Built-in），而不是檢驗來的。

　　本流程需要運用的方法與產出，説明如下：

1. 成本效益分析（Cost-Benefit Analysis）

符合品質需求可以減少重工（Rework）、提高生產力、減低成本及增進利害關係人滿意度。

2. 品質成本（COQ, Cost of Quality）

這是品質相關活動以金額數量區分及表示，可顯示現有品質改善空間的機會及其改善的經濟效益。

$$品質成本 = 預防成本 + 鑑定成本 + 內部失敗成本 + 外部失敗成本$$

要在問題還沒擴大前，就要分析可能原因，且提出可行之解決方案，防杜問題發生，所以要增加預防成本來減低其他三者。品質成本可以分成下列四項，說明如下：

(1) **預防成本（Prevention Cost）**：產品與服務需求、品質規劃、品質保證、教育訓練、防呆設計。

(2) **鑑定成本（Appraisal Cost）**：存貨檢驗、可靠度測試、產品驗證、品質稽核、供應商評鑑。

(3) **內部失敗成本（Internal Failure Cost）**：報廢品、修護、重工、機器故障、停工、調查失效分析、再檢驗。

(4) **外部失敗成本（External Failure Cost）**：修理與服務、保固與替換零件、退貨、運費、客訴、顧客關係、商譽損失、再進貨與包裝。

3. 流程圖（Flowcharts）

又稱為 Process Maps，常用價值鏈（Value Chain）表示，也就是「**SIPOC**」（**西帕克**），代表供應商、投入、流程、產出、顧客（Suppliers, Inputs, Process, Outputs, and Customers）。

4. 邏輯資料模型（Logical Data Model）

將組織的資料以商業語言（Business Language）展現，即運用商業實體、屬性和關係來呈現企業資料實體（含品質議題）的視圖。就是「**將抽象的組織資料實體化**」，例如新創事業的投入、顧客服務及獲利等，可運用一頁式九宮格商業模型（Business Model）（商業畫布）來呈現。

5. 矩陣圖（Matrix Diagram）

運用矩陣之行列（Rows and Columns），了解不同參數（原因）間之關係，有 L, T, Y, X, C 及屋頂等形式，探討對專案成功而言，「**哪些品質度量（Quality Metrics）或參數是最重要的**」，也就是要找出哪一個品質參數

的影響最大。如日本赤尾洋二教授所提出的品質機能展開（QFD, Quality Function Deployment），就是很實務的品質策略的矩陣圖。

6. **品質管理計畫（Quality Management Plan）**

為本流程的產出，內容包括：品質標準、品質目標、角色與責任、專案交付物及流程的品質審查、品質管理與品質管制的活動、品質工具手法、品質不良時的處理及持續改善的程序等。

7. **品質度量（Quality metrics）**

就是訂定與品質相關的參數及 KPI，要定義專案或產品的屬性，並要說明於控制品質流程時，如何驗證其符合性。如不良率、報廢率、重工率、顧客滿意度，也可包括專案時程與成本的資訊。

 **小試身手 ②**

請於品質成本歸屬欄，填上適當的品質成本，其中：
A. 預防成本　B. 鑑定成本　C. 內部失敗成本　D. 外部失敗成本

項次	項目說明	公司支出	品質成本歸屬
1	派員參加品管課程	3 萬元	
2	產品不良造成報廢	46 萬元	
3	製程與成批檢驗	35 萬元	
4	大量退貨造成商譽損失	5,000 萬元	
5	品質問題預防 - 防呆設計	17 萬元	
6	請專家來公司授課	2 萬元	
7	產品不良造成重工	232 萬元	
8	產品厚度與拉力試驗	30 萬元	
9	公司辦理品管圈（QCC）競賽	5 萬元	
10	產品不良停工損失	86 萬元	
11	延長保固期限及項目	150 萬元	
12	定期召開品質會議	3 萬元	

二、管理品質（Manage Quality）

管理品質就是將品質管理計畫納入組織的品質政策且轉化為可執行的品質活動，本流程旨在增加滿足品質目標的機率，同時也要識別無效益（Ineffective）的流程及品質不良的原因。運用控制品質的回饋（Feedback）結果資料（QC 量測），來反映整體品質現況給利害關係人知道，同時也可稽核品質結果，並執行品質活動（品質改善）。

本流程需要運用的方法與產出，說明如下：

1. **檢核表（Checklist）**

   將符合的項目打勾，來確認及提醒是否已滿足需求。

2. **流程分析（Process Analysis）**

   識別流程改善的機會，包括檢查於流程中發生的問題、限制及無附加價值（Non-value-added）的活動，要注意的是，無附加價值的活動，就是浪費。在此舉一個工業界的實例，豐田生產系統（TPS, Toyota Production System）係以精實生產（Lean Production）著稱，除了利用看板（Kanban）系統，以拉式生產外，也積極藉由流程分析來消除七大浪費（無馱）（Seven Waste, or Seven Muda），這七大浪費是：生產過量、多餘的加工處理、不良品重工、多餘的動作、搬運、等待、及庫存等。

3. **根本原因分析（RCA, Root Cause Analysis）**

   判別造成變異、缺點或風險的基本原因（有時可能不只一個原因），也可用來找出問題的根本原因，並解決之，當所有的根本原因被消除，問題就不再發生了。根本原因分析，常稱為「真因判定」。

4. 特性要因圖（Cause-and-Effect Diagrams）

又名因果關係圖、石川圖（Ishikawa diagram）（註：因為是日本品管大師石川馨先生發明的）、魚骨圖（Fishbone Diagram）（註：因為這個圖長得像魚骨頭），係為協助「**找出問題可能發生的原因**」而設計的圖表。實務上常運用「5M1E」，來加以分類，而且一般魚頭向右，是找問題可能發生的原因；可再繪製一個魚頭向左的魚骨圖，來提出相對應的解決方案。

 5M1E，就是人、機、料、法、量、環。

在此舉例一家餐廳被客訴餐後甜點口感不佳，分析可能發生原因，完成特性要因圖，如下圖所示：

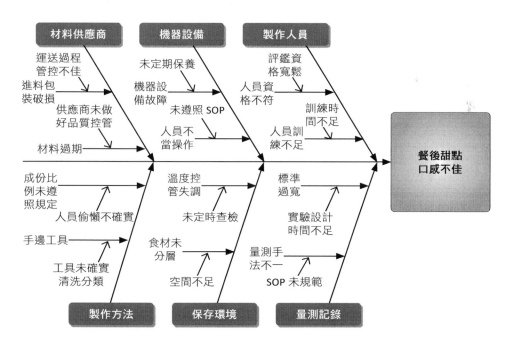

5. 直方圖（Histograms）

顯示某個變數發生的頻率，而用「**垂直長條圖形**」的高度來顯示。如下圖所示，展示考試分數每 10 分級距的分佈統計，一般而言，在正常情況下，分佈會是常態分配（Normal Distribution）。

 人數

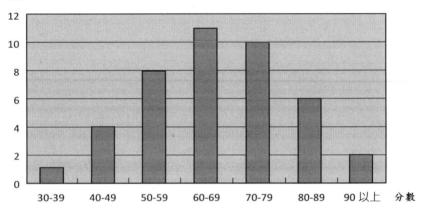

6. 散佈圖（Scatter Diagrams）

散佈圖主要之目的是「**研究兩個變數間的關係**」，分成正相關、負相關、零相關等。可定義相關係數（Correlation Coefficient），來表達兩個變數間的相關強度，通常如果是集中成線，則相關性強；若呈散佈狀，則相關性弱。相關係數一般用 r 來表示，且 –1 ≪ r <1。

(1) 正相關：0 < r ≤ 1，且越接近 1，越正相關。

(2) 負相關：-1 ≪ r < 0，且越接近 -1，越負相關。

(3) 零相關：r ≅ 0（r 在 0 附近），如分佈像一個圓形，則兩個變數不相關。

一家主題樂園，統計大門售票的門票數與客訴數的關係，如下圖散佈圖所示，可看出是屬於正相關（r ≅ 0.7），亦即售票數越多（進場人數越多），則客訴數也越高（成正比關係）。最後，再提一下負相關的實例，例如天氣溫度與羊肉爐的生意，可發現天氣溫度越低，羊肉爐生意越好，也就是負相關就是成反比關係。

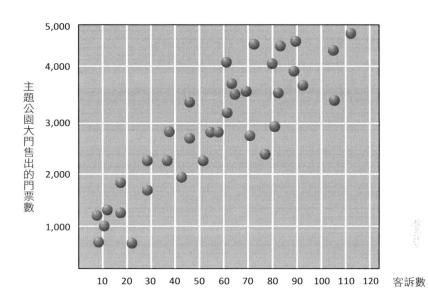

7. 柏拉圖（Pareto Chart）

柏拉圖之主要目的是「**找出改善的重點順序**」，也就是「**重點管理**」，與常見的「80-20」法則（或稱二八法則），有異曲同工之妙。柏拉圖是位 19 世紀中至 20 世紀初期義大利的經濟學家（註：此柏拉圖，並不是希臘三哲人之一，通常為了與希臘三哲人的柏拉圖區別，也稱為帕累托），他發現 80% 的財富由 20% 的人所擁有。到了近期，品管大師朱蘭（Juran）則加以演化應用到品質問題，他發現：80% 的問題，發生於 20% 的原因，而這 20% 的原因就是關鍵的少數（Critical Minority）。柏拉圖是一種「**特殊的直方圖**」，其繪製步驟，説明如下：

(1) 收集不良品或客訴資料（可於每批生產完成，或定期，如每年、半年、季或每月實施）。

(2) 分析其發生原因，並將其分類，按其分類統計各類別發生的次數。

(3) 排序：依據各類別發生的次數，「**由高至低，由左至右**」排列。

(4) 最左邊的問題，就是最關鍵的問題。

深 度 解 析

柏拉圖的關鍵字：排序（priority, prioritize, ranking ordering）、最多缺點的類別（highest number of defects）、關鍵（critical）、聚焦（focus），這些都是 PMP 常考的關鍵字。

下圖為柏拉圖的案例，可看出包裝破損為最關鍵且亟需解決的問題。此外，若把前三項：包裝破損、缺裝零件、長度不足等問題解決的話，按照「**累加線**」的顯示，80% 的問題就可改善，這也就是符合 80-20 法則的精神。

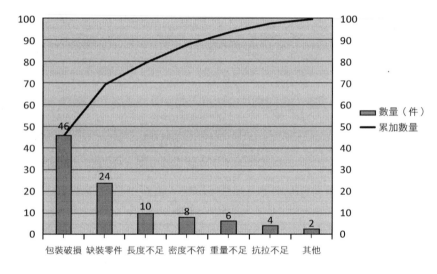

8. 稽核（Audits）

稽核是一個結構化且獨立的流程，以判定專案活動是否符合組織及專案的政策、流程及程序。稽核就是確認：「**說、寫、做、記錄一致**」，運用在品質議題上，通常稱為品質稽核，可定期或不定期實施，可由內部（內稽）或外部稽核員（外稽）執行。包括：識別最佳實務（best practice）已被採行、識別不符合事項（落差或缺點）、分享最佳實務至組織其他部門（水平展開）、主動提供品質改善的協助、強調稽核的貢獻及彙整經驗學習等。

9. **最佳化設計（DfX, Design for X）**

針對某構面的最佳化設計，進而控制或改善產品的最終特性。X 可代表任何一個品質參數，例如：可靠度、製造、組裝、成本、服務等。流程經過最佳化設計後，會降低成本、提升品質與績效及顧客滿意度。

10. **問題解決（Problem Solving）**

問題解決的流程：定義問題、判定根本原因、建立可能解決方案、選擇最佳方案、執行解決方案、確認方案效果。目前業界實務上常用的包括：品質改善歷程（QC Story），及最新的 8D 法（完成 8D 改善報告）。

11. **品質改善方法（Quality Improvement Methods）**

於控制品質（QC）流程、品質稽核、或上述問題解決流程，發現實況與實際目標有落差時，可運用戴明循環（PDCA, Plan-Do-Check-Act）（規劃 - 執行 - 查核 - 行動）、六標準差等工具進行品質改善。

12. **品質報告（Quality Reports）**

係本流程的產出，品質報告可以是圖表的、數值的或定性（質化）的。品質報告的資訊包括團隊成員所提出之品質管理的議題，如對產品、專案或流程建議的改善行動、矯正行動（如重工、缺點改正、100% 檢驗等），及控制品質（QC）流程（檢驗結果）的摘要。

小試身手 3

規劃品質管理（QP）與管理品質（QA）的工具 - 連連看練習。

QP	成本效益分析（Cost Benefit Analysis）	（　）	(A) 向模範的相關專案學習，包括組織內、組織外同業及異業等
QP	品質成本（COQ, Cost of Quality）	（　）	(B) 是一個結構化且獨立的審查，以判定專案活動是否符合組織及專案的政策、流程及程序
QP	標竿法（Benchmarking）	（　）	(C) 將企業抽象的組織資料實體化

小試身手 ③（續）

QP	流程圖 （Flowcharts）	（ ）	(D) 在相同的成本支用下，所獲利益要越多越好
QP	邏輯資料模型 （Logical Data Model）	（ ）	(E) 識別流程改善的機會，包括檢查於流程中發生的問題、限制及無附加價值活動（Non-Value-Added）
QP	矩陣圖 （Matrix diagram）	（ ）	(F) 又稱為 Process Maps，常用價值鏈（Value Chain）表示，也就是 SIPOC（供應商，投入，流程，產出，顧客）。
QA	稽核（Audit）- 品質稽核 （Quality Audit）	（ ）	(G) 運用矩陣之行列（Rows and Columns），了解不同變數（原因）間之關係
QA	流程分析 （Process Analysis）	（ ）	(H) 分為預防、鑑定、內部失敗與外部失敗等四項，要增加預防成本，以降低失敗成本

三、控制品質（Control Quality）

控制品質之目的在於監控及記錄執行品質管理活動的結果，以評估績效及確保專案的產出是完整、正確及符合顧客期望的。控制品質，簡單來說就是品質管制（QC, Quality Control）（簡稱品管），要在專案全程進行，旨在驗證專案交付物及工作符合關鍵利害關係人的需求，以達最終驗收（Final Acceptance）之目的。

本流程需要運用的方法與產出，說明如下：

1. 控制品質是屬於「監控」流程群組

因此投入包括：工作績效資料（WPD）、交付物（專案標的）及專案管理計畫（品質管理計畫）。

輕鬆口訣 監控就是「績效」與「計畫」做比較。

2. 查檢表（Check Sheets）

又稱計數表（Tally sheets），用於快速計數統計品質屬性資料，如發現產品缺點次數等，如下表。

缺點 / 日期	星期一	星期二	星期三	星期四	總計
小刮傷	3	1	1	0	5
大刮傷	0	2	1	1	4
彎曲	2	2	3	2	9
缺裝零件	0	0	1	0	1
顏色錯誤	1	0	1	0	2
貼標錯誤	4	5	3	6	18

3. 統計抽樣（Statistical Sampling）

抽樣就是隨機抽取、進行檢驗；相對的，抽樣的相反就是全檢（全部檢查）。為何要抽樣？因為要節省時間、節省成本，而且有時檢驗會破壞產品。因此，適當地抽樣可以降低品質管制的成本。

4. 檢驗（Inspections）

檢查工作產品是否符合文件化的標準。檢驗又稱為審查（Review）、同儕審查（Peer Review）、稽核（Audits）、實地勘查（Walk-Throughs）等。「檢驗」這個工具，在本書中有三個流程會提到，另外兩處在 [2.5.6 專案採購管理] 及 [2.6.1 專案範疇管理 - 確認範疇（顧客驗收）]。

5. 測試 / 產品評估（Testing/Product Evaluation）

測試是一個結構化的調查（Investigation），來提供產品或服務是否符合專案需求的客觀資訊。主要目的是找出錯誤、缺點或其他不符合事項，測試可在整個專案期間執行，但早期測試可以發現初期缺點，來降低不符合組件的修復成本。

6. 管制圖（Control Charts）

    管制圖用來判定製程（或服務流程）是否穩定，亦即是否受到控制。通常會先訂出顧客接受（允收）的上規格界限（USL, Upper Specification Limit）及下規格界限（LSL, Lower Specification Limit），再定期（如每小時）抽樣，於圖上依序繪出數據，訂出上管制界限（UCL, Upper Control Limit）、下管制界限（LCL, Lower Control Limit）及平均值（中心線）。管制界限要比規格界限嚴格，通常管制界限定在正負 3 倍標準差的範圍。管制圖如下圖所示，主要是要找出是否有特殊原因變異，而造成數據落在管制界限外的，這就會使製程不穩定（不受控）（Out Of Control），若製程發生不穩定現象，則要停工發掘原因，否則，可能會造成更大的失敗成本。此外。管制圖也可用來檢查時程、成本是否在管制界限內，或判定專案管理流程是否在控制下（In Control）。

    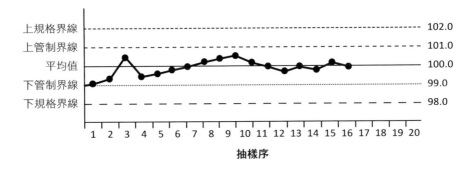

    管制圖是屬於統計製程管制（SPC, Statistical Process Control）的一種工具，在 SPC 中，如遇到連續七點上升、下降或在平均值同一側，則製程可判定為不穩定，這就是著名的「七點定律（Rule of Seven Points）」。

7. 品質管制量測（Quality control Measurements）

    是本管理流程的產出，也就是「**檢驗結果**」。要回饋（Feedback）（投入）給管理品質（QA），讓品保人員了解持續改善的品質活動是否有效。若有效，則繼續維持；若無效，則要請品保人員再另行發展其他更有效果的品質改善活動。

8. 驗證的交付物（Verified Deliverables）

判定交付物的正確性（Correctness），驗證的交付物要送去 [2.6.1 專案範疇管理 - 確認範疇] 做為投入，以利顧客正式驗收。

 深度解析

1. 日本品管大師石川馨博士（Kaoru Ishikawa）說，一個公司內部 95％以上的品質問題都可以利用「QC 七大手法（QC Seven Tools）」來加以分析與解決的，因此，QC 七大手法一直被公認為是非常實用的工具，品質實務方面也幾乎離不開這七種手法。因為 PMBOK 在介紹這些工具的時候，分散在前面 QP、QA 及 QC 等單元（詳見本書前面的說明），現在再統一介紹 QC 七大手法包括下列七項工具：

   (1) 查檢表　　　　　　　　(4) 直方圖　　　　　(6) 散佈圖

   (2) 層別法（或流程圖）　　(5) 柏拉圖　　　　　(7) 管制圖

   (3) 特性要因圖

2. 專案經理在進行專案品質管理時，需要了解一些基礎統計學及常態分配（Normal Distribution）與標準差（Standard Deviation）之關係，詳見下圖所示，請熟記標準差倍數與常態分配涵蓋面積百分比的關係。其中標準差，常以 σ（Sigma）表示，與數據的精度有關，說明如下：

   (1) 精度高 = 數據集中 = 標準差小 = 常態分配曲線陡峭

   (2) 精度低 = 數據分散 = 標準差大 = 常態分配曲線平緩

1 倍標準差 =68.26%

2 倍標準差 =95.46%

3 倍標準差 =99.73%

6 倍標準差 =99.999966%

（在 1.5 倍標準差的偏移下，只有百萬分之 3.4 的失誤率）

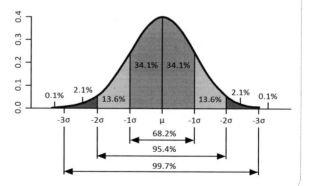

小試身手 ④

管理品質（QA）與控制品質（QC）的工具 - 連連看練習：

因果關係圖（Cause and Effect Diagram），特性要因圖、魚骨圖、石川圖　（　　）	(A) 一種特殊的直方圖，將產品缺點依發生的種類按數量的大小（由高至低），由左至右排列，以決定關鍵改善項目，又稱 80-20 法則
直方圖（Histogram）　（　　）	(B) 找出時間（Time）與趨勢（Trend）的關係，並可提供預測資訊，如銷售量對時間的變化
柏拉圖（Pareto Chart）　（　　）	(C) 研究兩個變數間的關係，如年資與薪資的關係，可分為正相關與負相關
散佈圖（Scatter Diagram）　（　　）	(D) 針對某構面的最佳化設計，進而控制或改善產品的最終特性
查檢表（Check Sheets）　（　　）	(E) 隨機地（Randomly）從母體（Population）中抽取適當數量，以供進行檢驗
管制圖（Control Charts）　（　　）	(F) 找出問題可能的發生原因（可分為人、機、料、法、量、環等項），如咖啡難喝的原因
操作記錄圖（補充）（趨勢時間圖）（Run Chart）　（　　）	(G) 又稱審查（Review）、稽核（Audit）或現地勘查（Walk-Throughs）
最佳化設計（Design for X）　（　　）	(H) 一種垂直型長條圖，長度越長顯示發生頻率愈高或數量愈大，如考試的成績統計

小試身手 ④（續）

品質改善方法 （Quality Improvement Methods）	（　）	(I) 以統計的方法，瞭解製程是否穩定（Stable）或是受控制的（Controllable），可用於分析共同原因與特殊原因。如養樂多生產的統計製程管制（SPC）
統計抽樣 （Statistical Sampling）	（　）	(J) 又稱計數表（Tally Sheets）- 用於快速計數統計品質屬性資料，如發現產品缺點次數等
檢驗 （Inspection）	（　）	(K) 發現實況與實際目標有落差時，可運用PDCA、六標準差等工具進行品質改善

小試身手解答

1 E, H, A, I, B, C, J, F, D, G
2 A, C, B, D, A, A, C, B, A, C, D, A
3 D, H, A, F, C, G, B, E
4 F, H, A, C, J, I, B, D, K, E, G

精華考題輕鬆掌握

【專案範疇管理】

1. 關於專案範疇管理（Project Scope Management）的流程順序，以下何者正確？

   a. 控制範疇 b. 確認範疇 c. 建立工作分解結構 d. 規劃範疇管理 e. 定義範疇 f. 收集需求

   (A) decfba　　　　(B) abcdef　　　　(C) dfecba　　　　(D) acdebf

2. 關於專案範疇管理的描述，以下何者錯誤？

   (A) 範疇管理目的在於執行預測，即使超越範疇的任務也要能概括執行

   (B) 範疇管理的目的，在於確保必要的工作能被完成

   (C) 此流程重點在定義並控管專案必須和不須完成的工作項目

   (D) 藉由此流程，能夠讓專案團隊和利害關係人對於須完成的產品（或工作）有一致共識

3. 你擔任建設公司一個政府都市更新專案的專案經理，在執行專案範疇管理，收集需求（Collect Requirements）流程時，你必須收集以下哪個對象的需求？

   (A) 同意建設案之住戶　　　　　　(B) 政府

   (C) 拒絕拆遷戶　　　　　　　　　(D) 以上皆是

4. 有關於收集需求流程（Collect Requirements）使用之工具與技術，以下描述何者錯誤？

   (A) 可先製作出一個雛型，以利專案團隊及利害關係人了解執行方向，便於討論

   (B) 可使用系統關聯圖提出 IPO 促進討論，IPO 即為收入（Income）、人群（People）和營運（Operation）

   (C) 資料蒐集可利用的手段很多元，例如訪談、問卷調查以及焦點團體（Focus Group）座談等

   (D) 資料蒐集方法中的標竿法（Benchmarking），會和各個專案（或組織）做比較，向評比中認為最適合的方案學習

5. 以下關於收集需求流程（Collect Requirements）中運用的「人際技巧與團體技巧（Interpersonal and Team Skill）」與「德爾菲技術（Delphi Technique）」，以下描述何者錯誤？

   (A) 提名團隊（名義團體）法執行方式（Nominal Group Technique）是提名一群專家學者，針對特定議題進行腦力激盪並加入投票機制，將意見依據重要性排序

   (B) 若利害關係人不願意表達需求，則建議使用促進工作坊（Facilitation Workshop）快速解決問題

   (C) 德爾菲技術在運作時，專家學者以匿名方式達成共識

   (D) 德爾菲技術的目的在於，透過多輪發放問卷及傳閱結果的方式，達成共識降低歧見（Bias）

6. 有關於收集需求之產出，以下描述何者錯誤？

   (A) 需求追蹤矩陣包含更高階層對於專案的需求，著重在需求因此不需要和專案目標連結

   (B) 包含需求文件和需求追蹤矩陣兩者

   (C) 專案需求矩陣可以是一種表格，用來追蹤專案在各個生命週期的需求

   (D) 需求文件中必須考量特定需求的假設與限制

7. 有關於定義範疇之描述，以下何者錯誤？

   (A) 專案範疇說明書之內容包含主要交付物、假設條件和限制條件

   (B) 所需使用的工具與技術包含了產品分析

   (C) 專案範疇說明書主要在描述專案交付物，和要達成交付物目標所需執行的工作

   (D) 專案範疇說明書包含工期估計、成本估計、人力指派等部分

8. 關於專案流程順序的描述，以下何者錯誤？

   (A) 完成「建立工作分解結構」之後，接著就要執行「確認範疇」讓業主驗收交付物

   (B) 「控制範疇」通常在專案全程實施

   (C) 完成「確認範疇」之後可能會接著「結束專案階段」

   (D) 「控制品質」會先於「確認範疇」執行

9. 你是一位專案經理，在執行專案期間利害關係人如果想要進行範疇基準的變更，關於在控制範疇（Control Scope）流程你可能會面臨的課題，以下何者為非？

   (A) 須處理專案範疇潛變（Scope Creep）

   (B) 在此流程你必須同時監控產品範疇現況，及管理範疇基準之變更

   (C) 變更發生時，專案經理須確保能透過「整合變更控制」處理專案變更請求

   (D) 須針對交付物是否達到標準進行檢驗

10. 下列何者不屬於範疇基準（Scope Baseline）？

(A) 工作分解結構　　　　　　　(B) 工作分解結構字典

(C) 專案範疇說明書　　　　　　(D) 需求文件

11. 妳的專案已接近完工，正在與顧客進行專案交付物的審查（Review）及檢驗（Inspections），請問妳在哪一個管理流程？

(A) 結束採購　　　　　　　　　(B) 結束專案或階段

(C) 控制品質　　　　　　　　　(D) 確認範疇

12. 以下關於交付物的描述，何者錯誤？

(A) 範疇潛變也稱範疇蔓延或範疇膨脹

(B) 完成的定義（Define of Done）通常會透過設計檢核表來確定

(C) 確認範疇指的是由顧客或贊助人正式驗收

(D) 驗收準則事後擬定即可

13. 妳是一位專案經理，妳目前剛剛完成專案範疇說明書（PSS）的研擬，請問妳的下一個步驟是什麼？

(A) 收集需求　　　　　　　　　(B) 建立工作分解結構

(C) 確認範疇　　　　　　　　　(D) 控制範疇

14.「業主或贊助者正式驗收專案交付物的過程」，描述形容的是哪個專案管理流程？

(A) 確認範疇（Validate Scope）　　(B) 定義範疇（Define Scope）

(C) 控制品質（Control Quality）　　(D) 管理品質（Manage Quality）

【專案品質管理】

15. 下列何者不為符合品質需求的益處？

(A) 減少重工　　(B) 提高生產力　　(C) 降低離職率　　(D) 降低成本

16. 何謂標準差？

(A) 專案成本的估計　　　　　　(B) 與專案平均值的距離

(C) 樣本的正確性　　　　　　　(D) 專案還需多少工期

17. 關於專案品質管理之概念，以下何者錯誤？

    (A) 品質是一種特徵，用來評估產品是否符合需求

    (B) 品質管理目的在於預測專案中會發生的突發狀況，即使超越品質標準的任務也要能概括執行

    (C)「符合品質」代表符合要求、適合使用

    (D) 專案品質管理之重點，在於確保能夠「如質」完成專案

18. 以下何者屬於鑑定成本（Appraisal Cost）？

    (A) 品質規劃　　　　　　　　　　(B) 機器故障

    (C) 測試用品　　　　　　　　　　(D) 調查分析

19. 品質成本＝預防成本＋鑑定成本＋內部失敗成本＋外部失敗成本，以下描述何者錯誤？

    (A) 預防成本的增加有助於減低其他三者

    (B) 防呆設計屬於外部失敗成本

    (C) 教育訓練屬於預防成本

    (D) 運費和顧客關係屬於外部失敗成本

20. 管理專案品質時，資料展現（Data Representation）是很重要的一環，關於資料展現的描述以下何者錯誤？

    (A) 散佈圖（Scatter Diagram）用於決定待改善缺點的優先序

    (B) 石川圖（Ishikawa Diagram）或魚骨圖（Fishbone Diagram）都屬於因果關係圖

    (C) 散佈圖能夠呈現兩個變數之間的相關性，此相關性可能為正相關或是負相關

    (D) 使用因果關係圖目的在於找出問題可能發生之原因

21. 關於控制品質之工具與技術，以下何者錯誤？

    (A) 以管制圖（Control Charts）進行控制時，通常會訂定正負 4 倍標準差做為管制界線，管制圖也可用來檢視成本和時程是否在控制之下

    (B) 檢驗或審查等技術，目的都在於檢查產品是否已符合明文規定的標準

    (C) 查檢表和統計抽樣是資料蒐集的方法，有助於了解目前專案執行的品質

    (D) 為達成「找出產品之缺點或不符合品質管理標準者」之目的，可由早期測試或產品評估來降低後續的修復成本

22. 關於規劃品質管理的方法工具，以下何者錯誤？

    (A) 品質成本的目的在於避免增加專案風險、避免降低生產力

    (B) 成本效益分析之目的在於有效降低成本、避免重工，並提高顧客滿意度

    (C) 邏輯資料模型（Logical Data Model）常用來評估對於專案成功而言，哪些因子具有較高的重要性

    (D) 邏輯資料模型是一種視覺化圖形，用來將組織資料實體化

23. 有關管理品質的方法工具，以下描述何者錯誤？

    (A) 進行根因分析（RCA, Root Cause Analysis）時除了找出問題的癥結點之外，還要試著解決造成問題的根本原因

    (B) 最佳化設計的對象可能是可靠度、成本、服務等，目的在於改善產品的特性

    (C) 進行流程分析時，只要確認時程長度和投入成本是否與設定目標相符合即可，不需要耗費額外成本檢查流程中的無附加價值活動

    (D) 發現產品現狀和預期目標有落差時，應啟動品質改善方法進行品質改善

24. 在統計學當中的常態分佈模型中，如果與平均值之距離為正負 2 個標準差，則此事件發生的機率為何？

    (A) 95.46%　　　　(B) 99.99%　　　　(C) 68.26%　　　　(D) 97.94%

25. 在控制品質階段，若一個專案合理進行，其管制圖縱座標指標由上而下的排序應該為何？

    a. 中心線　　b. 上規格界限　　c. 下規格界限　　d. 上管制界限　　e. 下管制界限

    (A) bdeca　　　　(B) cbaed　　　　(C) deacb　　　　(D) bdaec

26. 關於控制品質（Control Quality）和管理品質（Manage Quality）的描述，以下何者錯誤？

    (A) 在控制品質的階段，會將管理品質階段掌握的資料回饋給利害關係人

    (B) 管理品質的目的在於將品質管理計畫轉換，使得該計畫能夠納入組織規劃的品質政策並據以執行

    (C) 控制品質階段需進行交付物的驗證，做為確認範疇（Validate Scope）流程的投入提供顧客驗收

    (D) 控制品質的目的在於驗證交付物，達成驗收的目的

27. 您是專案經理正在執行寵物飼料製造專案，過程中出現 50 件不良品，其中包裝袋破損有 12 件、飼料潮濕有 16 件、商品重量不足有 7 件、包裝封面褪色有 15 件，將前述產品生產出現的缺點繪製成柏拉圖，以下何者錯誤？

    (A) 柏拉圖最右側為「商品重量不足」項目

    (B) 共有 3 項缺點會呈現在柏拉圖上

    (C) 前 3 項缺點的累積百分比為 86%

    (D)「飼料潮濕」為必須優先改善的項目

28. 您是鉛筆製造商，你們公司對產品規格的定義為 5.0±0.05 公克，品質管理抽樣時 6 組產品重量分別為 5.10、4.96、4.95、5.02、4.97、5.02，以下描述何者為非？

    (A) 重量 5.10 之產品已超過規格界限

    (B) 管制界限通常訂定為距離平均值之正負三倍標準差

    (C) 重量在管制界限和規格界限內之商品，仍可交付給顧客

    (D) 規格界限一般在管制界限內

29. 下列哪一個品質管理的流程要稽核品質結果，並執行品質活動？

    (A) 規劃品質管理　　(B) 管理品質　　　(C) 控制品質　　　(D) 執行品質改善

30. 請由下列針對柏拉圖的描述，下列何者正確？（複選 3 項）

    (A) 與 80/20 法則有關

    (B) 要找出可能發生的原因

    (C) 依據發生頻率由高至低，由左至右排列

    (D) 是研究兩個變數間的關係

    (E) 就是重點管理

答案

題號	1	2	3	4	5	6	7	8	9	10
答案	C	A	D	B	B	A	D	A	D	D

題號	11	12	13	14	15	16	17	18	19	20
答案	D	D	B	A	C	B	B	C	B	A

題號	21	22	23	24	25	26	27	28	29	30
答案	A	C	C	A	D	A	B	D	B	ACE

2.7　專案量測（Project Measurement）

專案量測（Project Measurement）	
專案量測，這個績效領域，描述：**評估專案績效與採取適當的行動來維持專案績效**相關的活動與功能。	有效地執行這個績效領域，會產生下列成果： 1. 對專案的現況，有可靠的了解。 2. 提供可行動的資料，以促進制定決策。 3. 採取及時與適當的行動，以維持專案的績效在正軌上。 4. 基於可靠的預測與評估，制定及時的決策，以達成專案目標與建立企業價值。

依據 [2.4.3 其他規劃] 所擬定的「**度量（Metrics）**」項目及量測方式，進行量測，亦即「**衡量**」專案的績效。以下針對專案需要量測的原因、關鍵績效指標（KPI）、SMART 聰明的目標訂定法、專案需要量測的項目、簡報資訊及實獲值分析（EVA）等內容，進行詳細的介紹。

2.7.1　專案需要量測的原因

專案為什麼需要量測呢？有以下七個原因：

1. 評估在 [2.6 專案交付] 的績效，並與 [2.4 專案規劃] 時的基準（Baseline）做比較。

2. 追蹤資源的運用（Utilization）情況、工作完成度及已花費的預算等。

3. 展現專案團隊當責（Accountability）的程度。

4. 提供利害關係人專案績效的資訊。

5. 評估專案交付物，是否是在交付預期利益的正軌上（On the Track to Deliver Planned Benefits）。

6. 聚焦：折衷（Trade-offs）、威脅（Threats）、機會（Opportunities）及選擇（Options）等的對話（Conversations）。

7. 確保專案交付物，會符合顧客的驗收準則（Acceptance Criteria）。

📊 2.7.2　關鍵績效指標（KPI, Key Performance Indicators）

為了要建立有效的量測，要先定義專案的關鍵績效指標，可分為領先指標與落後指標：

1. 領先指標（Leading Indicators）

可預測專案的變更或趨勢，若是不希望發生的，則專案團隊可以評估根本原因，並且及早採取行動去解決。

2. 落後指標（Lagging Indicators）

就是量測專案交付物，依據事實結果來量測，因此是展現過去的績效，如時程與成本變異及資源消耗狀況等。

 深度解析

好比生活上的案例，我們通常是透過體檢，來了解自己的血糖、膽固醇及三酸甘油脂等的檢驗值，但是這些已經是落後指標了，而監控身體健康的領先指標，應該是飲食、睡眠及運動，以運動來說，要達到 333，也就是每週運動三次，每次 30 分鐘，心跳達到 130 下 / 分鐘，這些才是監控身體健康的領先指標。

此外，再舉企業營運為例，營業額這項指標，很明顯的是屬於落後指標，等到發現不足時，已經太晚了。要提升營業額的話，企業應該要從新產品上市週期（確保有新產品推出）、顧客服務水準（確保顧客買的到貨）、產品庫存量、降低前置時間（準備的時間）等領先指標確保後，才能確實提升落後指標（如營業額）的因素。

📊 2.7.3　SMART 聰明的目標定法

專案可根據「字頭語」（Acronym）-SMART（雙關語，聰明的意思），來訂定專案的目標：

1. S：特定（清楚）（Specific）：如缺點數、缺點改正數、改正缺點之平均時間。

2. M：有意義（Meaningful）：要與企業方案、基準或需求有關。

3. A：可達成（Achievable）：依據專案的人力、技術與環境來定。

4. R：相關（Relevant）：量測結果要能提供價值，且是能提供行動的資訊。

5. T：即時（Timely）：具前瞻性（Forward-looking）的資訊，可提供專案團隊改變執行方向或下更好的決策。

深度解析

1.「M」也常常是用「Measurable」（可量測）來表達的。

2.「R」也可用「Realistic」（務實）或「Resource」（考慮資源）來思考。

3.「T」通常也表示「Time-bound」（時間限制），要訂定完成目標的預定日期。

📊 2.7.4　專案需要量測的項目

專案需要量測的項目，共有七項，整理如下方心智圖所示：

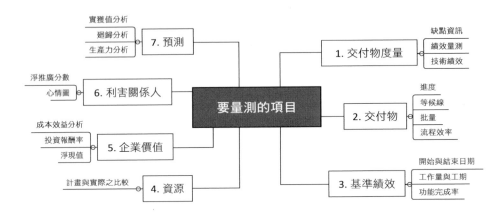

1. **交付物度量（Deliverable Metrics）**

(1) 錯誤或缺點的資訊（Information on Errors or Defects）：缺點的來源與數量。

(2) 績效的量測（Measures of Performance）：即交付物的實體與功能特性，如尺寸大小、重量、容量、正確性、可靠度及效率等。

(3) 技術績效量測（Technical Performance Measures）：技術方面的 KPI 項目。

2. 交付物（**Delivery**）

(1) 工作進度（Work in Progress）：完成數量或完成度。

(2) 前置時間（Lead time）：前置準備的期間，如採購或叫貨等待的時間。

(3) 循環時間（Cycle Time）：製程所花費的時間，可計算出產量。

(4) 等候線數量（Queue Size）：製程中量測尚在等候之「**在製品（WIP, Work in Process）**」的數量，此與「**WIP 限制**」及「**利特爾法則（Little's Law）**」有關，請讀者參閱 [5.6 衝刺循環的五大重要工作內容]。

(5) 批量（Batch Size）：就是每一個生產批的數量。

(6) 流程效率（Process Efficiency）：加值（Value-Adding）與無加值活動的比率，請參閱 [5.6 衝刺循環的五大重要工作內容] 之「**價值流圖（VSM, Value Stream Mapping）**」。

3. 基準績效（**Baseline Performance**）

(1) 開始與結束日期（Start and Finish Dates）：要與規劃的日期做比較。

(2) 工作量與工期（Effort and Duration）：要比對當初的估計值，是否準確。

(3) 功能完成率（Feature Completion Rates）：透過定期審查，掌握功能驗收的程度，以了解專案進度及估計完工日期與成本。

(4) 與實獲值分析（EVA, Earned Value Analysis）有關的參數：本節最後面會詳細介紹實獲值分析。

4. 資源（**Resources**）

(1) 計畫的資源運用與實際的比較（Planned Resource Utilization Compared to Actual Resource Utilization）：探討資源的使用（usage）情況。

(2) 計畫的資源成本與實際的比較（Planned Resource Cost Compared to Actual Resource Cost）：可進行價差分析。

5. 企業價值（Business Performance）

本項與 [1.7 專案的發起] 之企業策略面與經營面的因素有關。

(1) 成本利益分析（Cost-benefit Ratio）：利益越大越好，成本越少越好。

(2) 計畫的利益交付與實際的比較（Planned Benefits Delivery Compared to Actual Benefits Delivery）：要進行差異分析（Variance Analysis）。

(3) 投資報酬率（ROI, Return on investment）：越大越好。

(4) 淨現值（NPV, Net present value）：收入減支出，並折算到現在，越大越好。

6. 利害關係人（Stakeholder）

(1) 淨推廣分數（NPS, Net Promoter Score）：運用分數來展現顧客是否願意推薦產品，分數是 -100 到 +100 分，除了可掌握產品、品牌的滿意度外，也可掌握顧客的忠誠度。

(2) 士氣（Morale）：可運用問卷調查，如對專案的貢獻度、滿意度及表達贊同等。

(3) 離職率（Turnover）：若是高離職率，則代表士氣低落。

(4) 心情圖（Mood Chart）：如下圖所示：

	星期天	星期一	星期二	星期三	星期四	星期五	星期六
阿斌	☺	😐	☺				
艾咪	☹	☺	☺				

7. 預測（**Forecasts**）

(1) 迴歸分析（Regression Analysis）：如線性迴歸，可建立兩個變數間的數學式。

(2) 吞吐量分析（Throughput Analysis）：屬於生產力分析，可計算出敏捷的衝刺與迭代的速度。

(3) 與實獲值分析（EVA, Earned Value Analysis）有關的參數：於本節最後面會詳細介紹。

2.7.5　簡報資訊（**Presenting Information**）

簡報資訊就是運用「**圖表工具**」，向專案團隊與利害關係人「**展現**」專案績效的資訊，請參閱下面心智圖的整理。

1. 儀表板（**Dashboards**）

就像是最新世代的汽車，有著豪華酷炫的行車儀表板，展現各種車況與路況的資訊。專案也可以運用儀表板，來顯示各項專案活動的現況資訊，包括：正常進行中（On Track）、已完成（Complete）、關切（Concern）、議題（Issue）、保留（On Hold）、取消（Canceled）、尚未開始（Not Started）等。為了更清楚地分辨與表達這些狀態資訊，可用顏色來做為區分，實務上也常用 RAG 圖（類似紅綠燈的概念）來表示，其中 Red 紅色代表有問題、Amber 琥珀色（也可用黃色）是警告、Green 綠色則是正常進行中。

2. 燃盡圖（Burndown Chart）與燃燒圖（Burnup Chart）

(1) 燃盡圖：如下圖所示，圖中表達的資訊，說明如下：

▶ 專案理想上，計畫在第 10 天完成。

▶ 目前是第 7 天。

▶ 目前進度是落後。

▶ 預測專案總共在第 11 天尾時完成。

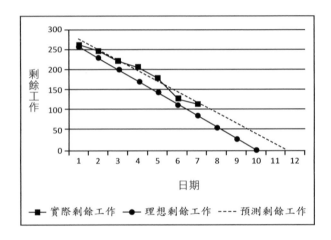

(2) 燃燒圖：與燃盡圖恰恰相反，曲線會逐漸上升，常用於預測式專案中表達已完成的工作量，或敏捷式專案表達已完成的迭代或衝刺的故事點，對時間的作圖。

3. 資訊散熱器（Information Radiators）

也稱為資訊輻射器，通常運用大型圖表來展現，且要張貼在專案辦公室中最明顯的地方，因此也稱為「**大型視覺圖（BCV, Big Visible Charts）**」，主要展現的資料，包括專案的最新狀態、進度與成本資訊、及結合上面介紹過的燃盡圖與燃燒圖。甚至可展現專案風險的資訊，包括風險描述、發生的機率與衝擊、風險分數評等、風險回應及負責人等資訊。

4.　任務看板（Task boards）

在豐田生產系統（TPS）的精實生產（Lean Production），也稱做「**看板（Kanban）**」，展現每個任務是屬於待辦（To-do）、進行中（Doing）、或已完成（Done）的現況（實務上也可用便利貼來展現），本書將於 [5.6 衝刺循環的五大重要工作內容] 會有詳細的介紹。

> **小叮嚀**
>
> 上述這四項簡報資訊的圖表工具，常常運用於敏捷專案管理。提醒各位考生，新制的 PMP 考試，敏捷專案管理的題目佔比非常的高，考生一定要熟悉。本書將於第五章對敏捷專案管理的內容與考題，做更詳盡的介紹。

2.7.6　實獲值分析（EVA, Earned Value Analysis）

實獲值是專案量測中非常重要的工具，也就是「**專案績效管理**」，有下列三項重點：

1.　用**成本**來表示**專案時程**與**成本**績效。

2.　共同的了解。

3.　提供**預測**（Forecast）資訊。

【例題 1】

要興建一棟 10 層之大樓，預計 10 個月蓋完，完工預算為 100 萬元，假設蓋每一層樓之速度相等，且預算相等。目前已過了 4 個月，只蓋了 3 層樓，且已支用 50 萬元，求時程績效指標（SPI）與成本績效指標（CPI）。

【解答】

由題意可知 1 個月要蓋 1 層樓，且每層樓的價值是 10 萬元。

時程績效指標（SPI）其實就是我們常說的「執行率」或是「完成率」。

由本題可知，過了 4 個月，應該要蓋 4 層樓，可是專案績效現況審查只蓋完 3 層樓，進度是落後的，SPI<1，也可推算 SPI=0.75。詳細的公式說明如下：

$$時程績效指標（SPI）= \frac{實際完成的價值}{預定完成的價值} = \frac{實獲值}{計畫值} = \frac{EV}{PV} = \frac{30}{40} = 0.75$$

成本績效指標（CPI）是「1 元當幾元用？」「每花 1 元獲得多少價值？」，也就是我們常說的「CP 值」「性價比」的概念。

由本題可知，蓋了 3 層樓，應該花 30 萬元，可是專案績效現況審查，卻花了 50 萬元，成本是超支的，CPI<1，感覺到花了 50 萬元，只得到 30 萬元的價值，可推算出 CPI=0.6。詳細的公式說明如下：

$$成本績效指標（CPI）= \frac{實際完成的價值}{實際支出成本} = \frac{實獲值}{實際成本} = \frac{EV}{AC} = \frac{30}{50} = 0.6$$

上述例題相關的專有名詞及公式，再仔細說明如下：

> 計畫值（PV, Planed Value）：計畫（預定）完成工作的價值。
>
> 實獲值（EV, Earned Value）：實際完成工作的價值，也稱為「掙值」。
>
> 實際成本（AC, Actual Cost）：實際完成工作的實際發生（支出）成本。

> 時程績效指標（SPI, Schedule Performance Index）：也就是進度績效指標
>
>   SPI=EV/PV
>
> SPI<1 表示進度落後，SPI>1 表示進度超前。　　（註：時程就是進度）

時程變異（SV, Schedule Variance）：　　　　　（註：變異就是差異）

　　SV=EV-PV

SV<0 表示進度落後，SV>0 表示進度超前。

成本績效指標（CPI, Cost Performance Index）：

　　CPI=EV/AC

CPI<1 表示成本超支，CPI>1 表示成本結餘。

成本變異（CV, Cost Variance）：

　　CV=EV-AC

CV<0 表示成本超支，CV>0 表示成本結餘。

　　將計畫值（PV）、實獲值（EV）及實際成本（AC）的關係可繪製如下圖所示，其中括號內數字係以 [例題 1] 的題意數字為例。

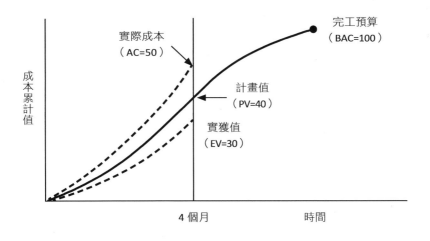

【例題 2】

截至今天，1,000 元的工作應該被完成，已花費 1,200 元，但只完成 800 元價值的工作，試求 PV, EV, AC, SPI, SV, CPI, CV= ？

【解答】

PV=1,000　　EV=800　　AC=1,200

SPI=EV/PV=800/1,000=0.8　（進度落後）　SV=EV-PV=-200。

CPI=EV/AC=800/1,200=0.67　（成本超支）　CV=EV-AC=-400。

最後，要提到的是實獲值分析（EVA），可以提供「預測」資訊：

完工預算（BAC, Budget at Completion）：

完成所有工作的總預算（尚未執行前就要定出）

以 [例題 1] 為例，BAC=100 萬元。

完工估計（EAC, Estimate at Completion）：

照這樣下去，完成專案一共要花多少錢？

EAC=BAC/CPI

以 [例題 1] 為例，EAC=BAC/CPI=100/0.6= 166.67 萬元。

至完工還需花費（ETC, Estimate to Completion）：

已花費不計，到完工時還要花多少錢？

因為 EAC=AC+ETC，所以 ETC=EAC-AC

以 [例題 1] 為例，ETC=EAC-AC= 166.67-50=116.67 萬元。

完工變異（VAC, Variance at Completion）：

與當初規劃，相差多少錢？

VAC=BAC-EAC ，VAC<0 表示超支，VAC>0 表示結餘

以 [例題 1] 為例，VAC=BAC-EAC=100- 166.67-50=-66.67 萬元。

完工績效（TCPI, To-complete Performance Index）：

在剩餘的工作時，必須要完成的成本績效

對於 BAC 來說，TCPI=(BAC-EV)/(BAC-AC)

以 [例題 1] 為例，TCPI=(BAC-EV)/(BAC-AC)=70/50=1.4

也就是過去支用太多（CPI=0.6），未來要節省 1.4 倍的開支。

　　將完工預算（BAC）、實際成本（AC）、完工估計（EAC）、完工還需費用（ETC）及完工變異（VAC）的關係，繪製如下圖所示，其中括號內數字係以 [例題 1] 的題意數字為例。

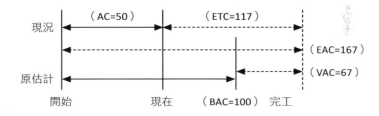

　　以下我們以一個完整的案例來做說明，到目前為止所提到的所有實獲值分析的專有名詞、定義與公式，請務必了解其計算方式。

【例題 3】

某公司要製造 400 件零件，分 8 天交貨，預估總預算為 40,000 元，現在是第 4 天的結束，已支出 12,000 元，已交貨 140 件，請進行實獲值分析（EVA），求 PV、EV、AC、SPI、SV、CPI、CV、EAC、ETC、VAC、TCPI。

【解答】

可看出每天要製造 50 個零件，每個零件 100 元，且專案剛好進行到一半，因此：

PV=20,000 元　　　AC=12,000 元　　　EV=14,000 元

SPI=EV/PV=14,000/20,000=0.7（進度落後）

SV=EV-PV=14,000-20,000=-6, 000 元

CPI=EV/AC=14,000/12,000=1.167（成本節省）

CV=EV-AC=14,000-12,000=2,000 元

EAC=BAC/CPI=40,000/1.167=34,276 元

ETC=EAC-AC=34,276-12,000=22,276 元

VAC=BAC-EAC=40,000-34,276=5,724 元

TCPI=(BAC-EV)/(BAC-AC)=26,000/28,000=0.9286

精華考題輕鬆掌握

1. 專案需要量測最主要的原因是什麼？
   (A) 因為利害關係人很關心　　　　(B) 掌握專案的績效
   (C) 專案資訊要提報到政府公部門　(D) 了解人力需求狀況

2. 以維持身體健康為例，請問下列何者為關鍵績效指標（KPI, Key Performance Indicators）中的領先指標（Leading Indicators）？
   (A) 量血壓　　　(B) 吃保健食品　　　(C) 抽血檢查　　　(D) 每週運動次數與時數

3. 下列何者，不屬於目標訂定的 SMART 法則？
   (A) 越大越好　　(B) 有意義　　　(C) 可達成　　　(D) 及時

4. 請問「淨推廣分數（NPS, Net Promoter Score）」是用來量測與下列何者有關的資訊？
   (A) 採購　　　　(B) 利害關係人　　(C) 專案交付　　(D) 專案團隊

5. 請問等候線數量（Queue Size），與什麼有關？
   (A) 成本利益分析　(B) 迴歸分析　　(C) 在製品限制　　(D) 心情圖

6. 量測時常運用簡報資訊的圖表，請完成下列配合題：

展現每個任務是屬於待辦（To-do）、進行中（Doing）或已完成（Done）的現況（也可用便利貼來展現）。	(A) 儀表板（Dashboards）
又稱大型視覺圖（BCV, Big Visible Charts），張貼在辦公室明顯的地方。	(B) 資訊散熱器（Information Radiators）
展現剩餘工作量（或故事點），或已完成工作量（或故事點）與時間的作圖。	(C) 任務板（Task boards）或稱為看板（Kanban）
展現專案活動的現況資訊，包括：進行中、已完成、關切、議題、暫緩、取銷、尚未開始等。也可用 RAG（紅、琥珀、綠色）燈號來表示。	(D) 燃盡圖（Burndown Chart）與燃燒圖（Burnup Chart）

7. 關於實獲值分析（Earned Value Analysis）的描述，以下何者錯誤？
   (A) 是一種控制成本的資料分析方式　(B) SPI<1 代表進度超前
   (C) SV<0 代表進度落後　　　　　　(D) CV<0 表示超支

8. 一個新產品開發專案經檢視其時程績效指標（SPI）與成本績效指標（CPI）獲得 SPI=1.2，CPI=0.9，代表何種意義？

    (A) 專案進度超前，經費支用未達預算

    (B) 專案進度超前，經費支用超出預算

    (C) 專案進度落後，經費支用未達預算

    (D) 專案進度落後，經費支用超出預算

9. 實獲值分析（Earned Value Analysis）常用於營建專案中對於工期的績效管理（時程與成本績效），假設有一棟商業大樓高 18 層樓，預計花費 1,800 萬成本於 24 個月必須完成建造，已經過 10 個月蓋好了 8 層，花費了 600 萬元，請計算出時程績效指標 SPI 和成本績效指標 CPI。（備註：為求估算便利，設每層樓建造速度和每層樓成本都相同）

    (A) SPI=0.97，CPI=1.33　　　　　　　　(B) SPI=1.07，CPI=1.33

    (C) SPI=1.07，CPI=1.50　　　　　　　　(D) SPI=0.97，CPI=1.50

10. 關於實獲值（Earned Value Analysis）分析「預測」的描述，以下何者錯誤？

    (A) EAC=BAC/CPI　　　　　　　　　　(B) 完工變異（VAC）<0 表示超支

    (C) ETC 稱為完工估計　　　　　　　　(D) EAC=AC+ETC

11. 三個月前你的公司承接了花卉博覽會園區鬱金香區域建設案，指派你擔任專案經理，一開始估計的完工預算為新臺幣 180 萬，執行至今已花費 120 萬的預算。經估算，完工總花費會比完工預算多花 80 萬才能完成，請問以下關於實獲值分析相關參數 EAC（Estimate at Completion）、ETC（Estimate to Completion）和 VAC（Variance at Completion）之描述，何者正確？

    (A) EAC=120 萬元、ETC=60 萬元、VAC=80 萬元

    (B) EAC=260 萬元、ETC=140 萬元、VAC=-80 萬元

    (C) EAC=180 萬元、ETC=140 萬元、VAC=260 萬元

    (D) EAC=180 萬元、ETC=-80 萬元、VAC=260 萬元

12. 執行新專案時，專案經理回報截至目前為止此專案時程績效指標（Schedule Performance Index, SPI）為 0.9，成本績效指標（Cost Performance Index, CPI）為 1.5，應如何判斷此專案執行的績效？

    (A) 進度超前，費用節約　　　　　　　　(B) 進度落後，費用節約

    (C) 進度超前，費用超支　　　　　　　　(D) 進度落後，費用超支

13. 史都華爭取到專案經理的角色，這是個執行 25 個月且涉及 120 名專案成員的專案，該專案目前時程績效指標（Schedule Performance Index, SPI）為 0.75，成本績效指標（Cost Performance Index, CPI）是 1.44，身為專案經理的你應該如何向利害關係人進行報告？

    (A) 該專案執行狀況良好

    (B) 該專案將會超前預計進度完成

    (C) 該專案預算不足

    (D) 目前面臨的問題和解決辦法

14. PV=1,500；EV=1,200；AC=2,000，請求出時程變異（SV）=？

    (A) +300　　　　　　(B) -300　　　　　　(C) 800　　　　　　(D) -800

15. 續上題，若完工預算 BAC=6,000，請求出完工估計（EAC）=？

    (A) 6,000　　　　　　(B) 8,000　　　　　　(C) 10,000　　　　　　(D) 12,000

 答案

題號	1	2	3	4	5	6	7	8	9	10
答案	B	D	A	B	C	CBDA	B	B	B	C

題號	11	12	13	14	15
答案	B	B	D	B	C

2.8 不確定性（Uncertainty）

不確定性（Uncertainty）	
不確定性，這個績效領域，描述：**風險與不確定性**相關的活動與功能。	有效地執行這個績效領域，會產生下列成果： 1. 了解專案環境，包括技術、社會、政治、市場與經濟。 2. 針對不確定性，要主動探索與回應。 3. 要了解專案內多個變數間的依存關係。 4. 針對威脅與機會做好準備，且了解議題的結果。 5. 若有未預期事件發生，儘量減少對專案的衝擊。 6. 實現機會來改進專案的績效與成果。 7. 成本與時程的儲備要有效運用，來維持與專案目標的校準。

　　專案的環境存在各種不同程度的不確定性，PMBOK 最新版介紹了「**霧卡（VUCA）**」的觀念，這個術語原始是來自於軍事用語，並在 90 年代開始被廣泛使用，尤其是要因應各種不確定性因素的新興企業，要考量各種 VUCA 因素來發展應變策略與行動方案。**霧卡（VUCA）**的內涵，整理於下方的心智圖。

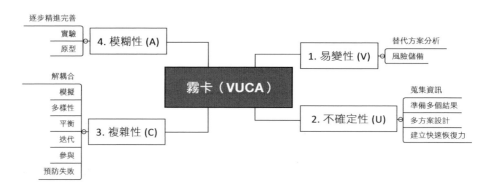

一、易變性（Volatility）

專案的環境有時候充滿了快速與無法預期的改變，我們常說：「世界上唯一不變的，就是會改變」，而這些改變，對專案的時程與成本造成影響。因應的方法包括：

1. 替代方案分析（Alternatives Analysis）

要事先發展與評估各種可能的備案，寫好各種「劇本」，與各種情境的觸發條件，也就是古人說的「狡兔三窟」。

2. 風險儲備（Reserve）

可建立專案時程與成本的風險儲備，包括：

(1) **已知的風險（Known Risks）**：是已識別及分析過的風險，可以事先規劃風險回應行動，建立「應變準備金（Contingency Reserve）」來因應，這是由「**專案經理**」控管。

(2) **未知的風險（Unknown Risks）**：事先並未識別出來，因此無法主動管理，建議專案要建立「管理準備金（Management Reserve）」來因應，這則是由「**老闆**」（或公司高管）來控管。

二、不確定性（Uncertainty）

不確定性，就是對於議題或事件缺乏了解，無法追蹤，或不知如何解決。也就是缺少預見性，缺乏對意外的預期和對事情的理解與意識。針對各種不同類別的不確定性，我們可以事先建立「**提醒清單（Prompt List）**」來識別專案的不確定性：

對於專案不確定性的因應步驟，列舉如下：

1. 蒐集資訊（Gather Information）。

2. 準備多個結果（Prepare for Multiple Outcomes）。

3. 多方案設計（Set-based Design）。

4. 建立快速恢復力（Build in Resilience）。

三、複雜性（Complexity）

因為人或系統的多元行為交互作用，無法準確地預知結果，導致計畫或專案的特性或環境很困難去管理。專案的複雜性可分成三種類型，提供因應的方法如下：

1. **以系統為基礎的（System-based）**：解耦合（Decoupling）後，再進行模擬（Simulation）。

2. **重組框架（Reframing）**：採取多樣性（Diversity）觀點，再取得平衡（Balance）。

3. **以流程為基礎的（Process-based）**：運用迭代（Iteration）方式，擴大利害關係人的參與（Engage），且要儘量去預防失敗（Fail Safe）。

四、模糊性（Ambiguity）

對現況不清楚、無法識別原因，或不知道在眾多選擇方案中，該選擇哪一個。針對專案的模糊性的因應方法，有下列三種：

1. 持續精進完善（Progressive Elaboration）：先求有，再求好。

2. 實驗設計（Experiments Design）：了解變數間的因果關係。

3. 原型測試（Prototype Test）：測試成功後，再進行下一個步驟。

讀者有了霧卡（VUCA）的觀念後，接下來要介紹「**專案風險管理**」的流程、方法及產出。專案的風險是來自於「**不確定性（Uncertainty）**」，有其發生的「**機率**」，及發生時的「**衝擊**」影響，因此要「**防患於未然**」，也就是目前最流行的術語：「**超前部署**」。

負面的風險，稱為「**威脅（Treats）**」；正面的風險，稱為「**機會（Opportunities）**」。專案團隊要主動地去識別風險、分析風險，並擬定風險回應計畫（行動方案）（Action Plan），減少威脅與增加機會發生之機率與衝擊，專案風險管理包括以下七個管理流程：

1. 規劃風險管理（Plan Risk Management）。

2. 識別風險（Identify Risks）。

3. 執行定性風險分析（Qualitative Risk Analysis）。

4. 執行定量風險分析（Quantitative Risk Analysis）。

5. 規劃風險回應（Plan Risk Responses）。

6. 執行風險回應（Implement Risk Responses）。

7. 監督風險（Monitor Risks）。

> 將上述七個流程：規劃（Plan）→ 識別（Identify）→ 分析（Analysis）→ 回應（Response）→ 執行（Implement）→ 監督（Monitor）的英文字頭語，放在一起可整理成：PIA^{2}RIM（避安・我是）。

專案風險管理的架構圖說明如下：

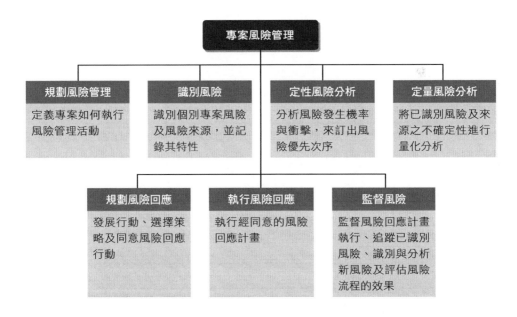

彙整專案風險管理大架構重點 PIA²RIM，如系統架構圖所示：

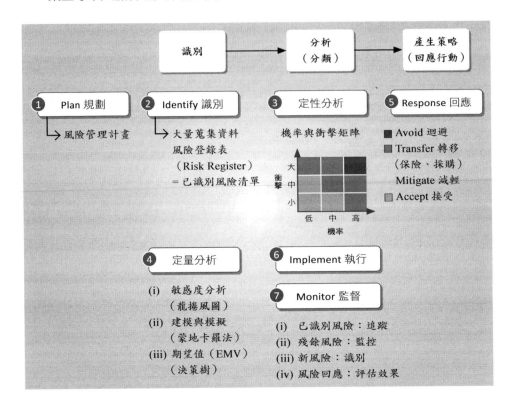

2.8.1 規劃風險管理（Plan Risk Management）

本流程定義專案如何執行風險管理活動，也就是要決定風險管理的方法，要確保風險管理的程度、型式及可見性，使專案風險與重要性二者相稱（Proportionate）（成正比）。規劃風險管理應於專案構想期就開始，在規劃階段的早期完成，並且要定期審查風險的變化。

輕鬆口訣　規劃是 How（如何）的問題，也就是：找方法，訂程序。
規劃要產生計畫，規劃 OO 管理，產生 OO 管理計畫。

風險管理計畫（Risk Management Plan），內容包括：

1. 風險策略（Risk Strategy）：訂定風險管理的最高指導原則。

2. 方法論（Methodology）：訂定風險管理的方法，且是最佳實務（Best Practice）的方法。

3. 角色與責任（Roles and Responsibilities）：如專案經理、專案團隊、品保人員、專案贊助人、相關利害關係人等。

4. 資金來源（Funding）與時程（Timing）。

5. 風險分類（Risk Categories）：可建立風險分解結構（RBS, Risk Breakdown Structure），如下圖所示：

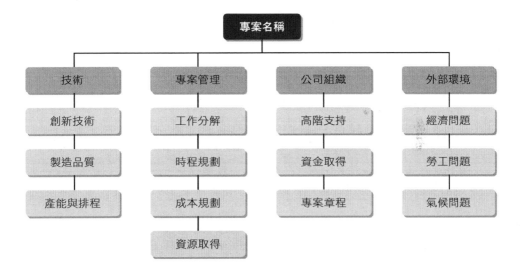

本書在 [1.8 專案規劃的準備]，有介紹過工作分解結構（WBS）。在 [2.2 專案團隊]，有介紹過組織分解結構（OBS）及資源分解結構（RBS），因此在 PMBOK 中「**有兩個 RBS**」，可以代表「**資源**」分解結構或「**風險**」分解結構，請讀者不要混淆！

1. **利害關係人風險喜好（Appetite）**

專案團隊要了解「**可接受曝險的程度**」（Level of Acceptable Risk Exposure）」，也就是「**風險門檻（Threshold）**」，俗話可用「心臟有多大顆」來表示，也就是對於風險的承受程度。風險的控制門檻：也稱為「閾（音ㄩˋ）值」，其實就是「臨界值」，超過（或低於）這個風險門檻，就應該要採取適當的回應行動。

2. **風險機率與衝擊的定義（Definitions of Risk Probability And Impact）**

衝擊就是對專案目標的影響，尤其是專案範疇、時程、成本及品質。依據過去經驗，客觀或主觀評估風險可能發生機率，和發生後對專案造成的衝擊，並評定其風險等級，在 [2.8.3 執行定性風險分析] 時，會有更詳盡的介紹。

3. **報告格式與追蹤（Tracking）**

訂定風險追蹤程序，倘若發生超過風險門檻值的時候，需要有各風險事件回應策略執行狀況，並定期追蹤加以回報。

2.8.2　識別風險（Identify Risks）

這個流程主要識別專案風險及風險來源，並記錄其特性。需要參與風險識別的人員，可包括專案經理、專案團隊成員、指派的專案風險專家、顧客、來自專案外部的主題專家（Subject Expert）、最終使用者（End Users）、其他專案經理、功能經理、利害關係人及組織內的風險管理專家。識別風險是一個迭代流程（Iterative Process），因為新的風險會形成（變成已知）或是需要因應風險發生的變更，如一般企業常見到的淡季與旺季。

本流程需要運用的方法與產出，說明如下：

1. **文件分析（Document Analysis）**

進行專案文件結構化的審查，包括專案檔案、計畫、合約、協議、技術文件，也可包括假設與限制。

2. 檢核表（Checklist）

將符合的項目打勾，來確認及提醒是否已滿足需求，若未打勾的項目，代表未完成，可能就會造成風險。實務上，可運用過去專案風險管理的歷史資訊做成表單來提醒。

3. 根本原因分析（RCA, Root Cause Analysis）

是一個系統化的問題處理過程，包括選定主題、現況分析、找出問題可能發生的原因，真因判定、找出問題解決辦法，並制定問題預防措施。在組織管理領域內，根本原因分析能夠幫助公司管理者發現組織問題的癥結，並找出根本性的解決方案。

4. SWOT 分析（SWOT Analysis）

SWOT 分析是一種策略管理分析的工具，可以稱為「強弱危機分析」，也稱為「優劣分析法」，甚至可衍伸發展成「道斯（TOWS）策略矩陣」，是一種企業在經營競爭模式分析的方法，也可以用來進行市場行銷的策略分析，透過評估自我本身（如產銷人發財資）的優勢（Strengths）、劣勢（Weaknesses）、外部競爭（如 PESTLE，政策（P）、經濟（E）、社會（S）、科技（T）、法規（L）、環境（E））的機會（Opportunities）和威脅（Threats），來發展策略行動及做深入且全面的競爭分析。

SWOT 分析：分析優勢、劣勢、機會、威脅。
也就是「量己力、衡外情」。

5. 會議（Meetings）

可舉辦風險研討會（Risk Workshop）來集思廣益，或利用本節前面曾介紹過的提醒清單（Prompt List），來協助識別專案可能發生之風險及發生這些風險的導因。

6. **風險登錄表（Risk Register）**

為本流程主要的產出，就是「**已識別的風險清單（List of Identified Risks）**」，記錄可能會發生事件（Event）的原因（Cause），及發生後可能造成的影響（Effect）。也包括識別潛在的風險擁有人（Potential Owners）及潛在的回應清單（List of Potential Responses），以利 [2.8.5 規劃風險回應]。

「風險登錄表」就是已識別「風險清單」。

7. **風險報告（Risk Report）**

將整體風險來源與個別風險的資訊，有系統且完整地整理成冊，以利進行後續風險管理流程，且在專案管理生命週期間要持續更新，逐步精進完善。風險報告常常會與風險登錄表一起出現。

風險報告就是專案風險資訊的彙整。

2.8.3 執行定性風險分析（Perform Qualitative Risk Analysis）

定性風險分析是對已識別的風險（可利用風險登錄表），評估其發生的「機率」與「衝擊」，找出風險分數，來得到這些風險對專案影響的優先等級，稱為「**機率與衝擊矩陣**」法，主要的產出為風險優先等級清單，來決定哪些風險是重要到必須投入時間和資源來優先處理。完成風險優先次序排定後，可往下進行 [2.8.4 執行定量風險分析] 或直接進行 [2.8.5 規劃風險回應]。定性風險分析在全專案生命週期（Project's Life Cycle）間要再審查，以配合專案風險的改變。

　　一般而言，定性風險分析依主要評估者的經驗做主觀判斷，快速但不精確；而定量風險分析則採統計或模擬方式進行，較客觀與精確，但缺點是比較耗時。此外，執行風險分析時必須注意，要事先評估風險資料品質（因為用了錯誤的資訊，分析了也沒用）與評估風險緊急度（緊急者要優先回應）。

　　本流程需要運用的方法與產出，說明如下：

1.　**風險資料品質評估（Risk Data Quality Assessment）**

　　評估個別專案風險的資料是正確的（Accurate）與可靠的（Reliable）之程度。可用問卷詢問利害關係人，有關專案風險的完整性、客觀性、相關性及時間限制的了解。

2.　**風險機率與衝擊評估（Risk Probability and Impact Assessment）**

深度解析

- 機率就是發生度（Occurrence）。
- 衝擊就是對專案目標（範疇、時程、成本、品質）的影響，也就是嚴重度（Severity）。

　　針對每個風險來評估其發生的「機率與衝擊」，這是屬於「二維分析」的一種。衝擊係指對專案時程、成本、品質或績效的影響，分為負面（威脅）或正面（機會）兩種，通常可以邀集熟悉本議題風險分類的專家以訪談（Interviews）或召開會議來評估。低度風險者不需排序（Rated），但要在觀察清單（Watchlist）中持續監控。

3.　**機率與衝擊矩陣（PIM, Probability and Impact Matrix）**

　　將專案風險事件發生之機率大小與其發生時所產生之衝擊影響，依其程度可以區分為五個等級（很高／高／中／低／很低），分別給予（0.9/0.7/0.5/0.3/0.1）的數值尺度（Scale），通常專案管理成熟度較低的組織，也可以用三等級（高／中／低）或來區分。再依照縱向與橫向順序排列構成一份機率與衝擊相對應的乘積表格，稱為機率與衝擊矩陣，主要用來確認某個已識別專案風險的重

要程度，通常右上角區域為高度重要，左下角區域為低度重要，而中間區域為中度重要，詳下表所示：

機率			衝擊			
很高	0.9	0.09	0.27	0.45	0.63	0.81
高	0.7	0.07	0.21	0.35	0.49	0.63
中	0.5	0.05	0.15	0.25	0.35	0.45
低	0.3	0.03	0.09	0.15	0.21	0.27
很低	0.1	0.01	0.03	0.05	0.07	0.09
		0.1	0.3	0.5	0.7	0.9
		很低	低	中	高	很高

輕鬆口訣

風險分數（Risk Score）
= 機率 × 衝擊
= 風險優先數 =RPN=Risk Priority Number

風險分數、等級、接受度門檻與風險回應，如下表所示：

風險分數	<0.07	0.07-0.30	>0.30
風險等級	低度	中度	高度
接受度門檻	可接受	-	不可接受
風險回應	接受	轉移、減輕	迴避

小試身手 ①

參考上面表格，試著回答看看：
❶ 機率 0.4，衝擊 0.5，請問是屬於低度、中度、還是高度風險？
❷ 機率 0.5，衝擊 0.8，請問是屬於低度、中度、還是高度風險？
不同程度的風險，該如何進行回應？

強化觀念

1. 機會與威脅可以放在同一張表中進行呈現。

2. 上述所採用的風險機率與衝擊「尺度（Scale）」，稱為「線性尺度」，如 0.1、0.3、0.5、0.7、0.9，可看出是「等差數列」。另一種則為「非線性尺度」，如 0.05、0.1、0.2、0.4、0.8，可看出後面數值是前者的兩倍，所以是「等比數列」，若採用此種非線性尺度的話，就是為了要突顯機率高或是衝擊大的影響，也就是拉大差距。專案風險管理本來就是重點管理的一環，高度重要的風險要優先處理，故凸顯高影響度的風險族群也是符合邏輯的。

4. **其他風險參數評估（Assessment of Other Parameters）**

上述的二維分析，除了可用機率與衝擊外，還可以運用其他風險參數：如急迫性（Urgency）、接近性（Proximity）、可管理度（Manageability）、可控制度（Controllability）、可觀測度（Detectability）、連結度（Connectivity）、策略衝擊（Strategic Impact）、鄰近的（有關係的）（Propinquity）等，可視專案風險分析的需要來選擇訂定。

5. **風險分類（Risk Categorization）**

可依據風險來源，如風險分解結構（RBS）、專案影響領域（如工作分解結構 WBS）、專案階段、預算、角色與責任（R&R）來做風險分類，以決定專案最容易遭受不確定性影響的地方。也可以根據常見的根本原因（Root Causes）來分類。

6. **泡泡圖（Bubble Chart）**

之前所提到的機率與矩陣所表示的機率與衝擊評估是二維的，但若是提升到三個參數（三維變數）的情況，則要運用「泡泡圖（Bubble Chart）」，如下圖所示。採用的三個變數是：

(1) 橫軸：可偵測性（難檢度）（Detectability）。

(2) 縱軸：可接近性（Proximity）。

(3) 泡泡大小：代表衝擊值（Impact Value）。

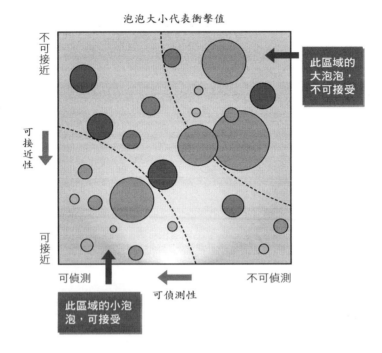

泡泡大小代表衝擊值

此區域的
大泡泡，
不可接受

此區域的小泡
泡，可接受

📈 2.8.4 執行定量風險分析
（Perform Quantitative Risk Analysis）

本流程就是將已識別的風險及來源之不確定性因素進行量化分析。在 [2.8.3 執行定性風險分析] 訂出專案的風險優先次序後，可以把前 20% 重要的風險（符合 80-20 法則的精神），優先進行風險的定量分析，以了解對專案之影響。對於 [2.8.5 規劃風險回應] 而言，不是每個專案都要執行定量分析，因為定量分析需要比較大量且精確的資訊，因此本流程不是每個專案都需要進行的必要條件。也就是說 [2.8.3 執行定性風險分析] 後，可以直接進行 [2.8.5 規劃風險回應]。

執行定量風險分析，就是「量化風險影響」。

本流程需要運用的方法與產出，說明如下：

1. 模擬（Simulations）

本書在 [2.4.1 專案時程管理] 中有說明過，可運用「**蒙地卡羅分析（Monte Carlo Analysis）**」，來模擬專案時程或成本的分佈，首先要將專案的情境用方程式（Function）來表式，此過程稱為「建模（Modeling）」，將隨機（Random）的數據輸入這個模型（Model）（方程式）後，經過非常多次的計算或迭代（Iteration）後，產生了一個可能的分佈（Distribution）圖形，再去研判圖形所代表的意義。

模擬常運用「蒙地卡羅分析」，其關鍵字：
建模、隨機數據、多次模擬、產生分佈。

2. 敏感度分析（Sensitivity Analysis）

常用的方法為「**龍捲風圖（Tornado Diagram）**」，將各影響參數按其敏感性進行排序，將敏感性大的參數放在最上面，而最頓感的參數則放在最下面，「**上寬下窄**」形成像龍捲風的形狀，故稱為龍捲風圖，如下圖所示。運用龍捲風圖進行敏感性分析的具體步驟說明如下：

淨現值 Net Present Value ($thousands)

影響參數（Variable）：

1. 實際租金調漲率
   Real Rent Escalation (%)
2. 空屋率 Vacancy Rate (%)
3. 通貨膨脹率 Inflation Rate (%)
4. 貼現率 Discount Rate (%)
5. 資本率 Capitalixation Rate (%)
6. 再融資率 Refinance Rate (%)
7. 營運費用 Operating Expenses
8. 再融資點 Refinance Points (%)

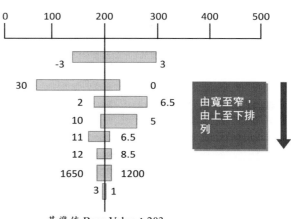

基準值 Base Value：203

（資料來源：http://gdpmp.blog.sohu.com/64632458.html）

(1) 選擇參數：在完成建模後，對各影響參數進行基本測試（包括各參數最大可能情況下的取值及可能對專案價值的影響），選擇一組對評估結果產生重要影響的參數做為進行敏感性測試的參數。

(2) 設定範圍：為每個參數設定一個合理的可能變動範圍。

(3) 敏感度測試：保持其他參數不變（維持在基準值），每次只變動其中一個參數，如果估算結果出現明顯影響幅度，確認該參數為敏感參數；對每一參數進行測試，並將每一敏感參數發生變動時，將相對應的評估結果記錄下來。一般而言，小變動造成大變動，就是敏感；大變動只有小變動，則是鈍感。

(4) 將各敏感參數對目標價值結果的影響，按其影響幅度的大小，「由寬至窄，由上而下」排列。

(5) 排列在最上方的敏感參數，就是對於專案影響最大的參數，要嚴加控管。

敏感度分析可以運用龍捲風圖，掌握對專案影響最大的參數。

3. **決策樹分析（Decision Tree Analysis）**

因為決策樹要運用到「**期望值**」理論，因此我們要先來說明期望值的計算：

期望值（EMV, Expected Monetary Value）：是運用機率與統計的觀念，來求取事件衝擊之影響。期望值的公式可表示為：

$$期望值 = \Sigma（機率 \times 衝擊）$$

其中衝擊就是對專案目標的影響，一般是指對時程的影響天數，或是成本的金額大小。期望值可視為平均值，如統一發票的六獎會開出 6 組，對中末 3 碼，獎金 200 元，故假設有 1,000 張統一發票末三碼均不同號（從 000 到 999），那一定會中 6 張，可得 1,200 元，故平均每張發票的價值是 1.2 元，這也就是發票中六獎的期望值。再以期望值公式說明之：

$$期望值 = \Sigma（機率 \times 衝擊）=(6/1,000) \times 200 = 1.2（元）$$

公式中因有 1,000 張發票，故 1,000 在分母，因此代表期望值有平均值的意思。

小試身手 2

現在有一個專案，獲利 5 萬元的機率是 20%，獲利 10 萬元的機率是 30%，獲利 20 萬元的機率是 50%，則妳的專案之獲利期望值（EMV）是多少？

運用期望值，也可以了解投資報酬率（ROI）與風險衝擊的關係，如下圖所示：

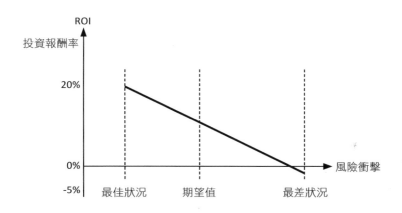

接下來探討「**決策樹分析（Decision analysis）**」，為一種樹狀圖的決策分析工具。用決策點代表決策問題，用方案分枝代表可供選擇的方案，用機率分枝代表方案可能出現的各種結果，運用「期望值」的計算，比較各種方案在不同結果條件下的損益數值，為決策者提供決策依據。

小試身手 3

研發新產品需成本 $100 萬元，改進現有產品 $50 萬元，研發新產品市場需求成長預估機率為 80%，市場萎縮預估機率為 20%。改進現有產品市場需求成長預估機率為 60%，市場萎縮預估機率為 40%。預計研發新產品報酬在市場成長時為 $120 萬，萎縮時 $70 萬。預計改進現有產品報酬在市場成長時為 $80 萬，萎縮時 $50 萬。請幫公司下決策，研發新產品還是改進現有產品？

	定量分析工具	圖表案例
1	模擬	蒙地卡羅法
2	敏感度分析	龍捲風圖
3	期望值	決策樹分析

4. 影響圖（Influence Diagrams）

影響圖是用來表示相關參數之因果關係的圖形，並可呈現決策中涉及的關鍵要素，包括決策影響、不確定性、收益價值等。影響圖是由節點和箭號組成有方向性的圖，其中，結點代表主題問題中的主要參數，箭號表示參數間的邏輯因果關係。影響圖如下圖所示，通常行銷預算越高，市場規模、市佔率也越高，但是成本也花的越多；另一方面，產品價格會影響市佔率（通常定價越高，銷售數量越低），也會與收入有關，而收益等於收入減去成本，因此是一個折衷（Trade-off）的問題，來找出產生最高收益的行銷預算與產品定價。

影響圖用來了解參數間的關係與效應。

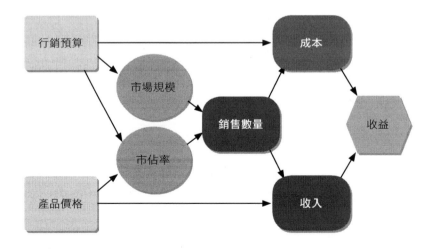

5. 本流程的產出，包括風險登錄表與風險報告的更新，增加了量化風險影響的資料。

 小試身手 4

請完成專案風險管理工具的配合題，並從右欄中選出最適代號填入中間的括號中。

提醒清單 （Prompt Lists）	（　）	**(A)** 若有三個參數（三維變數），則可運用。如可觀測性、可接近性、及衝擊值大小等。
風險登錄表 （Risk Register）	（　）	**(B)** 是一種建模（Modeling）與模擬（Simulation）的方法，以隨機的輸入，經模擬了解專案可能的分佈（如時程或成本等）。
機率與衝擊矩陣 （Probability and Impact Matrix）	（　）	**(C)** 每次變動一個參數，判定對專案的影響，將影響的程度由大到小，由上到下排列，典型的圖形為龍捲風圖（Tornado Diagram）。
泡泡圖 （Bubble Chart）	（　）	**(D)** 運用期望值（Expected Monetary Value）分析，來找出專案不同方案的最佳選擇。
決策樹 （Decision Tree）	（　）	**(E)** 已識別風險清單（List of Identified Risks）。
敏感度分析 （Sensitivity Analysis）	（　）	**(F)** 屬定性風險分析工具，運用風險發生的機率及風險發生後的衝擊等二維分析法，來判定風險之優先順序。
模擬 Simulation- 蒙地卡羅（Monte Carlo）分析	（　）	**(G)** 是一項事先判別的會發生個別專案風險的風險分類清單（常用字頭語來提醒），而這些也會造成全專案風險的來源。

2.8.5 規劃風險回應（Plan Risk Responses）

規劃風險回應這個流程，旨在發展行動、選擇策略及核准風險回應行動。若有需要，本流程可以在專案文件與專案管理計畫中重新分配資源及安插活動（Insert Activities）。本流程要識別及指派風險擁有人（Risk Response Owner），風險擁有人就是風險負責人，他要從多個可能的風險回應策略中，選擇最適當的回應策略，而且為了執行同意的（Agree-Upon）（核准的）風險回應策略，還可以發展特定的行動，如應變（Contingency）或備選（Fallback）計畫。這些有效及適當的風險回應，可以降低個別風險的威脅及提升機會，也能降低全專案風險的曝露（Exposure）（曝險），曝險就是因為沒有事先防患於未然，沒有事先研擬風險回應的行動方案，而造成風險發生所導致的損害，因此規劃風險回應要在專案全程實施。

本流程需要運用的方法與產出，說明如下：

1. **對威脅的策略（Strategies for Threats）**

「**負面的風險**」又稱「**威脅**」，其回應策略有五種：

(1) 迴避（Avoid）：改變專案管理計畫，或將風險隔離，以避免對專案衝擊。迴避是積極的，就是「預防」與「超前部署」。

(2) 轉移（Transfer）：轉移到第三方（風險並未消除），如保險（Liability, or Insurance）、採購（Procurement）或委外（外包）（Outsourcing）。

(3) 減輕（Mitigate）：降低風險發生機率或降低風險對專案的影響。

(4) 接受（Accept）：主動或被動地接受風險。

(5) 呈報（Escalate）：若威脅是在專案範疇之外，或超過專案經理權限，可向上呈報（提升層次）至計畫或組合層次來管理，呈報後可不必再監控，但要在風險登錄表記錄。

 對負面風險（威脅）前三項的回應策略，可用口訣：「ATM」（提款機）來記憶。

2. 對機會的策略（**Strategies for Opportunities**）

「**正面的風險**」又稱「**機會**」，其回應策略有五種：

(1) 開發（Exploit）：去除不確定性，爭取到機會。

(2) 分享（Share）：與最有可能抓住機會的人或公司結盟，如找合夥人。

(3) 增強（Enhance）：增加正面機會之機率。

(4) 接受（Accept）：機會來臨時，願意取其利益，而不是主動追求它。

(5) 呈報（Escalate）：超出範疇或權限時，向上呈報。

對正面風險（機會）前三項的回應策略，可用口訣：「SEE」（常露臉）（洞察機先）來記憶。

3. 應變回應策略（**Contingent Response Strategies**）

有些回應會被設計成僅在某事件發生時才使用。觸發（Trigger）應變回應條件包括錯過了期中里程碑（就是時程延誤）、或得到買方更高的優先次序（如採購案更容易得標或更困難得標）等，應該要定義與追蹤。也稱應變計畫（Contingency Plans）或備選計畫（Fallback Plans）。

4. 對全專案風險的策略（**Strategies for Overall Project Risk**）

(1) Avoid（迴避）：全專案風險的層級是非常負面。

(2) Exploit（開發）：全專案風險的層級是非常正面。

(3) Transfer/share（轉移 / 分享）：由第三方管理。

(4) Mitigate/enhance（減輕 / 增強）：優化達成專案目標之機會。

(5) Accept（接受）：主動或被動接受。

深度解析

- **殘餘風險（Residual Risk）**：是採取規劃回應後所預期的剩下風險，是原來相同的風險，只是規模變小了。
- **二次風險（Secondary Risk）**：是因為執行風險回應所產生之直接結果。其實是造成其他的損失，也就是副作用（Side Effect）。
- **應變準備（Contingency Reserve）**：是根據定量風險分析的結果及組織的風險門檻分析計算而來。

 小試身手 ⑤

規劃風險回應的工具 - 連連看練習：

迴避（規避、避險） （Avoid）	（ ）	(A) 辨識與最大化正面影響風險的關鍵驅動因素，來增加正面風險（機會）發生之機率
轉移 （Transfer）	（ ）	(B) 與最有可能抓住機會的第三者（人或組織）結盟，如找合夥人或策略聯盟等
減輕 （Mitigate）	（ ）	(C) 改變專案管理計畫，或將風險隔離，使風險發生的機率為零，以避免對專案衝擊
接受（承擔）（Accept）	（ ）	(D) 將風險轉移至第三方（風險並未消除），典型的方法為採購或保險
呈報 （Escalate）	（ ）	(E) 主動（建立應變準備或稱緊急儲備）或被動（不採任何行動，發生再說）接受風險
開拓 （Exploit）	（ ）	(F) 將風險發生的機率降低，或風險發生時，降低其衝擊
分享 （Share）	（ ）	(G) 若風險屬專案範疇之外，或超過專案經理權限，可提升至計畫或組合層次來管理
增強 （Enhance）	（ ）	(H) 去除不確定性，使正面風險（機會）確實發生

📊 2.8.6　執行風險回應（Implement Risk Responses）

本流程旨在確保依據風險回應計畫，必要時執行經同意的（Agree-Upon）（核准的）風險回應，以利闡明（Address）全專案風險的曝露（Exposure），極小化個別專案威脅與極大化個別專案機會，其中風險的曝露（曝險），拿負面風險為例的話，就是風險損失程度的表徵。要注意的是，倘若專案團隊花功夫在識別及分析風險、發展風險回應，將風險回應計畫獲得同意及記錄於風險登錄表及風險報告中，但卻沒有行動（Actions）來管理風險的話，這樣只是紙上談兵，沒有實質助益。基本上是由風險擁有人（負責人）（Owner）發起執行風險回應行動。

本流程需要運用的方法與產出，說明如下：

1. **影響（Influencing）**

   公司的高階主管或專案經理可運用人際溝通的影響力，鼓勵風險擁有人於需要時採取必要的行動。

2. **專案管理資訊系統（PMIS）**

   可運用專案時程、資源及成本的應用軟體，來確保經同意的風險回應計畫及它們相關的活動，能與其他專案活動一起整合於專案內，更有效地執行風險回應。

📊 2.8.7　監督風險（Monitor Risks）

本流程要監督風險回應計畫的執行情形、追蹤已識別的風險、識別與分析新的風險及評估風險管理流程的「效果」（Effectiveness）。本流程旨在於全專案生命週期間，確保專案決策是依據現有全（Overall）專案風險曝露（Exposure）（曝險）及個別專案風險的資訊，因此要來判別下列情況：

▶ 風險回應的執行是有效果的。

▶ 全專案風險級別已經改變。

▶ 已識別的個別專案風險的現況已經改變。

▶ 新的個別風險已經發生（Arisen）。

▶ 風險管理方法仍舊適當妥切。

▶ 專案的假設仍舊有效（Valid）。

▶ 風險管理政策與程序有被依循遵守。

▶ 應變準備（時程或成本）需要修正。

▶ 專案策略仍舊有效。

本流程需要運用的方法與產出，說明如下：

1. 監督風險是屬於「監控」流程群組，監控就是「績效」與「計畫」做比較。

2. 技術績效分析（Technical Performance Analysis）

   可以進行技術構面上的關鍵績效指標審查（KPI Review），如產品特性、不良率、轉換時間、儲存能量等量化指標，若發生差距（Gap）就容易產生風險。

3. 緩衝分析（風險準備分析）（Reserve Analysis）

   專案進行中要持續審查風險儲備是否足夠，主要是時程與成本，時程就是緩衝時間；成本的緩衝就是「應變準備金」與「管理準備金」。

4. 風險調整待辦清單（Risk-adjusted Backlog）

   記錄風險監督的過程，包括風險回應執行的成效與調整。

5. 風險稽核（Risk Audits）

   在品質管理流程有介紹過品質稽核，而此處的風險稽核，就是要確保風險管理流程的有效性，風險稽核於專案風險管理計畫所律定之適當頻率執行之。

6. 風險審查（Risk Review）

   建立定期審查機制與回饋系統，並邀請利害關係人參與審查，可快速地與精進地回應風險。可將此會議列為專案定期會議議程的一部分。

   風險審查的時機，包括：

(1) 每日立會（Daily Standup Meetings）（Daily Scrum）。

(2) 定期展現專案交付物的增量（Increments）、中間（Interim）過程的設計，並充分獲得回饋。

(3) 每週現況會議（Weekly Status Meetings）。

(4) 回顧（Retrospectives）與經驗學習（Lessons Learned）會議，避免發生同樣的錯誤，並進行流程改善與精進。

(5) 建立「**威脅檔案（Threat Profile）**」，可運用「**累積流動圖（CFD, Cumulative Flow Diagram）**」來展現執行風險回應前後之時間趨勢，是有效的降低風險，使風險的機率與衝擊隨時間慢慢變小、持平，還是漸增。若是持平或漸增，則要再設法想出其他的風險回應的行動方案。

(6) 平時要多儲備應變準備及管理準備金，以因應風險的變化。

 深 度 解 析

1. 在此補充說明「效果」與「效率」的比較
   管理大師彼得杜拉克（Peter F. Drucker）說：
   (1) Do the right thing. 做正確的事：策略面，重點在達標（效果）（效益）（effectiveness）。
   (2) Do the thing right. 把事做好：執行面，重點在效率（efficiency），效率就是（產出 / 投入）極大化，也就是省人、省時、省錢。
2. 風險應變、備選與繞道計畫總整理：

計畫（Plan）	風險程序	建立時機	備考
應變 （Contingency）	規劃風險回應	發生前	Plan A：事先準備之應變準備（如時程及資金）
備選 （Fallback）	規劃風險回應	發生前	Plan B：應變準備可能不足，事先再另外準備時間或資金之替代方案（補強計畫）
繞道計畫 （Workaround）	監督風險	發生後	對事先未識別之風險，或決定被動承擔之風險，而臨時建立的計畫（補救計畫）

（續下頁）

3. 專案風險管理實務案例

　　某一個行銷專案的風險登錄表，包括風險項目內容、導因、發生機率、衝擊影響、風險分數、排序及風險回應行動的實務案例，如下表所示：

排序	風險項目內容	導因	機率	衝擊	風險分數	風險回應行動
1	專案人員離職	工作忙碌、無成就感、跳槽	0.7	0.7	0.49	迴避
2	無專案辦公室	高階管理階層不支持本專案	0.5	0.5	0.25	迴避
3	促銷活動受氣候影響停辦	天候影響（颱風、大雨）	0.3	0.7	0.21	轉移（保險）
4	廣宣得標商倒閉	廠商無法執行本專案	0.1	0.9	0.09	轉移（外包）
5	物價波動	物價上漲	0.7	0.1	0.07	減輕
6	贈品不被顧客接受	贈品挑選未考量顧客需求	0.1	0.3	0.03	接受

 小試身手解答

1 (1) 0.4×0.5=0.2 經查表，是屬於中度風險，風險回應行動是轉移或減輕。

  (2) 0.5×0.8=0.4 經查表，是屬於高度風險，風險回應行動是迴避。

2 期望值的計算：0.2×5+0.3×10+0.5×20=1+3+10=14（萬）

3 決策樹（單位：萬元）

方案選擇	成本	機率	報酬	報酬期望值（∑ 機率 × 衝擊）	淨利（報酬期望值 - 成本）	備註
研發	100	市場成長（80%）	120	110（80%×120+20%×70）	10（110-100）	較佳之方案決策為選取淨利較高者。因改良之淨利為 18 萬高於研發（10 萬），故改良為較佳之決策方案。
		市場萎縮（20%）	70			
改良	50	市場成長（60%）	80	68（60%×80+40%×50）	18（68-50）	
		市場萎縮（40%）	50			

4 G, E, F, A, D, C, B

5 C, D, F, E, G, H, B, A

精華考題輕鬆掌握

1. 請問下列何者是對議題與事件缺乏了解，無法追蹤，或無法解決？
   (A) 易變性（波動性）（Volatility）　　(B) 不確定性（Uncertainty）
   (C) 複雜性（Complexity）　　　　　　(D) 模糊性（Ambiguity）

2. 下列何者是對現況不清楚、無法識別原因，或不知道在眾多選擇方案中，該選擇哪一個？
   (A) 易變性（波動性）（Volatility）　　(B) 不確定性（Uncertainty）
   (C) 複雜性（Complexity）　　　　　　(D) 模糊性（Ambiguity）

3. 天有不測風雲，進行專案風險管理時，除了針對可能的風險擬定回應行動之外，面對未知的風險應如何進行管理？
   (A) 規劃風險管理　　　　　　　　　　(B) 建立管理準備金
   (C) 執行風險回應　　　　　　　　　　(D) 執行定性風險分析

4. 需要召集專案經理、專案成員、顧客、外部專家，進行反覆流程者，並且要識別潛在的風險擁有人與潛在的回應清單，請問前面描述的是屬於下列哪一個專案風險管理的流程？
   (A) 執行定性風險分析　　　　　　　　(B) 執行定量風險分析
   (C) 識別風險　　　　　　　　　　　　(D) 規劃風險回應

5. 辛苦完成風險的鑑別後，你發現你所帶領的專案面臨下列風險：外國進口的貨物有30% 的機率會缺貨，將會造成 10,000 元的損失；團隊成員因應社會議題或科技的進步，需要額外辦理訓練課程的機率是 5%，成本為 15,000 元；已編列的系統防毒軟體掃描測試費 6,000 元，可能有 10% 的機率不會被抽測到因此不需要支付，請問前述風險造成此專案的風險成本期望值是多少元？
   (A) 5,350　　　　(B) 5,150　　　　(C) 3,750　　　　(D) 3,150

6. 下列何者是執行定性風險分析的工具？
   (A) 蒙地卡羅法　　　　　　　　　　　(B) 機率與衝擊矩陣
   (C) 敏感度分析　　　　　　　　　　　(D) 風險登錄表

7. 在數據科學的時代，擁有越多數據就能進行更精準的分析，對於未來局勢做出判斷，自然也更有利於進行風險管理。請問對於專案風險管理的的哪一個管理流程，需要準確的數據，做為進行管理的依據？

(A) 執行定量風險分析　　　　　　　(B) 執行定性風險分析

(C) 識別風險　　　　　　　　　　　(D) 規劃風險回應

8. 在專案風險管理諸多流程中，風險的識別、分析和規劃回應是很重要的階段，下面的選項中何者的任務是「發展行動、選擇策略，並且同意風險回應行動」？

(A) 執行定性風險分析　　　　　　　(B) 執行定量風險分析

(C) 識別風險　　　　　　　　　　　(D) 規劃風險回應

9. 你被指派接手國外專案，在蒐集資料及參與會議的過程得知該國在這個季節常有水患，可能會對專案產生重大負面影響，身為初來乍到的新任專案經理，你必須執行什麼工作項目才能幫助你針對「水患議題可能採取的回應」做出決策？

(A) 仔細查看風險管理計畫書　　　　(B) 提前購買保險減輕負擔

(C) 查看此專案之風險登錄表　　　　(D) 申請經費組團至當地考察

10. 有關專案風險管理中的定性風險分析和定量風險分析，以下描述何者錯誤？

(A) 須執行定量風險才能訂出已識別風險優先次序

(B) 敏感度分析和和蒙地卡羅分析都屬於定量風險

(C) 以泡泡圖展現影響值（Impact Value）是定性風險的一種工具

(D) 機率與衝擊矩陣，是定性風險的一種工具

11. 以機率與衝擊矩陣執行定性風險分析後，你領導的專案出現了以下四種風險，並有相對應的機率與衝擊，請問身為一位專業的專案經理，你會建議要優先注意哪一個風險事件？

(A) 機率 0.1、衝擊 5　　　　　　　(B) 機率 0.2、衝擊 4

(C) 機率 0.3、衝擊 5　　　　　　　(D) 機率 0.4、衝擊 4

12. 專案執行時，老闆要求行政部門購買了一份保單，來涵蓋了專案可能導致延誤事件的風險，請問這是屬於哪一種風險回應規劃？

(A) 轉移　　　　　(B) 減輕　　　　　(C) 迴避　　　　　(D) 接受

13. 百密總有一疏，專案經理桑比亞領導的專案發生了未事先識別出的負面風險事件，由於因為事前未規劃，所以最後只能採取被動認可的回應方式，請問這是什麼樣的風險回應方式？

(A) 應變　　　　　(B) 繞道　　　　　(C) 接受　　　　　(D) 備選

14. 你的組織對於風險的管理非常重視且謹慎，因此有一個專門的風險管理部門針對各個專案的風險進行識別和管控，有一天其中一位專案經理收到風險部門的報告，內容主要說明此專案中有兩項風險並沒有如預期發生，請問這位專案經理應該採取什麼行動？

    (A) 減少專案準備金　　　　　　　　(B) 更新風險登錄表

    (C) 更新時程網路圖　　　　　　　　(D) 未來所有的風險應對策略都隨之修改

15. 你的專案團隊中有一位表現優秀的新進員工彼得，雖然已經過了專案規劃階段，但他在專案執行階段識別到一個新的專案風險，身為專案經理的你這時會建議先怎麼處理？

    (A) 將此風險與觸發條件進行比對　　(B) 對風險發生的假設條件進行實際的測試

    (C) 對風險進行評估　　　　　　　　(D) 將其重新納入風險管理計畫內

16. 隔壁專案的專案經理老王和專案成員多有不合，導致有五名專案成員要同時離開這個專案團隊，請問專案經理老王首先要做什麼因應？

    (A) 開始對外招募專案團隊成員

    (B) 依據風險回應計畫，實施風險回應行動

    (C) 重新修正工作分解結構（WBS）

    (D) 重新修正組織架構與執掌圖（OBS）

17. 下列何者是定性風險分析的工具？

    (A) 決策樹　　　　　　　　　　　　(B) 龍捲風圖

    (C) 機率與衝擊矩陣　　　　　　　　(D) 蒙地卡羅分析

18. 專案有 70% 會有 10 萬元的收益，有 30% 會有 5 萬元的損失，請問這樣的期望值（EMV）是多少？

    (A) 1.5 萬損失　　　(B) 5.5 萬損失　　　(C) 2.5 萬收益　　　(D) 5.5 萬收益

19. 你是一間木材行的專案經理，你目前正在執行的專案發生某一風險的概率是 0.1，如果此風險事件發生，將導致你們公司損失 20,000 元。為這次事件保險的成本是 1,200元，且需要再負擔自負額 400 元。做為一位稱職的專案經理，你是否會購買這個保險嗎？

    (A) 會，因為 2,000 元大於 1,600 元

    (B) 會，因為 2,000 元大於 1,200 元

    (C) 不會，因為自負額改變風險事件的期望值

    (D) 不會，因為 2,400 元大於 2,000 元

20. 保羅是一位專案經理，負責生產工業用機台給鋼鐵廠的專案，他對於風險管理提出了他的建議，也獲得主管同意：考量自製零件時間可能延誤，應該以向外採購零件的方式達成專案風險回應。然而人算不如天算，零件廠商交貨後卻出現規格不符合的問題，導致無論如何都無法裝置在機台上，這是一種什麼樣的風險？

(A) 直接風險　　　(B) 二次風險　　　(C) 殘餘風險　　　(D) 分享風險

21. 公司的專案處長要求妳進行專案的敏感度分析，下列何項工具是妳最適合運用的？

(A) 蒙地卡羅分析　(B) 決策樹　　　(C) 影響圖　　　(D) 龍捲風圖

22. 風險管理的各項管理流程中，下列各項何者是要去分析各個風險事件發生的機率和衝擊，來訂出風險的優先次序？

(A) 識別風險　　　　　　　　　(B) 執行定性風險分析
(C) 執行定量風險分析　　　　　(D) 規劃風險回應

23. 請問下列哪一項不屬於負面風險的回應行動？

(A) 減輕（Mitigate）　　　　　(B) 迴避（Avoid）
(C) 分享（Share）　　　　　　(D) 轉移（Transfer）

24. 專案風險擁有人或負責人的律定與輸入，是屬於下列哪一項專案風險管理的流程？

(A) 識別風險　　　　　　　　　(B) 執行定性風險分析
(C) 執行定量風險分析　　　　　(D) 規劃風險回應

25. 專案風險管理最不利的因素，是什麼？

(A) 風險回應規劃不充分　　　　(B) 風險監控不確實
(C) 缺乏風險登錄表　　　　　　(D) 範疇說明書缺乏細節

26. 對於妳的專案，獲利 2 萬元的機率是 30%，獲利 3 萬元的機率是 50%，獲利 4 萬元的機率是 20%，則妳的專案之獲利期望值（EMV）是多少？

(A)29,000　　　　(B)18,000　　　　(C)16,000　　　　(D)48,000

27. 下列哪一個流程是要發展行動、選擇策略及同意風險回應行動？

(A) 監控風險　　　　　　　　　(B) 執行定性風險分析
(C) 執行定量風險分析　　　　　(D) 規劃風險回應

28. 專案面臨下列風險：無法得到一個重要另件的機率是 20%，將會造成 3 萬元的損失；團隊需要額外培訓的機率是 10%，成本為 12,000 元；計畫的（已編列的）品質測試費 8,000 元，可能有 25% 的機率不需要支付，這些風險的期望值是多少？

(A) 50,000　　　　(B) 7,200　　　　(C) 5,200　　　　(D) 42,000

29. 下列何者是未定義的風險（通常是負面風險）發生後，因為事前未規劃，所以採用被動接受的回應？
    (A) 應變計畫（Contingency Plan）　　(B) 繞道計畫（Workaround Plan）
    (C) 接受計畫（Acceptance Plan）　　(D) 轉移計畫（Transferring Plan）

30. 在風險審查（Risk Review）時，要建立「威脅檔案（Threat Profile）」，請問可運用什麼圖，來展現風險回應前後之時間趨勢？
    (A) 影響圖　　　(B) 風險稽核圖　　(C) 累積流動圖　　(D) 緩衝分析圖

答案

題號	1	2	3	4	5	6	7	8	9	10
答案	B	D	B	C	D	B	A	D	C	A

題號	11	12	13	14	15	16	17	18	19	20
答案	D	A	C	B	C	B	C	D	A	B

題號	21	22	23	24	25	26	27	28	29	30
答案	D	B	C	D	C	A	D	C	B	C

專案裁適
（Project Tailoring）

3 Chapter

本章要介紹專案的裁適，也就是專案流程的「**量身訂製**」或「**客製化**」。本章有四個小節，以心智圖整理如下圖所示：

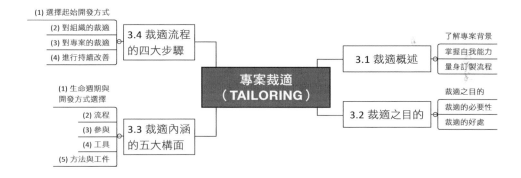

 ## 3.1 裁適概述

裁適（Tailoring）就好像是裁縫師進行衣服的裁切與縫製，若應用在專案管理上，則是要針對專案管理的方式、治理、及流程，提供謹慎的調適（Deliberate Adaptation），促使更適合於專案的環境與推展工作的進行。

裁適要了解專案的背景、目標、運作環境、開發方式、專案生命週期、交付物、及人力等，並且要平衡下列的需求：

1.　及早交付。

2.　降低成本。

3.　優化交付的價值。

4.　建立高品質交付物與結果。

5.　符合法規與標準（合規）。

6.　滿足不同的利害關係人之期望。

7.　針對變更進行調適。

 ## 3.2　裁適之目的

　　裁適之目的，在於促進專案更適合於組織、作業環境、及專案需求。專案有千百種，有的大，有的小；有的嚴格（Rigorous），有的輕巧（Lightweight），有的強健（強韌）（Robust），有的簡單。舉例而言，建立了一個 10 位專案團隊成員的溝通與協調系統，若運用到 200 人的團隊時，是遠遠不足的。因此，要針對專案規模、工期、複雜度、組織文化、組織的專案管理成熟度、及產業特性，來進行裁適。

　　裁適帶給組織的好處，有以下三項：

1.　參與協助裁適的專案團隊成員，會有更好的專案允諾（Commitment）。

2.　以顧客導向來聚焦，因為顧客需求是重要的影響參數。

3.　更有效率的運用專案資源。

3.3　裁適內涵的五大構面

專案裁適的內涵包括五大構面，整理於下面的心智圖。

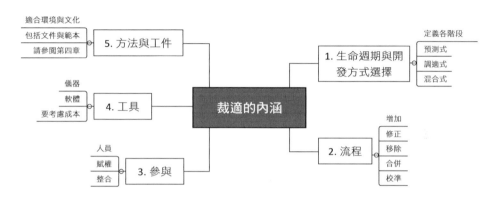

 ## 3.4　裁適流程的四大步驟

企業組織之專案管理的裁適流程，可分為四大步驟，如下圖所示：

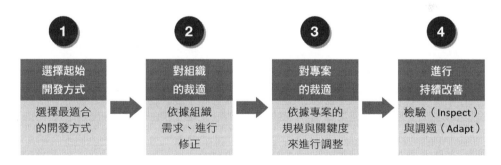

3.4.1　選擇起始開發方式

要依據產品知識與交付進行的節奏，選擇專案適合的開發方式。可運用「調適性篩選工具」（Suitability Filter Tool），來進行專案起始開發方式的評估，且要考量以下三個構面：

1. **文化**

    (1) 對開發方式的認同。

    (2) 信任團隊。

    (3) 賦予團隊成員決策權。

2. **團隊**

    (1) 團隊規模大小。

    (2) 專業與經驗等級。

    (3) 是否方便接近到顧客。

3. **專案**

    (1) 變更發生的可能性。

    (2) 產品或服務的關鍵性。

    (3) 增量交付。

3.4.2　對組織的裁適

通常對組織的裁適，是由專案管理辦公室（PMO）或價值交付辦公室（VDO）來進行。針對大型、重視安全的及依據合約發起的專案更需要裁適。對組織的裁適考量因素與架構流程，展現如下圖所示：

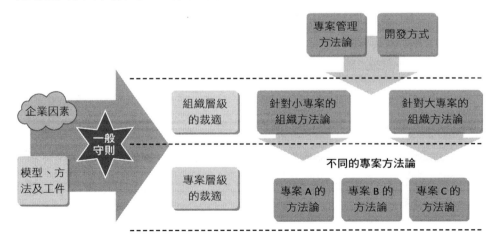

3.4.3　對專案的裁適

企業組織對於不同的專案進行裁適時，要考慮三個構面，整理於下方的心智圖。

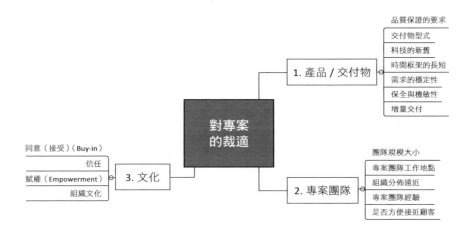

3.4.4　進行持續改善

裁適不是一次就能完成，是要逐步精進完善的。專案可依據專案團隊的工作情況、交付物的發展（交付頻率）、及經驗學習（失敗的教訓）等，再更進一步的來實施裁適，以利持續改善。有關持續改善的時機，有以下三個時機點：

1. 審查點（Review Points）。

2. 階段閘門審查（Phase Gate）。

3. 回顧會議（Retrospectives）。

深度解析

1. 可運用「ECRS 分析法」，即取消（Eliminate）、合併（Combine）、重組（Rearrange）、及簡化（Simplify），來進行專案裁適。
2. 專案經理要鼓勵團隊成員多參與裁適，可以強化責任心、允諾、信任感、創新、及持續改善的技能。

精華考題輕鬆掌握

1. 關於裁適流程的四大步驟，以下何者正確？

   a. 對專案的裁適　b. 進行持續改善　c. 選擇起始開發方式　d. 對組織的裁適

   (A) dcab　　　　　(B) cbad　　　　　(C) cabd　　　　　(D) cdab

2. 下列何者不是專案需要裁適的好處？

   (A) 團隊成員會有更好的允諾　　　　(B) 可以貫徹高階主管的意志

   (C) 依據顧客需求，來調整專案　　　(D) 更有效率的運用專案的資源

3. 下列哪一個流程，要善用「調適性篩選工具」（Suitability Filter Tool），來評估？

   (A) 對專案的裁適　　　　　　　　　(B) 進行持續改善

   (C) 選擇起始開發工具　　　　　　　(D) 對組織的裁適

4. 請完成下列專案實務情境與裁適建議的配合題：

情境	答案	裁適的建議
平台上線後，交付物品質不良，造成客訴。		(A) 運用價值流圖與任務看板，讓工作視覺化，識別議題與提出解決方案。
專案團隊成員湯姆與海倫，不確定要如何進行他們的工作。		(B) 評估給利害關係人的資訊是否足夠，除了單向的溝通，要增加回饋循環與深化參與。
電動車研發專案，花很長的時間等待核准。		(C) 調查根本原因，來識別專案的流程或活動，是否已產生落差。
新型吸塵器的專案，有太多的工作進行中，且產生太多的報廢。		(D) 確認對於專案執行狀況的量測有確實收集、分析、及分享，並且與專案的利害關係人及團隊成員，確認對此專案量測的流程與結果是一致的。
利害關係人史都華幾乎不參與，而且只給負面的回饋。		(E) 多增加引導、教育訓練、及驗證的步驟。
手機專案缺乏可視性，無法了解專案的進度。		(F) 多增加回饋驗證循環與及品質保證步驟。
持續遭遇專案的風險與議題，需要專案團隊去因應。		(G) 採用精簡核准決策法，改為較少的人來依據價值門檻的高低去授權決策。

5. 有關專案裁適內涵五大構面的描述，以下哪些是正確的？（複選 2 項）

   (A) 選擇工具時不需要考慮成本

   (B) 參與包含了人員、賦權和整合

   (C)「流程」這個構面中，並不會有「移除」這個選項

   (D) 在不同的環境與文化之下，會選用不同的方法與工件

   (E) 只有預測式專案需要考量生命週期與開發方式的選擇

6. 進行專案裁適時，要依據產品知識與交付進行的節奏，選擇專案適合的開發方式，以下何者不屬於應評估個三大類別？

   (A) 文化   (B) 專案   (C) 團隊   (D) 風險

7. 以下關於對組織的裁適之描述，何者錯誤？

   (A) 可由價值交付辦公室（VDO）來進行

   (B) 只能由專案管理辦公室（PMO）來進行

   (C) 組織層級的裁適用於管理大、小專案

   (D) 專案層級的裁適用於管理不同的專案方法論

8. 以下關於對專案的裁適中「交付物」應考量項目之描述，何者錯誤？

   (A) 是否方便接近客戶   (B) 保全與機敏性

   (C) 品質保證的要求   (D) 科技的新舊

9. 以下關於裁適的「持續改善」，何者正確？

   (A) 不需要參考失敗的教訓來進行進一步的裁適

   (B) 回顧會議（Retrospectives）時已結案，並不是適合的改善時間點

   (C) 裁適不是一次就能完成，是要逐步精進完善的

   (D) 裁適比較適合由主管裁示，並不鼓勵團隊成員參與

10. 排序題：請將下列裁適流程，進行正確的排序。

    (A) 對專案的裁適   (B) 進行持續改善

    (C) 選擇起始開發工具   (D) 對組織的裁適

答案

題號	1	2	3	4	5	6	7	8	9	10
答案	D	B	C	FEGABDC	BD	D	B	A	C	CDAB

MEMO

模型、方法及工件

Chapter 4

目前最新的專案管理架構，除了從五大流程群組、十大知識領域，演變到十二項行為指導原則及八大績效領域外，也定義了標準的三層式架構：模型（Model）、方法（Method）及工件（Artifact），詳見下圖的「金字塔架構」所示：

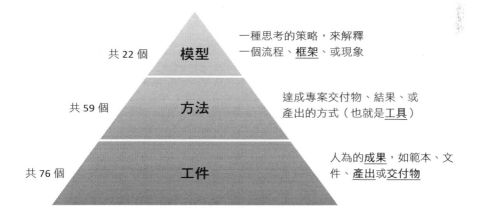

共 22 個　模型　一種思考的策略，來解釋一個流程、**框架**、或現象

共 59 個　方法　達成專案交付物、結果、或產出的方式（也就是**工具**）

共 76 個　工件　人為的**成果**，如範本、文件、**產出**或**交付物**

4.1 概述

公司或組織、專案、及流程經過上一章的裁適後，要開始建構一個框架（Framework），來交付專案成果。此外，專案團隊成員要選擇適當的方法，來獲取與分享專案資訊，使得他們可以及時來追蹤進度、提升團隊績效及與利害關係人應對。

專案管理的模型、方法及工件之選擇，與專案內外部環境及價值交付的系統有關，而且要考量專案的成本、時程、專業程度及生產力，詳下圖所示。專案團隊成員在考量模型、方法及工件之選擇時，要避免下列情事的發生：

1. 增加不需要的工作。

2. 對專案團隊與利害關係人是沒有效用的。

3. 產生不正確的或是錯誤引導的資訊。

4. 迎合個人的需求，而不是專案團隊的需求。

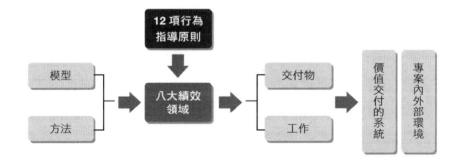

 4.2 專案管理常用的模型（Models）

模型就是現實狀況的縮小與簡化版（Small-scale and Simplified），用來描述與展現優化工作流程與任務的情境、策略或方法。

本節介紹的模型，可分成七大類：

1. 情境領導模型（Situational Leadership Models）。

2. 溝通模型（Communication Models）。

3. 激勵模型（Motivation Models）。

4. 變革模型（Change Models）。

5. 複雜模型（Complexity Models）。

6. 專案團隊發展模型（Project Team Development Models）。

7. 其他模型（Other Models）。

一、情境領導模型（Situational Leadership Models）

1. **情境領導 II**

   強調團隊成員的職能（能力）及允諾（意願），如下圖所示：

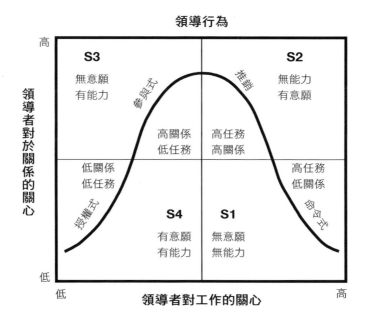

領導行為

2. **OSCAR 模型**

主要用來協助個人發展計畫，包括結果（Outcome）、情境（Situation）、選擇（Choice）、行動（Acton）、及審查（Review）。

二、溝通模型（Communication Models）

在 [2.1.4 專案溝通管理] 中，有介紹過溝通的「傳送 - 接收模型」。此外，溝通模型還可包括以下三種：

1. 跨文化溝通（Cross-Cultural Communication）

傳送者的知識、經驗、語言、想法、溝通形態、與接收者的關係，都會影響溝通的傳遞，當然接收者的知識、經驗等，也會影響他對溝通訊息的了解與解釋。

2. 溝通管道的效果（Effectiveness of Communication Channel）

為了使溝通時的媒介豐富化（Media Richness），要具備下列四項能力：

(1) 同時可處理多個資訊線索（Information Cues）。

(2) 促進快速的回饋（Rapid Feedback）。

(3) 建立個人的焦點（Personal Focus）。

(4) 利用自然的語言（Natural Language）。

3. 執行與評估的差距（裂口）（Gulf of Execution and Evaluation）

就是當你想要做某件事情（如按下按鈕），卻沒有達成預期效果。常運用在使用者介面的開發、資訊軟體或機器，也就是沒有達成使用者執行與評估的要求，造成溝通失敗。

三、激勵模型（Motivation Models）

在 [2.2.4 激勵模型] 已經詳細的介紹過了，現在用「心智圖」的方式，整理如下圖所示：

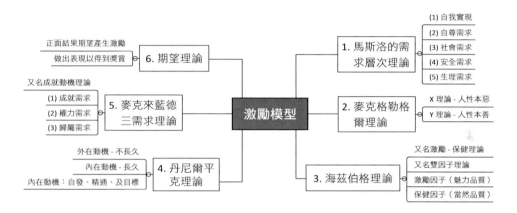

四、變革模型（Change Models）

在最新版的 PMBOK，提供了五種變革模型，而且內容描述的蠻深的，因此用心智圖的方式，整理如下圖。

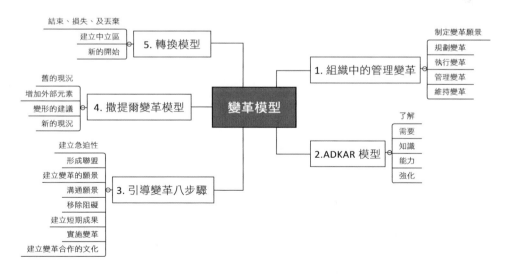

五、複雜模型（Complexity Models）

以下的兩個模型，將會在 [5.2 預測式與敏捷式專案管理的比較] 做更詳細的介紹，在此先用心智圖的方式，整理如下圖。

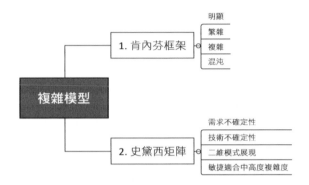

六、專案團隊發展模型（Project Team Development Models）

這三種模型在本書的 [2.2 專案團隊]，都有介紹過了，因此用心智圖的方式，整理如下圖。

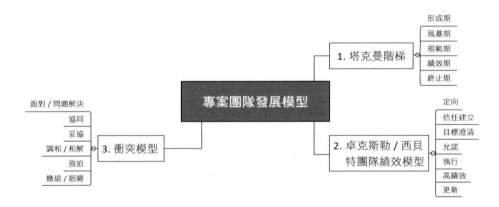

七、其他模型（Other Models）

這邊介紹未納入上述分類的其他的四種模型，除了規劃模型之外，其他三種模型，在本書前面的內容也都有介紹過，因此用心智圖的方式，整理如下圖。

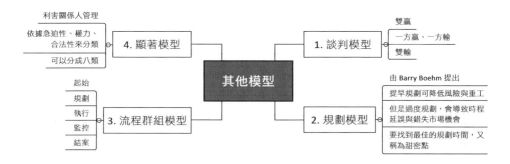

4.3　專案管理常用的方法（Methods）

方法就是為了要達成專案交付物、結果或產出，所運用的方式，也就是專案管理的工具，包括下列四大類：

1. 資料蒐集與分析（Data Gathering and Analysis）。

2. 估計（Estimating）。

3. 會議與事件（Meetings and Events）。

4. 其他方法（Other Methods）。

本書將針對上述這些工具的分類進行整理，並依據在本書出現的章節順序進行排序，且在每個工具的最後面，用中括號標註出現的章節名稱。

一、資料蒐集與分析（Data Gathering and Analysis）

1. 商業立案理由分析法（Business Justification Analysis Methods）[1.7 專案的發起]。

2. 利害關係人分析（Stakeholder Analysis）[2.1 利害關係人]。

3. 生命週期評估（Life Cycle Assessment）[2.3 開發方式與生命週期]。

4. 假設情境分析（What-if Scenario Analysis）[2.4.1 專案時程管理]。

5. 模擬（Simulations）[2.4.1 專案時程管理] 與 [2.8 不確定性]。

6. 風險儲備分析（Reserve Analysis）[2.4.1 專案時程管理] 與 [2.4.2 專案成本管理]。

7. 自製或外購分析（Make-or-buy Analysis）[2.5.6 專案採購管理]。

8. 變異分析（Variance Analysis）[2.5.7 監控新工作與變更]。

9. 趨勢分析（Trend Analysis）[2.5.7 監控新工作與變更]。

10. 標竿法（Benchmarking）[2.6.1 專案範疇管理] 與 [2.6.2 專案品質管理]。

11. 備案分析（Alternatives Analysis）[2.6.1 專案範疇管理]。

12. 假設與限制分析（Assumption and Constraint Analysis）[2.6.1 專案範疇管理]。

13. 品質成本（Cost of Quality）[2.6.2 專案品質管理]。

14. 查檢表（Check Sheet）[2.6.2 專案品質管理]。

15. 流程分析（Process Analysis）[2.6.2 專案品質管理]。

16. 迴歸分析（Regression Analysis）[2.6.2 專案品質管理] 與 [2.7 專案量測]。

17. 根本原因分析（Root Cause Analysis）[2.6.2 專案品質管理]。

18. 實獲值分析（EVA, Earned Value Analysis）[2.7 專案量測]。

19. 預測（Forecast）[2.7 專案量測]。

20. SWOT 分析（SWOT Analysis）[2.8 不確定性]。

21. 機率與衝擊矩陣（Probability and Impact Matrix）[2.8 不確定性]。

22. 敏感度分析（Sensitivity Analysis）[2.8 不確定性]。

23. 影響圖（Influence Diagram）[2.8 不確定性]。

24. 期望值（EMV, Expected Monetary Value）[2.8 不確定性]。

25. 決策樹分析（Decision Tree Analysis）[2.8 不確定性]。

26. 價值流圖（Value Stream Mapping）[5. 敏捷專案管理]。

二、估計（Estimating）

專案管理常用的估計工具，可分為兩大類：

Part I：絕對估計（Absolute Estimating），請參閱 [2.4.1 專案時程管理] 與 [2.4.2 專案成本管理]：

1. 類比估計（**Analogous Estimating**）。

2. 參數估計（**Parametric Estimating**）。

3. 由下而上估計（加總）（**Bottom-up Estimating**）。

4. 單點估計（**Single-point Estimating**）：計算出單一點的估計值，如要徑法（CPM）。

5. 多點估計（**Multipoint Estimating**）：運用多點（最常見的是三點），求平均值，或是加權平均值（如 PERT 法）。

Part II：相對估計（Relative Estimating），請參閱〈第 5 章 敏捷管理〉：

1. 故事點估計（**Story Point Estimating**）：估計使用者故事中，每個任務故事點的「相對」大小。

2. 關係團體法（**Affinity Grouping**）：將項目分類，運用「T- 恤尺碼分類法」或「費波那契數列」來估計。

3. 寬頻德爾菲法（**Wideband Delphi**）：運用德爾菲法估計時，請估計值最高的與最低的人，説明原因後，再進行估計，直到達成收斂共識。

4. 功能點分析（**Function Point Analysis**）：在資訊系統中估計企業功能的大小，可計算軟體系統之功能大小量測（FSM）。

三、會議與事件（Meetings and Events）

Part I：常用於預測式（瀑布式）專案：

1. 指導委員會（Steering Committee）[2.1 利害關係人]。

2. 啟動會議（Kickoff）[2.2 專案團隊]。

3. 投標人會議（Bidder Conference）[2.5.6 專案採購管理]。

4. 變更控制委員會（Change Control Board）[2.5.7 監控新工作與變更]。

5. 經驗學習會議（Lessons Learned Meeting）[2.5.8 專案的經驗學習]。

6. 風險審查（Risk Review）[2.8 不確定性]。

7. 規劃會議（Planning Meeting）：建立、完成、及審查專案管理計畫。

8. 現況會議（Status Meeting）：定期審查專案範疇、時程、成本等的現況。

9. 專案審查（Project Review）：在專案階段或整個專案結束時，進行現況與價值交付的審查，來決定是否要進入下一階段，或專案結案。

10. 專案結案（Project Closeout）：由贊助人或顧客進行交付範疇的最後驗收。

Part II：常用於適應式（敏捷式）專案：

1. 發布規劃（Release Planning）。

2. 迭代規劃（Iteration Planning）。

3. 待辦清單精煉（Backlog Refinement）。

4. 每日立會（Daily Standup or Daily Scrum）。

5. 迭代審查（Iteration Review）。

6. 回顧會議（Retrospective）。

四、其他方法（Other Methods）

1. 排序架構（Prioritization Schema）[1.7.2 商業方案] 及 [5.5 敏捷專案管理的運作架構 -MoSCoW 莫斯科排序法]。

2. 建模（Modeling）[2.4.1 專案時程管理] 及 [2.8 不確定性]。

3. 淨推廣分數（NPS, Net Promoter Score）[2.7 專案量測]。

4. 影響地圖（Impact Mapping）[5. 敏捷專案管理]。

5. 時間盒（Timebox）[5. 敏捷專案管理]。

4.4 專案要產出的工件（Artifacts）

工件就是專案進行中所有人為的成果，如專案的各式範本、文件、產出或交付物。可分為以下九大類：

1. 策略工件（Strategy Artifacts）。

2. 記錄單與登錄表（Logs and Registers）。

3. 計畫（Plans）。

4. 階層圖（Hierarchy Charts）。

5. 基準（Baselines）。

6. 視覺化資料與資訊（Visual Data and Information）（各式圖表）。

7. 報告（Reports）。

8. 協議與合約（Agreements and Contracts）。

9. 其他工件（Other Artifacts）。

一、策略工件（Strategy Artifacts）

以下是在 [1.7 專案的發起] 常見的工件：

1. 商業方案（Business Case）。

2. 商業模型畫布（商業畫布）（Business Model Canvas）。

3. 專案章程（Project Charter）。

以下三項，也可當成專案章程的附件：

1. **專案願景說明書（Project Vision Statement）**：描述專案的目的、價值交付及未來成果，激勵團隊成員完成專案。

2. **策略地圖（路線圖）（發展圖）（Roadmap）**：描述專案的時間軸、里程碑、重要事件、審查及決策點，本項也常用在敏捷專案管理（產品路線圖）。

3. **專案簡介（Project Brief）**：描述高階目標、交付物及專案的流程。

二、記錄單與登錄表（**Logs and Registers**）

1. 利害關係人登錄表（Stakeholder Register）[2.1 利害關係人]。

2. 議題記錄單（Issue Log）[2.2 專案團隊]。

3. 變更記錄單（Change Log）[2.5.7 監控新工作與變更]。

4. 經驗學習登錄表（Lessons Learned Register）[2.5.8 專案的經驗學習]。

5. 假設記錄單（Assumption Log）[2.6.1 專案範疇管理]。

6. 風險登錄表（Risk Register）[2.8 不確定性]。

7. 風險調整待辦清單（Risk-adjusted Backlog）[2.8 不確定性] 及 [5. 敏捷專案管理]。

8. 待辦清單（Backlog）：產品待辦清單 [5. 敏捷專案管理]。

三、計畫（**Plans**）

下列就是專案管理的各項「子計畫」：

1. 利害關係人參與計畫 [2.1 利害關係人]。

2. 溝通管理計畫 [2.1.4 專案溝通管理]。

3. 時程管理計畫 [2.4.1 專案時程管理]。

4. 成本管理計畫 [2.4.2 專案成本管理]。

5. 採購管理計畫 [2.4.3 其他規劃]。

6. 資源管理計畫 [2.4.3 其他規劃]。

7. 變更控制計畫 [2.4.3 其他規劃]。

8. 需求管理計畫 [2.6.1 專案範疇管理]。

9. 範疇管理計畫 [2.6.1 專案範疇管理]。

10. 品質管理計畫 [2.6.2 專案品質管理]。

11. 測試計畫 [2.6.2 專案品質管理]。

12. 風險管理計畫 [2.8 不確定性]。

13. 發布計畫 [5. 敏捷專案管理]。

14. 迭代計畫 [5. 敏捷專案管理]。

深度解析

專案經理要將上述各項子計畫,「整合」成一份完整的「專案管理計畫」,又稱為「母計畫」。

四、階層圖(Hierarchy Charts)

1. 工作分解結構(Work Breakdown Structure)[1.8 專案規劃的準備] 及 [2.6.1 專案範疇管理]。

2. 產品分解結構(Product Breakdown Structure)[1.8 專案規劃的準備] 及 [2.6.1 專案範疇管理]。

3. 組織分解結構(Organizational Breakdown Structure)[2.2 專案團隊]。

4. 資源分解結構(Resource Breakdown Structure)[2.2 專案團隊]。

5. 風險分解結構(Risk Breakdown Structure)[2.8 不確定性]。

五、基準(Baselines)

1. 專案時程(Project Schedule)[2.4.1 專案時程管理]。

2. 里程碑時程(Milestone Schedule)[2.4.1 專案時程管理]。

3. 成本基準(Cost Baseline)[2.4.2 專案成本管理]。

4. 預算(Budget)[2.4.2 專案成本管理]。

5. 範疇基準(Scope Baseline)[2.6.1 專案範疇管理]。

6. 績效量測基準(Performance Measurement Baseline):是整合的專案範疇、時程、成本的基準,並與管理、量測、控制專案執行的成果作比較。

深度解析

基準是事先建立,用來被比較的對象。專案執行中,要將實際的成果(績效),與計畫的基準作比較。此外,還有一個非常重要的觀念是:
專案管理計畫 = 子計畫 + 基準

六、視覺化資料與資訊（Visual Data and Information）

本項就是專案管理進行中，所產生的各式圖表：

1. 利害關係人參與評估矩陣（Stakeholder Engagement Assessment Matrix）[2.1 利害關係人]。

2. 責任分派矩陣（RAM, Responsibility Assignment Matrix）[2.2 專案團隊]。

3. 甘特圖（Gantt Chart）[2.4.1 專案時程管理]。

4. 專案時程網路圖（Project Schedule Network Diagram）[2.4.1 專案時程管理]。

5. S 型曲線（S-curve）[2.4.2 專案成本管理]。

6. 關係圖（親和圖）（Affinity Diagram）[2.6.1 專案範疇管理]。

7. 需求追蹤矩陣（Requirements Traceability Matrix）[2.6.1 專案範疇管理]。

8. 因果關係圖（魚骨圖）（Cause-and-effect Diagram）[2.6.2 專案品質管理]。

9. 流程圖（Flowchart）[2.6.2 專案品質管理]。

10. 直方圖（Histogram）[2.6.2 專案品質管理]。

11. 散佈圖（Scatter Diagram）[2.6.2 專案品質管理]。

12. 儀表板（Dashboards）[2.7 專案量測]。

13. 資訊散熱器（Information Radiator）[2.7 專案量測]。

14. 燃盡圖 / 燃燒圖（Burndown/Burnup Chart）[2.7 專案量測] 與 [5. 敏捷專案管理]。

15. 累積流動圖（CFD, Cumulative Flow Diagram）[2.8 不確定性]。

16. 排序矩陣（Prioritization Matrix）：就是二維分析（也稱為麥肯錫決策矩陣），分成四大類後，產生不同的策略。如利害關係人應對 / 展現、情緒智商矩陣、機率與衝擊矩陣、SWOT 分析。

17. 前置時間圖（Lead Time Chart）：如交貨訂購、準備、到交貨的時間，也可用長條圖、直方圖或散佈圖來表示。

18. 循環時間圖（Cycle Time Chart）：如製作一件產品的時間，這樣就可以計算時產量與日產量，也可用長條圖、直方圖或散佈圖來表示。

19. **吞吐量圖（Throughput Chart）**：展現已完成的交付物與時間的圖，也就是展現工作的速度，也可用直方圖或散佈圖來表示。

    註：吞吐量圖與循環時間圖是運用流程基礎估計法（Flow-based Estimating）。

20. **價值流圖（Value Stream Map）** [5. 敏捷專案管理]。

21. **故事地圖（Story Map）** [5. 敏捷專案管理]。

22. **使用案例（Use Case）**：描述使用者與系統的互動及介面，通過使用者的使用場景來獲取需求的技術 [5. 敏捷專案管理]。

23. **速度圖（Velocity Chart）**：追蹤交付物製作、驗證及驗收與時間的關係圖。也可運用在敏捷管理，展現每個時間盒，可完成多少個故事點 [5. 敏捷專案管理]。

七、報告（**Reports**）

1. 品質報告（Quality Report）[2.6.2 專案品質管理]。

2. 風險報告（Risk Report）[2.8 不確定性]。

3. 現況報告（Status Report）：於現況會議（Status Meeting）中，定期審查專案範疇、時程、成本等現況，所完成的專案現況報告。

八、協議與合約（**Agreements and Contracts**）

以下是在 [2.5.6 專案採購管理] 常常產生的工件（成果）：

1. 固定價格合約（Fixed-price Contracts）。

2. 成本可償還合約（Cost-reimbursable Contracts）。

3. 時間與材料合約（Time and Materials）（T&M）。

4. 無限量達交 / 不明確數量（IDIQ, Indefinite Delivery Indefinite Quantity）：在一定期限內，不指定交貨數量（但有訂定交貨的最低與最高數量），常用在建築、工程、及資訊等產業，類似「開口式合約」。

5. 其他協議（Other Agreements），如：

   (1) 了解備忘錄（MOU, Memorandum of Understanding）。

   (2) 協議備忘錄（MOA, Memorandum of Agreement）。

   (3) 服務級別協議（SLA, Service Level Agreement）。

   (4) 基礎訂購協議（Basic Ordering Agreement）。

九、其他工件（**Other Artifacts**）

1. 專案團隊章程（Project Team Charter）[2.2 專案團隊]。

2. 活動清單（Activity List）[2.4.1 專案時程管理]。

3. 專案行事曆（Project Calendar）[2.4.1 專案時程管理]。

4. 度量（Metrics）[2.4.3 其他規劃] 及 [2.7 專案量測]。

5. 投標文件（Bid Documents）[2.5.6 專案採購管理]，包括下列四項：

   (1) 投標邀請書（IFB, Invitation For Bid）。

   (2) 資訊需求書（RFI, Request For Information）。

   (3) 提案邀請書（RFP, Request For Proposal）。

   (4) 報價邀請書（RFQ, Request For Quotation）。

6. 需求文件（Requirements Documentation）[2.6.1 專案範疇管理]。

7. 使用者故事（User Story）[5. 敏捷專案管理]。

精華考題輕鬆掌握

1. 達成專案交付物、結果、或產出的方式，稱為什麼？
   (A) 模型　　　　　　(B) 流程　　　　　　(C) 方法　　　　　　(D) 工件

2. 模型、方法、及工件之選擇，與許多因素有關，以下何者為考量的因素？
   a. 成本　b. 迎合個人需求　c. 時程　d. 團隊成員薪資　e. 專業程度　f. 生產力
   (A) bcdf　　　　　　(B) abd　　　　　　(C) acef　　　　　　(D) ace

3. 請問 OSCAR 模型是屬於什麼模型？
   (A) 溝通模型　　　　(B) 激勵模型　　　　(C) 變革模型　　　　(D) 情境領導模型

4. 請問丹尼爾平克理論，是屬於什麼模型？
   (A) 溝通模型　　　　　　　　　　　(B) 激勵模型
   (C) 專案團隊發展模型　　　　　　　(D) 談判模型

5. 請問下列哪一個模型，是強調團隊成員的職能（能力）及允諾（意願）？
   (A) 傳送 - 接收模型　　　　　　　　(B) ADKAR 模型
   (C) 情境領導 II 模型　　　　　　　　(D) 顯著模型

6. 下列何者是屬於多點估計法（Multipoint Estimating）？
   (A) PERT　　　　　　(B) 類比估計　　　(C) 參數估計　　　(D) 由下而上之估計

7. 以下估計的方法中，何者屬於絕對估計？
   (A) 功能點分析　　　(B) 寬頻德爾菲法　(C) 由下而上估計　(D) 故事點估計

8. 在專案發起（起始）階段之商業方案評選，是屬於哪一種方法（工具）？
   (A) 標竿法（Benchmarking）　　　　(B) 建模（Modeling）
   (C) 迴歸分析（Regression Analysis）　(D) 排序架構（Prioritization Schema）

9. 以下何者不屬於「專案發起」的工件（產出）？
   (A) 商業方案　　　　　　　　　　　(B) 經驗學習登錄表
   (C) 商業模型畫布　　　　　　　　　(D) 專案章程

10. 以下何者不屬於專案章程的附件？
    (A) 專案願景說明書　　　　　　　　(B) 時間盒
    (C) 專案簡介　　　　　　　　　　　(D) 策略地圖

11. 下列何者不為專案管理計畫的子計畫？

(A) 風險管理計畫　　(B) 物流管理計畫　　(C) 成本管理計畫　　(D) 品質管理計畫

12. 請問下列何者不屬於專案的基準（Baseline）之一？

(A) 專案時程　　　　(B) 成本　　　　　(C) 風險　　　　　(D) 範疇

13. 在專案階段或整個專案結束時，進行現況與價值交付的查核，來決定是否要進入下一階段，或專案結案。

(A) 規劃會議（Planning Meeting）　　　(B) 現況會議（Status Meeting）

(C) 專案審查（Project Review）　　　　(D) 專案結案（Project Closeout）

14. 請問下列何者是運用流程基礎估計法（Flow-based Estimating）？（複選 2 項）

(A) 循環時間圖（Cycle Time Chart）

(B) 累積流動圖（CFD, Cumulative Flow Diagram）

(C) 吞吐量圖（Throughput Chart）

(D) 資訊散熱器（Information Radiator）

15. 請問「無限量達交 / 不明確數量」（IDIQ, Indefinite Delivery Indefinite Quantity），比較接近哪一種合約形式？

(A) 了解備忘錄　　　　　　　　　　(B) 固定價格合約

(C) 成本可償還合約　　　　　　　　(D) 開口式合約

16. 以下關於工件的定義，何者描述正確？

(A) 人為的成果，如範本、文件、產出或交付物

(B) 一種思考的策略，來解釋一個流程、框架、或現象

(C) 達成專案交付物、結果、或產出的方式

(D) 暫時的努力，以創造出獨特的產品、服務或結果

17. 以下關於專案工件的視覺化資料與資訊，何者錯誤？

(A) 循環時間圖用以計算時產量與日產量

(B) 使用案例是一種描述使用者與系統的互動及介面，通過使用者的使用場景來獲取需求的技術

(C) 排序矩陣就是二維分析，常見的方式是分成四大類後，產生不同的策略

(D) 速度圖用來展現已完成的交付物與時間的圖，也就是展現工作的速度

18. 以下關於會議與事件的描述，何者錯誤？

(A) 專案結案由贊助人或顧客進行交付範疇的最後驗收

(B) 規劃會議是開發團隊面向開發團隊發言

(C) 現況會議用來定期審查專案範疇、時程、成本等的現況

(D) 專案審查是在專案階段或整個專案結束時，進行現況與價值交付的審查，來決定是否要進入下一階段，或專案結案。

19. 下列針對專案管理特性之敘述，何者有誤？

(A) 專案不確定性（Uncertainty）及風險（Risk）在專案初期最高。

(B) 專案之變更成本，會隨專案時程發展而增高。

(C) 專案生命週期的階段與階段關係，會有重疊而同時進行的情形。

(D) 專案利害關係人（Stakeholders）的影響，會隨專案時程發展而增高。

20. 公司非常重視專案，公司百分之九十的盈利都是來自外部專案的收入，妳身為公司專案的最高主管，請問下列何者是最重要的？

(A) 適當的專案組織　　　　　　　　(B) 成立專案管理辦公室（PMO）

(C) 完成專案章程　　　　　　　　　(D) 進行專案的工作分解結構

21. 公司的品質改善專案計畫已執行一半，因績效未達公司標準，原任專案經理遭到撤換，而公司總經理因肯定你的表現，任命你為新的專案經理，在你上任時首先要做什麼？

(A) 集合所有專案團員討論未來工作重點

(B) 向最高管理階層表達專案具體做法

(C) 仔細審閱工作分解結構（WBS）有無任何錯誤

(D) 檢視專案之時程績效指標（SPI）與成本績效指標（CPI）

22. 專案利害關係人的意見是專案執行的重要參考依據，因此與其建立有效的溝通管道是很重要的，如果專案利害關係人抱怨沒有收到應有的重要資訊，身為專案經理的你會怎麼處理？

(A) 檢視專案溝通績效報告　　　　　(B) 檢視利害關係人登錄表

(C) 重新審視溝通管理計畫　　　　　(D) 向利害關係人提出變更申請

23. 專案管理主要針對時程、成本和品質三者進行管理，關於上述三者的描述以下何者
錯誤？

(A) 時程管理的重點在於找出要徑（Critical Path），因為其為執行時間最長的路徑

(B) 成本管理上，可以用魚骨圖計算出各活動已花費的成本

(C) 成本管理的重點在於使得實際花費的成本不會超過預算

(D) 品質管理可以用柏拉圖來鑑別出應該優先改善的缺點

 答案

題號	1	2	3	4	5	6	7	8	9	10
答案	C	C	D	B	C	A	C	D	B	B

題號	11	12	13	14	15	16	17	18	19	20
答案	B	C	C	AC	D	A	D	B	D	B

題號	21	22	23
答案	D	C	B

敏捷專案管理

5

Chapter

　　傳統 PMP 架構採用的「**瀑布式（Waterfall）**」或稱為「**預測式（Predictive）**」的專案管理方法，遭遇到許多缺點：例如需求常常不確定，或是難以描述明確的專案目標、亟需研發創新，卻有著高度的技術複雜度，不知是否能夠克服、公司的專案管理採用標準且完整複雜的大架構，導致進度緩慢、使得顧客的回饋，無法即時納入考量，且變更不易，或是花了很長的開發時間，到最後完成了，才發現不是顧客要的，白走了冤枉路。因此，「敏捷式專案管理」，就開始蓬勃的發展起來。

 ## 5.1　敏捷式管理的精神及價值

　　在 2001 年於美國猶他州的雪鳥滑雪勝地，由 17 位大師級的資訊軟體專案的學者專家所舉行的會議上，他們針對傳統專案「**既大又笨重**」的缺點，希望提出一個「**輕量化**」的專案管理框架，於是「**敏捷（Agile）**」這個詞就應運而生，並且由這 17 位學者專家，共同發布「**敏捷宣言（Agile Mindset）**」的「**4 大價值**」：

回應變更 （Responding to Change）		遵循計畫 （Following a Plan）
顧客協作 （Customer Collaboration）	>	合約談判 （Contract Negotiation）
可用的軟體 （Working Software）	（代表左邊比 右邊重要）	完整的文件 （Comprehensive Documentation）
個人與互動 （Individuals & Interactions）		流程與工具 （Process & Tools）

國際專案管理學會（PMI）出版的《敏捷實務指南（Agile Practice Guide）》，及施瓦柏與薩瑟蘭（Schwaber & Sutherland）所出版的《敏捷指南（Scrum Guide）》，描述了敏捷的 4 大價值、12 項原則、及實務應用的重點與精神，如下圖所示，且說明如下：

一、敏捷之「3 大重點」

透明性（Transparency）、檢視性（Inspection）、調適性（Adaptation）。

二、敏捷之「5 大精神」

承諾（Commitment）、專注（Focus）、開放（Openness）、尊重（Respect）、勇氣（Courage）。

三、敏捷之「12 項原則」，包括：

1. 我們的首要任務是，通過儘早與持續交付有價值的軟體（成果）來滿足客戶。

2. 竭誠歡迎變更的需求，即使是最後開發階段。敏捷流程掌控變更，來實現客戶的競爭優勢。

3. 經常交付可用的軟體，可以從幾週到幾個月，以較短的時間間隔為佳。

4. 業務人員與開發者，必須在整個專案中，每天一起工作。

5. 專案要靠積極的個人來完成，給他們所需的環境與支持，並相信他們能夠完成工作。

6. 在開發團隊內部與團隊成員之間，針對傳遞資訊，最有效率與最有效果的方式是面對面交談。

7. 可用的軟體（成果）是專案進度主要的衡量標準。

8. 敏捷流程倡導穩定持續的開發。贊助人、開發者及使用者，都應該要能不斷地保持穩定的步伐。

9. 持續關注追求卓越的技術與優良的設計，可以提高敏捷力。

10. 強化精簡性，盡可能排除不需要做的工作，這樣的藝術精髓，至關重要。

11. 最佳的架構、需求及設計，皆能來自於自我組織的團隊。

12. 團隊定期反思如何變得更有效果，然後相對應地調整與修正其行為。

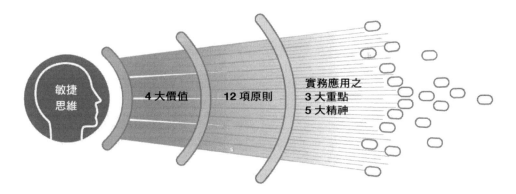

5.2 預測式與敏捷式專案管理的比較

接著我們比較傳統式的開發模型，也就是「**預測式（Predictive）**」，或俗稱的「**瀑布式（Waterfall）**」的開發模型，如下圖所示。可以看出基本上是在專案的最後階段才交付成果。預測式的專案進行大多是按照「需求、設計、執行、驗

證、維護」等階段，按部就班的一個階段接著一個的來完成專案，也就像是專案生命週期內，階段間關係中的「**順序（Sequential）型**」關係。不過，在專案執行的過程中，如果其中哪個環節發生問題，就必須回到上一個階段進行修改，所以彈性與效率較差。

傳統預測式（瀑布式）模型

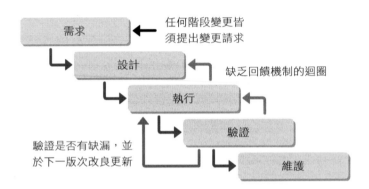

「**敏捷式（Agile）**」開發模型則相當不同，敏捷開發適用於需求不確定時，也就是：「**摸著石頭向前走**」，在每一個階段（衝刺）中包含了「規劃、設計、建置、測試、審查」，且也包括「發布成果、顧客回饋及檢討修正」，成為一個又一個的衝刺循環，請參閱下圖。

接下來，我們要研究什麼樣的專案適合導入敏捷專案管理呢？首先要介紹敏捷管理的「複雜模型（Complexity Models）」。首先由大衛斯諾頓（Dave Snowden）提出了「肯內芬框架（Cynefin Framework）」（註：發音為：Ke-'nev-in），將決策制定的因果關係，分成四種情況，針對這四種情況的由來歸屬與行動方式，提出了解析。如下圖所示：

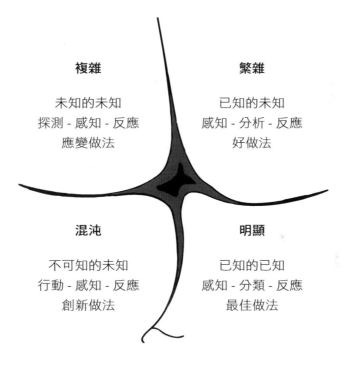

複雜

未知的未知
探測 - 感知 - 反應
應變做法

繁雜

已知的未知
感知 - 分析 - 反應
好做法

混沌

不可知的未知
行動 - 感知 - 反應
創新做法

明顯

已知的已知
感知 - 分類 - 反應
最佳做法

隨後，勞夫史黛西（Ralph Stacey）將肯內芬框架，以「**二維**」的方式來展現，稱為「**史黛西矩陣（Stacey Matrix）**」，如下圖所示。敏捷專案管理特別適用於史黛西矩陣所列出之「**中高等級**」的專案複雜度與不確定性的專案環境，因為專案的不確定性甚高，按照傳統的方式容易造成延宕，導入敏捷式管理即是改變態度，接受限制並處理現況中最重要的工作。因為唯一不變的事情就是「**變化**」，這時可以試著採用敏捷式專案管理之方法來進行計畫與專案之執行。

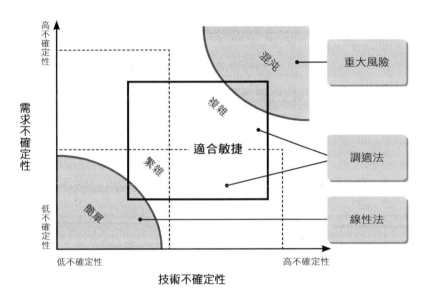

針對「**敏捷式**」與「**傳統預測式**」專案開發法的比較，如下圖所示。在企業價值（Business Value）、風險（Risk）、進展可見性（Visibility）、及調適性（Adaptability）的比較，可看出敏捷專案的開發方法，可降低專案的風險，並大幅提高專案的效益與效率，故非常值得導入企業中進行實務應用。

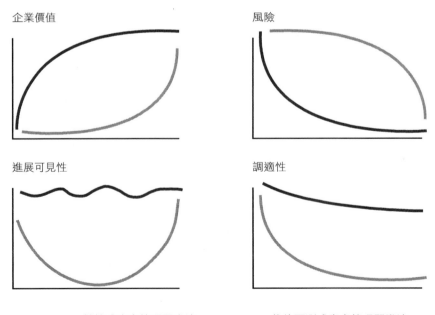

5.3　敏捷管理包括的方法論

　　敏捷（Agile）管理的意涵，代表一種靈活的「**框架（Framework）**」，像「**張開的雨傘一樣**」，傘下包括了許多的方法論，也就是可運用的開發工具，如下圖所示。其中，Scrum 是敏捷中最常見的一個名詞，其實它的原意來自運動的術語，是英式橄欖球運動中雙方隊員「**列陣爭球**」的意思，需要大家通力合作，把球往後傳，然後快步向前達陣得分。Scrum 用在管理開發中，就是一種在期間內大家協調整合，逐步產生成果的方法。除此之外敏捷還包含切割許多小階段（衝刺）（Sprint）進行，類似短跑的概念、以及精實管理（Lean），也就是運用豐田生產系統（TPS）的精神、導入看板（Kanban）系統與拉式生產，能有效降低庫存浪費。此外，還有 XP（Extreme Programming）（極限編程）、Crystal（水晶方法論）、DSDM（動態系統開發法）、AUP（敏捷統一流程）、及 FDD（功能驅動開發）等，這些都是敏捷式管理中常見的方法論。這些方法論依序說明如下：

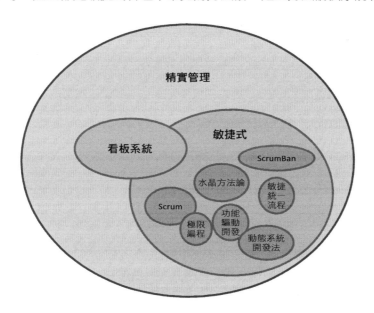

一、看板（Kanban）系統

是一種控制和管理流程的視覺化開發法。它採用明顯可見的任務狀態看板，有效幫助團隊快速查看所有重要的工作，包括待執行、進行中及已完成的工作。工作完成後，團隊成員可以通過將任務提示到相應的狀態列來更新任務的狀態。

二、XP（Extreme Programming）（極限編程）

是為了達成「直接溝通、快速回饋」，將原本放在最後進行的測試工作，加入前段任務流程中，提高檢驗密度，達到快速調整的目的。

三、Crystal（水晶方法論）

是一種敏捷的軟體開發方法，主要關注在專案工作中人員間的互動溝通，而不是流程和工具。水晶方法論基於兩個基本假設：第一是團隊可以簡化工作流程，成為一個更優化的團隊、另一個假設是專案因為其獨特與變動的特性，需要用特定的方法來進行。

四、DSDM（動態系統開發法）

是一種敏捷專案的交付框架，主要用作軟體開發方法，運用專案管理所具備的知識框架，強調限制因素驅動交付的影響，本框架從一開始便可設置成本、品質及時程的限制因素，然後利用正式的範疇優先順序來滿足這些限制因素的要求。

五、AUP（敏捷統一流程）

採用了一個「全局串接」以及「局部迭代」的原理來構建。具有加速週期與輕量級的流程特性，其目的在於建模、實施、測試、佈署等主要因素之間執行更多且反覆運算的週期，並在正式交付前納入相關的回饋。

六、FDD（功能驅動開發）

強調特性驅動，快速迭代，即能保證快速開發，又能保證適當文件與品質，其功能開發時間不超過兩週，非常適合中小型團隊開發管理。

七、Scrumban

這個架構結合了 Scrum 與看板，可以幫助團隊改進運作方式。它結合了 Scrum 結構與混合呈現，創造了一個團隊可以在專案流程運作時，提高工作效率及工作敏捷性的方法。

 # 5.4 敏捷團隊的三大角色

Scrum 團隊中包括三種角色，分別是「**產品負責人（Product Owner）**」、「**敏捷教練（Scrum Master）**」、及「**開發團隊（Development Team）**」。其中產品負責人，主要負責構建正確且顧客需要的產品；敏捷教練則負責幫助產品負責人與開發團隊中的每個人理解及具備敏捷的價值觀、原則和實踐應用；而開發團隊負責以正確有效率的方式來構建產品或撰寫資訊軟體。另外所謂敏捷團隊的「自我組織（Self-organizing）」，就是他們會在內部決定如何用最好的方式完成他們的工作，而不是由團隊外的其他人來指揮他們。以下我們會更詳細地分別說明以上三大角色的功能：

一、產品負責人（P.O., Product Owner）

就是「**產品擁有人**」、或稱為「**產品經理**」，其實就是「**顧客的代言人**」，或稱為「**客戶的代表**」，要掌握顧客對於產品的需求，其主要的工作包括：

1. 建立產品待辦清單（Product Backlog）（尤其是顧客的需求不明確時）。

2. 當專案在敏捷迭代的（Iterative）環境下，於衝刺審查（Sprint Review）時，將工作成果展示給相關利害關係人。

3. 在迭代發布（Iteration Release）審查時，除了將專案成果展示給顧客外，也要負責與顧客及利害關係人溝通，所以產品負責人要對專案（產品或軟體開發）負成敗之責。

二、敏捷教練（Scrum Master）

直接稱呼英文即可，若要翻譯，也可翻譯成「**敏捷大師**」或「**敏捷導師**」。在國際專案管理學會（PMI）所出版的《敏捷實務指南（Agile Practice Guide）》中，稱為「**Team Facilitator（團隊促進者，或稱為團隊引導師）**」，主要的職責包括：

1. 敏捷教練要採用「**僕人式領導**」（或稱為服務型領導）（Servant Leadership），來協助開發團隊。

2. 要能提供資源（支援），消除障礙，並且擔任產品負責人與開發團隊間的溝通橋梁。

3. 要使團隊遵守敏捷的價值觀、原則及流程。

實務上，敏捷教練通常一開始可由經驗豐富的外部顧問擔任，而當組織的敏捷成熟度提高後，可由公司的主管來擔任。

三、開發團隊（Development Team）

在《敏捷實務指南（Agile Practice Guide）》中，稱為「**Cross-functional Team Members（跨部門團隊成員）**」，其實就是專案（產品或軟體開發）實際的執行者，成員大約「5-9 人」為最佳，屬於「**自我組織的（Self-organizing）**」團隊，這些團隊成員的專業技能要全面與互補，如打籃球的 5 名球員有著不同的功能與角色，才能發揮出最佳效益。其主要負責的任務包含：

1. 規劃工作事項，如「**衝刺規劃（Sprint Planning）**」與擬定「**衝刺待辦清單（Sprint Backlog）**」。

2. 運用「**故事點（Story Points）**」，來估計工作量。

3. 實際執行產品研發或程式設計。

4. 進行產品或軟體測試。

以上敏捷團隊的三大角色，與敏捷管理架構的運作關係，可運用下圖來示意說明：

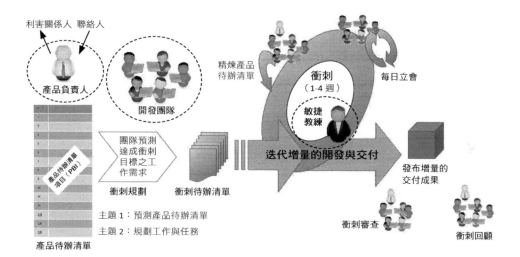

 深度解析

為了讓讀者可以更快速與生動的了解敏捷管理的三大角色，既然「Scrum」是來自運動用語，所以，我們就以「划龍舟」來舉例說明：

1. 敏捷教練：鼓手，帶領與激勵團隊，用相同的節奏往前划。

2. 開發團隊：划槳手，聽從鼓手指揮，大家一起努力往前划。

3. 產品負責人：舵手，掌握划行的正確方向，不要偏離目標。

小試身手 1

❶ 請選出下列各項何者比較重要（左邊還是右邊）？

(A) 可用的軟體　vs. 詳細的文件

(B) 合約談判　　vs. 顧客協作

(C) 回應變更　　vs. 遵循計畫

(D) 流程與工具　vs. 個人與互動

❷ 配合題（連連看）

將成果展示給利害關係人或顧客	（　）	(A) Product Owner（產品負責人）
是產品研發與程式撰寫的執行者	（　）	(B) Scrum Master（敏捷教練）
提供資源（支援），消除障礙	（　）	(C) Development Team（開發團隊）

❸ 配合題（連連看）

採用僕人式領導（Servant Leadership）	（　）	(A) Product Owner（產品負責人）
負責專案（產品或軟體開發）成敗之責	（　）	(B) Scrum Master（敏捷教練）
擬定衝刺待辦清單與估計故事點	（　）	(C) Development Team（開發團隊）

5.5 敏捷專案管理的運作架構

　　敏捷專案管理的運作架構，最常見的是「三個層級」的架構，最上層的是「發布（Release）」，中間層級是「迭代（Iteration）」，最下層的則稱為「衝刺（短衝）（Sprint）」，如下圖所示。圖中顯示每個「發布規劃（Release Planning）」內含 2 個迭代，而每個迭代內含 3 個衝刺。這樣的「發布循環（Release Cycle）」在軟體開發的領域特別常見，如：選擇使用者情境→將情境分解為任務→規劃發布→開發集成測試→發布軟體→評估系統→（再回到）選擇使用者情境，這樣的循環中。

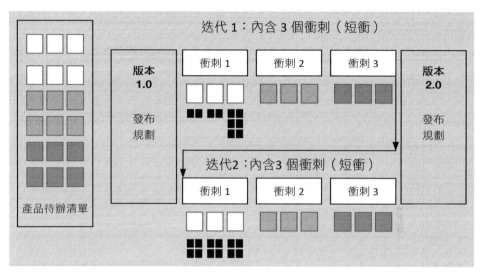

迭代 1：內含 3 個衝刺（短衝）

| 版本 1.0 發布規劃 | 衝刺 1 | 衝刺 2 | 衝刺 3 | 版本 2.0 發布規劃 |

產品待辦清單

迭代2：內含3個衝刺（短衝）

衝刺 1　衝刺 2　衝刺 3

深度解析

敏捷專案管理的架構，除了上面最常運用的「三層式架構」外，若專案新創之產品或軟體的結構比較複雜與嚴謹時，可運用「五層式架構」：主題、史詩、功能、故事、及任務，如右圖所示。這樣五層式架構，也會出現在 PMP 的考題中，故請考生要熟悉理解。

主題（Theme）或發布（Release）	年
史詩（Epic）或發起（Initiative）或迭代（Iteration）	季或月
功能（Feature）	週
故事（Story）	日
任務（Task）	小時

　　敏捷專案管理的運作架構，需要逐步的完成以下的工作：

一、正式發起敏捷專案

　　如同預測式專案一樣，要正式發布專案章程（Project Charter），組織敏捷團隊，正式任命敏捷團隊的三大角色：產品負責人、敏捷教練及開發團隊。

二、建立產品願景盒（Product Vision Box）

建立一個圖示的盒子來代表產品，有點像是產品的包裝盒，如右圖所示。盒子的正面包含產品名稱、圖形、3-5 個賣點或口號（Slogan），盒子的背後則包含產品描述、功能清單、及操作需求。在產品需求與功能尚不確定時，這樣的產品願景盒，可以初步擬定產品的目標與特色，然後逐步「滾動式檢討」，持續精進，就能更明確地描述產品需求。

產品願景盒

 深度解析

產品願景盒完成後，可運用「麥肯錫 30 秒電梯簡報」的技巧，向老闆或客戶進行產品提案的簡報。30 秒電梯簡報，是指在搭乘電梯的 30 秒內，能清晰準確的向對方講明白自己的觀點或能推銷提案或產品銷售。這是一種有價值的溝通訓練，因為對方的時間有限，而且也在測試：你是否真的理解自己做的事情，想得明白，講得清楚。重點在於 Why（原因），而不是 How（方法），可以運用下列的簡報技巧：

1. 引人入勝（有爆點）。
2. 結構清晰（有條理）。
3. 提煉要點（關鍵字）。

三、識別重要的利害關係人

可建立「人物誌（Personas）」來輔助說明利害關係人的需求，這是從「虛擬」的角度，探討「這一群代表性人物」的基本描述、帶來的價值、及對於產品功能的渴望，以下用一個範例來說明人物誌所包括的內容：

類別：辛勤工作的漁民 名字：阿海伯（聽名字就很有代表性，俗擱有力）	照片： （通常用畫的，也可以 Kuso 活潑些）	
基本資料描述： 從事養魚有 30 年的經驗	人物的價值： 這個人物可以從系統中獲得什麼價值？或這個人物可以給系統什麼價值？ 這個人物為什麼需要這個系統？	
代表性的一句話：我希望用更安全、無毒的方式養魚，且要提高產量。		

四、建立使用者故事（User Story）

「**使用者故事**」，也稱為「**用戶故事**」。建立「**使用者故事**」的方式，可運用前述「**人物誌**」中的代表人物，「**設身處地**」的想像自己是使用者，並思考對產品功能的需求，填寫下列空格即可：

As a (role of user) , I want to (have some features), so that (I can achieve some business value).

我身為 ＿＿＿＿＿＿＿＿ ，我希望有什麼功能 ＿＿＿＿＿＿＿＿ ，因此能達到什麼目的 ＿＿＿＿＿＿＿＿（商業價值），或是需要的理由為何？

有關使用者故事，請參見下面範例的說明：

As a **recurring customer, I** want to **re-order items** from my previous orders, so that **I don't have to search for them each time.**

身為常客，我想要用以前的訂單，來改這次的訂單，所以我不需要每次都要重新搜索

五、運用影響地圖（Impact Mapping）

專案大部分的時間，都是花在溝通上，尤其是跨部門的專案時，需要把不同部門的人，一起納入參與構思影響地圖的會議中，影響地圖是一套可用於協助專

案成功的工具，也可以說是一套邏輯思考的工具，這個工具由四個構面組成，分別為：Why（目的：專案為何而戰？）、Who（對象：有哪些利害關係人會影響專案？）、How（方式：這些人如何影響專案？）、及 What（內涵：可以做哪些事情，讓利害關係人協助我們成功或避免失敗），如下圖所示：

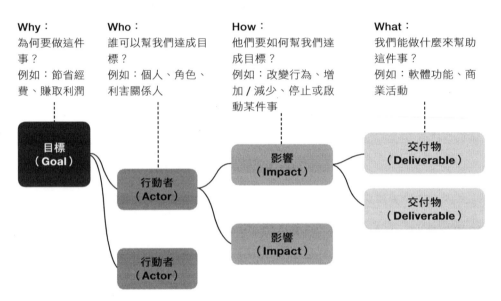

Why：
為何要做這件事？
例如：節省經費、賺取利潤

Who：
誰可以幫我們達成目標？
例如：個人、角色、利害關係人

How：
他們要如何幫我們達成目標？
例如：改變行為、增加／減少、停止或啟動某件事

What：
我們能做什麼來幫助這件事？
例如：軟體功能、商業活動

目標（Goal）
行動者（Actor）
行動者（Actor）
影響（Impact）
影響（Impact）
交付物（Deliverable）
交付物（Deliverable）

深度解析

黃金圈理論：黃金圈背後的想法其實很簡單，它可以應用於個人或是各種企業組織。基本上，每個人或組織都應該有一個為什麼（WHY）、怎麼做（HOW）、及做什麼（WHAT），WHY 就是推動組織前進的目的，HOW 就是他們如何提供此產品或服務，WHAT 也就是他們所提供的具體產品或服務。

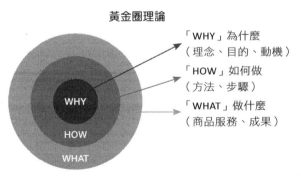

黃金圈理論

「WHY」為什麼
（理念、目的、動機）

「HOW」如何做
（方法、步驟）

「WHAT」做什麼
（商品服務、成果）

WHY
HOW
WHAT

六、建立產品路線圖（Product Roadmap）

「**產品路線圖**」也稱為「**使用者故事地圖（User Story Roadmap）**」。產品路線圖也是一種溝通的工具，將跟「誰」溝通的情境給描繪出來，因此不同的人繪製的路線圖，其內容和另一個人是不會一樣的，但都在說明一件事情：使用者遇到了什麼問題？打算用什麼方式去解決問題？

產品路線圖建立的方法，常運用前面介紹過的「**使用者故事**」與「**影響地圖**」，並且再「**繼續分解**」來建立產品路線圖，以下以提升餐廳來客數與營業額的專案為例，來說明產品路線圖：

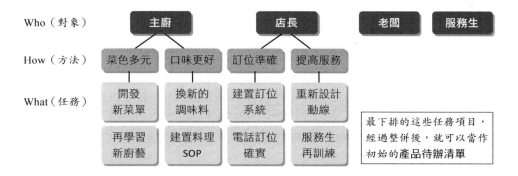

七、建立產品待辦清單（Product Backlog）

在專案需求不確定的情況下，上述的幾種方法，也都是幫助專案「**收集需求**」的好方法。而在產品路線圖完成後，就要進入到「**發布規劃（Release Planning）**」的階段，要依據下面的流程來建立「**產品待辦清單**」：

1. **舉行發布規劃會議**

   由產品負責人邀請敏捷教練與開發團隊來參加。

2. **進行刺探（Spike）**

   就是一個短時間的快速試驗，用以發現降低專案風險的方法，協助團隊解決問題，找出未來前進的方向。

3. 進行故事點（Story Points）估計

常用「**敏捷卡牌（Scrum Poker）**」或稱為「**規劃卡牌（Planning Poker）**」來估計。敏捷卡牌的數列，是運用「**費波那契（Fibonacci）數列**」（下圖左），是一種「**黃金分割的比例**」（下圖右）。在產品路線圖最底層的任務中，先選出 1 個工作量最小的任務，將其工作量設為 1 個或 2 個故事點，當做「**基準任務**」。再選擇產品待辦清單中的「**標的任務**」，由每位開發團隊成員運用「**敏捷卡牌**」，依據個人經驗的判斷來估計「**故事點**」，也就是要估計「**標的任務**」的工作量，是「**基準任務**」的幾倍工作量。故事點的估計，可找適當的資深團隊成員來主持，這些卡牌可取平均數，或眾數，若有太高的或太低的，也可請其說明原因後，重新再來估計一次。

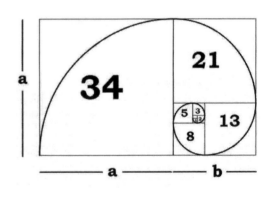

深度解析

1. 運用「敏捷卡牌」估計「故事點」，除了可以採用「費波那契數列」，來估計「標的任務」是「基準任務」的幾倍工作量外，也可運用「T 恤尺碼分類法（T-shirt Sizing）」，就好像衣服的尺寸大小，用「XS, S, M, L, XL, XXL」來表示，因為無法估計實際的工作量大小，只能用「特小、小、中、大、特大、超特大」來「約略估計」「標的任務」的工作量。

2. 若是對於「標的任務」的估計，真的毫無頭緒，可以用「問號卡牌」來表示；若是專案的任務困難重重，完全無法克服，可用「無限大卡牌」來表示；最後，若是一直在估計，頭腦已經遲鈍無法思考，這時可以舉出「咖啡卡牌」，表示要喝杯咖啡，休息一下了。

4. 排定任務的優先次序

可運用「狩野紀昭（**Kano**）二維模型」，找出當然品質、魅力品質、一維化品質、無差異品質及反轉品質。

也可運用「**莫斯科排序法（MoSCoW）**」，包括：

(1) Must Have：一定需要的（必備的），如汽車方向盤、輪胎。

(2) Should Have：應該具備的（也是需要的），如：冷氣、音響。

(3) Could Have：可以需要的，有會更好的，如：定速、360 度環景攝影。

(4) Won't Have：暫時沒需要的，下次發布時再加入，如：自動駕駛、電動車。

依據任務的優先次序，可排定哪些是第 1 次發布要涵蓋的任務項目，哪些是在第 2 次或第 3 次才要發布的任務。未來的迭代（Iteration）與衝刺（Sprint）待辦清單的排序也是按此原則方式辦理。

5. 確認敏捷管理的速度（**Velocity**）

敏捷不是求快，而是要有「**穩定與持續的速度**」。每個衝刺（Sprint）的時間盒（Time Box）是「**固定的**」，也就是具有「**時間限制**」的觀念，通常設定為「**1-4 週**」，並以「**2 週**」為最常見。由於每個迭代（Iteration）內的衝刺數是固定的，因此每個迭代的時間盒也是固定的。

簡單地說，就是要由開發團隊估計每個衝刺期間，可以完成多少個故事點（Story Points），因此敏捷在衝刺期間的「**速度**」公式，可以列出如下：

$$衝刺速度 = \frac{完成的故事點}{衝刺時間盒的工期}$$

若衝刺時間盒的工期是 2 週，要完成 36 個故事點，因此

$$衝刺速度 = \frac{36 \text{ 個故事點}}{2 \text{ 週}}$$

往上疊加後，也就可以依序決定迭代與發布循環所能完成的故事點，接著把迭代與發布的工期當做分母，也能計算出「**迭代速度**」與「**發布速度**」。這些速度的估計與開發團隊的能力及敏捷成熟度有關。剛開始的估計可能比較不準確，且實際進行的速度也會比較慢，過了一些時間後，速度會比較穩定，加上學習曲線的效應，速度也會加快。

6. **完成規劃**

要擬定發布規劃、迭代規劃及衝刺規劃的流程、步驟、及時間盒（Time Box）的工期等，最後要產出各個發布版次（如發布 1，發布 2）的產品待辦清單。

深度解析

1. 最小可行產品（MVP）：將最小／最低可行性產品（Minimum Viable Product），快速發布投放到實際市場上，檢驗市場上是否確實有使用需求，再透過顧客的回饋進行產品精進與修正後，再發布改良過後的新產品。

2. 完工目標的移動（Moving Targets of Completion）：以智慧手錶開發專案為例，初始設定專案的工期為 12 個月完成，但是在 7 月底時，開發團隊識別出新的功能，因此將專案工期延長到 14 個月，到了 12 月底時，又再度識別出新的功能，因此將專案完工日期延長到 16 個月。由以上的案例得知，專案一延再延，照這樣下去，永遠無法完成。因此，這種完工目標的移動，造成產品拖延到很晚才能上市，是不符合敏捷管理精神的，是要去避免的。正確的做法，是要有時間盒（Time Box）的觀念，完成必要的功能與任務即可，也就是要遵照上面「最小可行產品」的觀念，才是正確的觀念。而尚未完成的功能或任務，就留待下一次產品發布（或迭代）時再完成。

結論：敏捷專案管理，要採用「最小可行產品（MVP）」的觀念，只要完成最必要的產品功能，且要及早上市發布。而且要避免「完工目標的移動」造成產品拖延上市的情況發生。

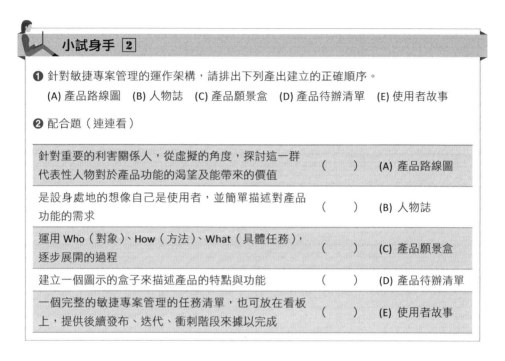

小試身手 2

❶ 針對敏捷專案管理的運作架構，請排出下列產出建立的正確順序。

(A) 產品路線圖　(B) 人物誌　(C) 產品願景盒　(D) 產品待辦清單　(E) 使用者故事

❷ 配合題（連連看）

針對重要的利害關係人，從虛擬的角度，探討這一群代表性人物對於產品功能的渴望及能帶來的價值	（　　）	(A) 產品路線圖
是設身處地的想像自己是使用者，並簡單描述對產品功能的需求	（　　）	(B) 人物誌
運用 Who（對象）、How（方法）、What（具體任務），逐步展開的過程	（　　）	(C) 產品願景盒
建立一個圖示的盒子來描述產品的特點與功能	（　　）	(D) 產品待辦清單
一個完整的敏捷專案管理的任務清單，也可放在看板上，提供後續發布、迭代、衝刺階段來據以完成	（　　）	(E) 使用者故事

5.6 衝刺循環的五大重要工作內容

衝刺循環的五大重要工作內容，如下圖所示，也分別說明如下：

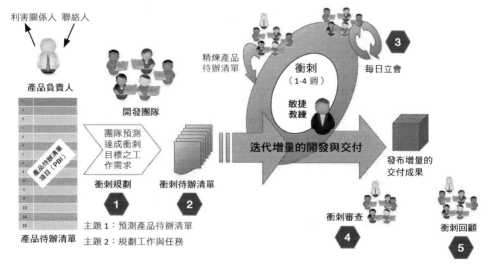

一、衝刺規劃（Sprint Planning）

確認每個衝刺時間盒（Time Box）的長度，及確認每個衝刺，可完成多少的故事點（Story Points），也就是「**敏捷速度**」。敏捷管理比較不會造成專案的延遲（Delay 或 Over-time），因為敏捷管理有時間盒（Time Box）的概念，雖然需求是不確定的，反而是「**切固定時間，時間到就停**」，沒有完成的產品功能或任務，就遞延到下一個衝刺（或迭代）再去完成。

主要的任務項目：

1. What：這次衝刺要完成什麼任務？
2. How：要用何種方式，完成此任務？

二、衝刺待辦清單（Sprint Backlog）

由產品路線圖（Product Roadmap）或稱為使用者故事地圖（User Story Roadmap）所展開的產品待辦清單項目（Product Backlog Item, PBI），再繼續分解展開而來。常用看板（Kanban）管理模式來進行，可用：「**待辦項目（To-Do）**」、「**進行中（Doing 或 In Progress）**」、「**已完成（Done）**」等來展現。若依實務的需要，也可在進行中與已完成之間，加上「**測試中（Testing）**」或在已完成的右方再加入「**關鍵成果（Critical Deliverable）**」等欄位，也都是非常實務可行的看板方式。在實際的操作應用上，用實體看板，會比數位的看板好，因為比較有臨場感可提升戰鬥力，也可用不一樣顏色的便利貼來分類表示。

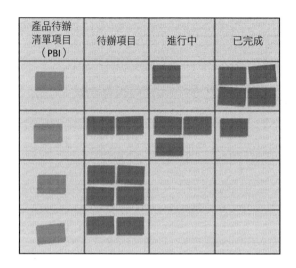

產品待辦 清單項目 （PBI）	待辦項目	進行中	已完成

 深度解析

「產品待辦清單（Product Backlog）」，有利於敏捷團隊進行任務分工的溝通討論，其產出就是一個清楚且明確的產品待辦清單項目（PBI, Product Backlog Item），也就是一張小卡片或是便利貼，可於每日立會時，由開發團隊成員來選取、執行及在看板上移動，來更新任務狀態。

三、每日立會（Daily Scrum）

也稱為「**每日站立會議（Daily Stands-up Meetings）**」，通常時間不會超過「**15 分鐘**」。站著開會的好處有兩點，第一是會議時間不會開太久，第二則是因為大家都是站著，比較方便在看板上選定與移動任務卡片。在每日立會中，每位與會者，要回答 3 個問題：

1. 昨天完成了哪些工作？

2. 今天預計要做那些工作？

3. 有沒有遇到任何阻礙？

深度解析

上述的衝刺待辦清單（Sprint Backlog）及每日立會（Daily Scrum），大量的運用到「**精實生產（Lean Production）**」的觀念，這是源自於「**豐田生產系統（TPS, Toyota Production System**」，也就是「**及時生產（JIT, Just in Time）**」，屬於「**拉式（Pull）**」生產，要運用「**看板（Kanban）**」，來顯現流程與任務的狀態，以達成「**零庫存（Zero Inventory）**」的目標。

讀者也要一併熟悉以下的重要觀念，以因應 PMP 的考試內容：

1. **價值流圖（VSM, Value Stream Mapping）**：分析生產製程與顧客服務流程，找出有價值的時間（加值的流程）與無價值的時間（如等待），目的是要消除等待的時間，因為等待是沒有價值的，且要設法將流程最佳化。

2. **技術負債（Technical Debt）**：也稱為設計負債（Design Debt）或程式碼負債（Code Debt）。是指開發團隊為了加速軟體的開發，在應該採用最佳方案時（可能會比較費時），改用了眼前比較快的短期間軟體開發加速的方案。這種技術上的選擇，就像一筆債務一樣，雖然眼前看起來可以得到好處，但必須在未來償還，造成未來額外的開發負擔，也就是小時候國語課本有讀過「揠苗助長」的意思。

3. **在製品（WIP）**：在製品就是在製程中的半成品（Work in Process），豐田的精實生產常運用看板（Kanban）來顯示製程中在製品的數量，每一個任務看板（或用便利貼表示），就是一個在製品（WIP）。雖然要讓在製品由左至右快速通過，但是因為專案團隊的人手有限，且要讓團隊成員集中焦點在最必要的任務，所以要「限制（Limit）」在製品的數量。這些限制有時會造成製程中的瓶頸（Bottleneck）。針對瓶頸，要增加任務看板限制的數量，才能讓任務快速通過並消除。

   限制 WIP 的看板數 = 敏捷開發團隊在時間盒內衝刺待辦清單的數目

4. **利特爾法則（Little's Law）**：

   由約翰利特爾（John Little）所提出：

$$前置時間（Lead Time）= \frac{在製品數量（WIP）}{吞吐量（Throughput）}$$

   其中：前置時間 = 等候時間 = 在製品在系統上停留的時間

   　　　吞吐量 = 系統上平均的到達率與離開率，如某製程每分鐘製作的數量

   【例】若在製品數量是 100 件，製程上的吞吐量是每分鐘 5 件，則前置時間（也就是系統等候的時間）是 20 分鐘。

於每日立會開會時，要注意的是，有負責工作的人，才有發言權，也就是開發團隊要面向開發團隊發言，而不是向 Scrum Master 發言。此時，由開發團隊成員選定任務卡片，填上姓名與預計完成時間。每日立會因為只有 15 分鐘，因此，不會具體解決問題，通常於會後再另行研討商議。

四、衝刺審查（Sprint Review）

衝刺審查（Sprint Review）會議的進行時間大約 2-3 小時，一般是在衝刺結束的那一天（通常是星期五）的早上舉行。與會人員包含產品負責人、Scrum Master、開發團隊及對本案高度關注的利害關係人（或顧客）。由產品負責人帶領展現產品成果，由利害關係人（或顧客）審查驗證，給予回饋的修正意見。若是衝刺審查，可以不邀請顧客參加，但是每個迭代（Iteration）的最後一次衝刺，也就是迭代審查時，就要邀請顧客參加，且要提供產品增量的（Incremental）成果，這時亦可運用「**迭代燃盡圖（Iteration Burndown Charts）**」，來表達專案成果與剩餘的故事點，詳下圖所示：

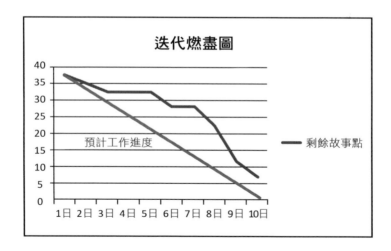

除此之外，可用一頁式表單，檢視全部待辦清單任務的執行進度，例如「**停車場圖（Parking Lot Diagram）**」也是很好的工具，會用不同的顏色代表工作完成的狀況，並在每一個項目用進度桿來顯示，如下圖所示。在網路上也很容易地搜尋到停車場圖的應用範本：

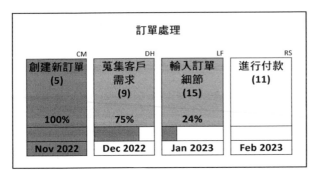

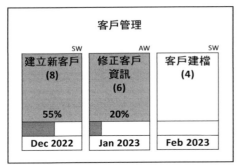

五、衝刺回顧（Sprint Retrospective）

衝刺回顧會議大約只需要 1-2 小時，主要是由 Scrum Master 與開發團隊參加，也有的公司會邀請產品負責人參加，一般是在衝刺審查當天（通常是星期五）的下午舉行。主要即是為了回顧與自省，不僅是提供未來學習、成長及調適修正的檢討會議，也是開發團隊成員心情的審查，保持良好的心情，繼續協同合作，為開始下一個衝刺的準備。衝刺回顧，可運用「**Start-Stop-Keep（開始做 - 停止做 - 繼續做）**」，如下圖所示。也可做成大型海報，張貼於專案辦公室的牆上。

開始做	停止做	繼續做
我／我們應該從什麼開始做起？	什麼是我或我們應該停止的？	我／我們應該繼續進行什麼？
列出想法／項目：	列出想法／項目：	列出想法／項目：
• 尚未完成，但應該完成的事情。	• 對於結果沒有幫助及效果的項目。	• 可以進行的很順利的項目。
• 為了得到更好的結果，應該要開始進行的事情。	• 會產生阻礙或是不可行的。	• 我們想繼續執行的事情。
• 值得嘗試或實驗的事情以得到更好的結果。	• 不會產生出可接受的結果。	• 為了看到值得的結果，值得繼續進行。
	• 我們或其他人不喜歡。	• 我們喜歡或需要的。

或是自訂格式，請參考如下：

1. 開始做、停止做、多做些、少做些。

2. 哪些做的好值得鼓勵、哪些做不好、要如何去改善。

深度解析

衝刺回顧也如同圍棋之「**覆盤**」，一盤棋下完後，雙方一起回顧，按落子順序，重新再擺一次，相互討論，精進棋藝。這種「覆盤」的觀念，也可用在敏捷管理，每個衝刺都可回顧一下，除了提供增量的成果外，也可持續精進敏捷的運作流程，也就是持續改善的精神。

精要彙整

敏捷管理大師薩瑟蘭（J. J. Sutherland）提出「**敏捷 3-5-3 法則（Scrum 3-5-3）**」，即是學習敏捷管理架構的精要彙整。

一、3 大角色（Roles）：產品負責人（Product Owner）、敏捷教練（Scrum Master）、開發團隊（Development Team）。

二、5 大活動（事件）（Events）：衝刺（Sprint）、衝刺規劃（Sprint Planning）、每日立會（Daily Scrum）、衝刺審查（Sprint Review）、衝刺回顧（Sprint Retrospective）。

三、3 大工件（產出）（Artifacts）：產品待辦清單（Product Backlog）、衝刺待辦清單（Sprint Backlog）、產品增量（Product Increment）。

小試身手 3

❶ 針對衝刺循環的重要工作內容，請排出下列相關活動正確的執行順序。

(A) 衝刺審查　(B) 每日立會　(C) 衝刺回顧　(D) 衝刺規劃

❷ 針對下列衝刺期間的各項活動，請依照需要的工期時間，由長至短，排出正確的順序。

(A) 衝刺回顧　(B) 衝刺　(C) 衝刺審查　(D) 每日立會

❸ 配合題（連連看）

如同圍棋覆盤的觀念，檢討本次敏捷的執行過程，好的保留，不好的要改善精進	（　　）	(A) 衝刺審查
在衝刺的開始之前，要確認衝刺的時間盒與估計故事點，完成衝刺待辦清單	（　　）	(B) 每日立會
由團隊成員，說明昨日完成的工作，並在看板上選定今天要做的工作，並填上姓名	（　　）	(C) 衝刺回顧
由產品負責人邀集會議，檢視目前的敏捷專案，能產出增量的、能對顧客產生價值的成果	（　　）	(D) 衝刺規劃

❹ 配合題（連連看）

敏捷專案管理的運作流程，就是按照下列 1-10 項工作的順序來進行，請正確對應右方的產出：

（註：請熟記這 10 項的順序口訣，就更熟悉與掌握敏捷專案管理的運作流程）

1. 籌組團隊	（　　）	(A) 衝刺審查
2. 描述願景	（　　）	(B) 影響地圖
3. 探討人物	（　　）	(C) 衝刺待辦清單
4. 說說故事	（　　）	(D) 確認敏捷三大角色
5. 分析影響	（　　）	(E) 每日立會
6. 產品路線	（　　）	(F) 產品願景盒
7. 衝刺規劃	（　　）	(G) 衝刺回顧
8. 短期衝刺	（　　）	(H) 使用者故事
9. 顧客回饋	（　　）	(I) 產品待辦清單
10. 檢討精進	（　　）	(J) 人物誌

5.7　敏捷專案管理成功的要素

在敏捷式的專案管理中，客戶的參與扮演了絕佳的角色，根據客戶提出新的系統需求，才能排出需求開發的優先順序。在這過程中，產品或軟體被切割成一個個交付單位，開發完成後交給客戶。除此之外，敏捷式管理強調的是「人」而不是「流程」，所以人的技能被納入考量，才可運用在各個開發階段。就如同本章一開始所提，唯一不變的事情就是變化，要隨時預期系統需求會因應改變，做出相對應的措施。因此敏捷式管理為了達成提早交付、持續交付、顧客回饋、顧客滿意，團隊需要嚴謹遵循敏捷紀律、保持穩定且持續的前進節奏，將團隊激發出高戰鬥力、高能量（Energetic），形塑出動起來的團隊，結合自我組織的（Self-organizing）團隊，充分授權，自制、自律，不僅能學習成長、協同合作、目標一致、士氣高昂，且團隊成員溝通良好，資訊透明，具備高 EQ 團隊，這樣的敏捷團隊才有長久性。此外，敏捷團隊最好可以自負盈虧，自訂關鍵績效指標（KPI），要少一點日常工作（Daily Work）與文書作業（Paper Work），這樣敏捷團隊就可專心在增量成果的交付。最後，在專案完成時，可以論功行賞，晉升、加薪或發給獎金，這樣敏捷團隊的辛苦，才可獲得實質的報酬與補償，形成積極的正向循環，對公司、專案、團隊與個人，都能持續提供有價值的傳遞，以上這些，就是敏捷專案管理成功的要素。

在本章的最後，要介紹一下各企業組織在進行敏捷轉型時，推動敏捷管理的步驟：

1.　確定並傳達明確的轉型目標。

2.　確定阻礙實現目標的關鍵障礙，並掃除之。

3.　建立並執行轉換堆積（產品待辦清單）：要考量五大構面：科技、文化、組織設計、領導力、人員

4.　透過轉型路線圖演化改變。

5. 保持動力：持續監控進度、溝通結果、尋求回饋、慶祝成功，也要記取失敗
的經驗教訓。

 小試身手解答

1 1.(A) 左 (B) 右 (C) 左 (D) 右

2. A, C, B

3. B, A, C

2 1. C, B, E, A, D

2. B, E, A, C, D

3 1. D, B, A, C

2. B, C, A, D

3. C, D, B, A

4. D, F, J, H, B, I, C, E, A, G

精華考題輕鬆掌握

1. 下面哪一項敏捷工具，運用了費波那契（Fibonacci）數列，也就是一種黃金分割的比例？
   (A) 影響地圖（Impact Mapping）　　　　(B) 人物誌（Persona）
   (C) 敏捷卡牌（Scrum Poker）　　　　　(D) 莫斯科排序法（MoSCoW）

2. 請問在敏捷的三大角色中，有關敏捷開發團隊（Development Team），最適合的人數是幾人？
   (A) 1-3 人　　　　(B) 2-4 人　　　　(C) 3-5 人　　　　(D) 5-9 人

3. 你和敏捷專案團隊目前正在進行一項會議，主要是向專案利害關係人呈現產品交付物的增量成果，請問這應該是什麼敏捷會議？
   (A) 審查會議（Review Meeting）　　　　(B) 每日立會（Daily Standup Meeting）
   (C) 回顧會議（Retrospective Meeting）　　(D) 交付成果會議（Deliverables Meeting）

4. 在每日立會上，敏捷團隊提出了一項目前遭遇的困難，就是其中一名開發人員被他的功能經理從團隊中帶走，去完成他們之前另一個專案中的任務。也因為如此，團隊將無法實現他們的衝刺目標，請問應該採取什麼方式來避免這種情況的發生？
   (A) 團隊在規劃衝刺時，應該考慮人力資源的可用性
   (B) 在開發人員被撤回之前，團隊應該在衝刺期間加快工作
   (C) 團隊應該為每個階段添加緩衝時間，以解決未知風險
   (D) 功能經理一開始就不應該隨意把開發人員帶走

5. 在衝刺結束時，未被客戶接受的使用者故事（User Stories），會如何處理？
   (A) 它們會自動放入下一個衝刺的工作循環中
   (B) 它們會從產品待辦列表中刪除，並從專案中刪除
   (C) 它們被放置在產品待辦列表中，以重新確定優先順序
   (D) 它們被重寫以解決它們未被接受的原因

6. 敏捷團隊成員向你報告說，針對上一個衝刺中承諾交付的使用者故事，他們已經超時加班且筋疲力盡了，但是還是沒有能完整的全部完成，這時團隊方法有什麼問題嗎？
   (A) 沒有錯，永遠保持穩定的速度，比達成衝刺目標更重要
   (B) 團隊方法是錯誤的，團隊應履行承諾並對其負責
   (C) 沒有錯，為了與團隊保持良好的工作關係，產品負責人不應該讓團隊負責
   (D) 團隊方法是錯誤的，永遠保持穩定速度具有不同的含義，不適用於這種情況

7. 描述產品如何隨著時間的推移來建立交付物的增量，且是驅動每個獨立版本之重要因素，上述的敏捷工具被稱為什麼？
   (A) 產品願景聲明（Product Vision Statement）
   (B) 產品線框（Product Wireframe）
   (C) 產品路線圖（Product Roadmap）
   (D) 產品主題（Product Theme）

8. 下列哪一項敏捷管理方法論，採用了一個「全局串接」以及「局部迭代」的原理來構建？
   (A) 極限編程（XP, Extreme Programming）
   (B) 水晶方法論（Crystal）
   (C) 動態系統開發法（DSDM）
   (D) 敏捷統一流程（AUP）

9. 以下哪個敏捷會議用於「同步」敏捷專案團隊的活動，以確保團隊成員們都朝著共同的衝刺目標而努力？
   (A) 每日立會　　　(B) 衝刺審查　　　(C) 衝刺規劃　　　(D) 衝刺回顧

10. 以下哪個敏捷的建模工具，可以與不同的敏捷方法結合使用？
    (A) 動態系統開發方法（DSDM）　　(B) 功能驅動開發（FDD）
    (C) 調適性軟體開發（ASD）　　　　(D) 測試驅動開發（TDD）

11. 以下哪一個敏捷會議是在每次的迭代期間，最後才會召開的？
    (A) 迭代規劃（Iteration Planning）
    (B) 迭代審查（Iteration Review）
    (C) 迭代展示（Iteration Demonstration）
    (D) 迭代回顧（Iteration Retrospective）

12. 以下關於每日立會的描述，何者正確？
    (A) 至少要開 30 分鐘才能符合標準
    (B) 最主要的目的在於篩選出不適任的團隊成員
    (C) 所有人都有發言權
    (D) 開發團隊面向開發團隊發言

13. 以下關於敏捷速度（Velocity）的描述，何者錯誤？

(A) 敏捷開發顧名思義就是要追求快速

(B) 每個迭代的時間盒是固定的

(C) 做法是由開發團隊估計每個衝刺期間可以完成的故事點數量

(D) 通常剛開始的估計會比較不準確

14. 在敏捷專案管理中，產品待辦清單（Product Backlog），主要是由誰來建立？

(A) 敏捷教練　　　　(B) 開發團隊成員　　(C) 產品負責人　　　(D) 業管之功能經理

15. 請排出敏捷專案管理中，由高至低正確的階層架構？

(A) 發布、衝刺、迭代　　　　　　　(B) 發布、迭代、衝刺

(C) 迭代、衝刺、發布　　　　　　　(D) 迭代、發布、衝刺

16. 衝刺待辦清單（Sprint Backlog）常以看板（Kanban）管理模式來進行，主要常分為四個欄目來管理，包含 a. 已完成 b. 待辦 c. 測試中 d. 進行中，請問這四個欄目在看板上最常以什麼順序排列？

(A) dbca　　　　　　(B) bcda　　　　　　(C) bdca　　　　　　(D) dcba

17. 敏捷有五大衝刺循環，以下何者是正確的循環順序？

a. 衝刺審查（Sprint Review）　　b. 衝刺回顧（Sprint Retrospective）

c. 衝刺規劃（Sprint Planning）　　d. 衝刺待辦清單（Sprint Backlog）

e. 每日立會（Daily Scrum）

(A) cbaed　　　　　　(B) cdeab　　　　　　(C) abced　　　　　　(D) cedab

18. 有關敏捷衝刺循環中的衝刺審查（Sprint Review），以下描述何者正確？

(A) 審查時只要產品負責人、Scrum Master、開發團隊與會即可

(B) 活動約在 15 分鐘內結束，以顯示專案執行之效率

(C) 常用利害關係人矩陣來表達專案成果

(D) 由利害關係人（或顧客）審查驗證，給予回饋的修正意見

19. 一個敏捷專案團隊，正在進行每日的站立會議，各成員將昨日工作報告完，今日任務的內容由敏捷教練（Scrum Master）分配各成員。請問下列何者正確？（複選 2 項）

(A) 這個團隊不是自我組織的（Self-organizing）

(B) 這個團隊是自我組織的

(C) 敏捷的領導者未能實踐僕人式領導

(D) 各成員可自由任意分配工作時間內容

(E) 該方式符合敏捷專案管理的精神

20. 下列針對敏捷（Agile）專案管理的敘述，何者正確？（複選 2 項）

(A) 每日立會（Daily Scrum），大約開 30 分鐘

(B) 衝刺待辦清單常用看板來顯示

(C) 敏捷的速度是以「衝刺工期除以故事點」來計算

(D) 故事點常用敏捷卡牌（Scrum Poker）來估計

(E) 迭代燃盡圖是在衝刺回顧常用的圖表

21. 在執行專案時，想要排定任務優先順序常使用莫斯科排序法（MoSCoW），請問以下描述何者正確？（複選 4 項）

(A) Must Have：一定需要的

(B) Most Needed：市場上最多人需要的

(C) Should Have：應該具備的

(D) Shouldn't Have：絕對不行具備的

(E) Could Have：有會更好的

(F) Won't Have：暫時沒需要的

22. 有關於敏捷管理相關的名詞，以下哪幾項是正確的？（複選 4 項）

(A) WIP（Work in Process）就是在製品，代表要交付的完成品

(B) 技術負債（Technical Debt）指的是在應採用最佳方案時改用短期內能加速軟體開發的方案

(C) 僕人式領導（Servant Leadership）最重要的是控制而不是只擔任教練

(D) 人物誌（Personas）是從虛擬的角度，探討這一群代表性人物對產品的需求

(E) 產品路線圖（Product Roadmap）也稱為產品願景盒（Product Vision Box）

(F) 刺探（Spike）指的是一個短時間的快速試驗

(G) 產品負責人主要的工作就是要建立產品待辦清單（Product Backlog）

答案

題號	1	2	3	4	5	6	7	8	9	10
答案	C	D	A	A	C	B	C	D	A	D

題號	11	12	13	14	15	16	17	18	19	20
答案	D	D	A	C	B	C	B	D	AC	BD

題號	21	22
答案	ACEF	BDFG

MEMO

專案管理的職業責任與倫理道德

6 Chapter

　　自從 PMI 成立以來，多年來歷經道德與專業規範準則的修改，這是由於 PMI 內部以及商業領域發生了很多巨大的變化。PMI 的會員人數大幅增加，為了保持 PMP 的高度受尊重專業之外，在商業領域，道德醜聞曾導致跨國公司和非營利組織垮台，引起公眾的憤怒，隨之導致制定更多的政府規章。全球化使經濟體更加接近，但人們同時也認識到，不同的文化在實踐道德規範方面存在差異。迅速、持續的技術變化為我們提供了新的機會，但也帶來了包括道德規範問題的新挑戰，因此身為一個合格的專案經理除了需要具備專業的知識基礎，更需要有高度的倫理與道德水準，才是合格的專案經理。本章內容按國際專案管理學會（Project Management Institute, PMI）律定之專案管理的職業行為倫理準則（Code of Ethics and Professional Conduct）來編定。規範內包含了身為一位專案經理所需要具備的價值觀以及 PMI 規範之五大內容：

1. 願景及適用性（Vision and Applicability）。

2. 責任（Responsibility）。

3. 尊重（Respect）。

4. 公平（Fairness）。

5. 誠信（Honesty）。

完整的規範準則之檔案可以至 PMI 網站下載查閱（https://www.pmi.org/about/ethics）。其中，責任、尊重、公平、誠信等四項，稱為專案經理的四大價值，按照上面的網址，也有四大價值的小卡片（Code Values Card）之英文版與簡體中文版可以下載。

所謂職場倫理，或稱為工作倫理，它在不同的工作領域而有不同的名稱。通常說明發生在工作場所中的人際或群體之間的倫常規範，此種倫理就是在約定雇主和所有員工、以及員工與員工之間，做公平對待的規則。以本章為題材的 PMP 考題不多，且難易度較易，以下我們將以一些情境整理出幾項重點，請考生了解身為專案經理應該注意的方向。

1. 誠實是最高指導原則：PMP 專案經理應尊重顧客的隱私，以誠實、信任、合作的態度處事。

2. 假設情境是顧客要求預算灌水，身為一個專案經理，應該嚴正拒絕，且正確地完成專案預算正確預估，並針對專案預算不足，製作一份風險評估報告。

3. 某專案成員，也是您的同事把專案中的設備出售當私款使用，雖已無償加班歸還，但還是應該向他的專案經理報告（假設您並非他的直屬長官，無法開除但又不能不處理）。

4. 專案在外國，是否適用當地的法規以及是否有違反公司政策的是項，又或者外國的專案領導人將組織的工作團隊成員都來自他的家族，這樣的情況應先確認當地風俗民情，這樣的聘用是否有問題。

5. 當進度落後、成本超支的狀況，應該找出趕工方法，以及對管理階層據實以報，商討處理對策。

6. 在比價過程，有某家廠商的某項預估值較歷史經驗與其他廠商高時，專案經理應該要求說明這個較高的預估值是如何得出的。

7. 假設專案可提前完成，但這樣做會導致公司收入減少，這時專案經理應誠實向顧客回報預計完成日期，還是以客戶為重的心態服務。

8. 如果專案的範疇已經完成，例如設備的製作已經完成，但客戶要求其他服務例如安裝，由於專案範疇已完成，因此應該清楚表示專案的範疇僅於製作而已，不包含其他工作。有關範疇潛變（或稱範疇蔓延）的應對，要結束現有合約，另起新合約。

9. 例如公司規定不准收超過 100 美元的禮物，而當專案完成時客戶卻送專案經理一個大禮，這時應該嚴正拒絕，以維持專案經理的操守。

10. 如果碰到技術問題，導致專案停擺，這時專案經理必須與專案團隊一起找出解決技術問題的替代方案，其他如測量績效、更改基準（Baseline）、外包等都不是最優先的方法。

11. 當專案經理被外派時，需要優先教導他 / 她有關外派國家的風俗民情與法律。

12. 當有利益衝突情況必須迴避，例如專案內的工作需要找尋某種廠商，專案經理卻交由家人親戚負責，這時應不可接受，即便他是專家，因為有利益衝突的情況，應邀請多家廠商參與…等等。

最後，專案經理要注意的是在擬訂決策時，請依照下列的五大步驟來進行（參考：Ethical Decision Making Framework）：

1. 評估：確保你有掌握道德困境的所有事實。

2. 備選方案：周詳考量你的選擇。

3. 分析：識別可行方案與驗證其有效性。

4. 運用：將道德守則運用在方案決策中。

5. 行動：做出適當的決策。

PMP 應考祕笈

7
Chapter

本章將介紹國際專案管理師（PMP）認證考試的應考祕笈，包括 PMP 答題技巧、重點口訣 100 則總整理、及計算公式集錦，希望能確實有效地提高考生的應考技巧，輕鬆考上 PMP 證照。

7.1 PMP 答題技巧

以下介紹一些 PMP 考試的答題技巧，也請讀者熟悉國際專案管理學會（PMI）的「**出題精神（PMIism）**」，這樣就能很快且正確地選出考試的標準答案。

1. 有些題目直接考國際專案管理知識體（PMBOK）的流程內容，這種流程題型一定要答對，熟讀本書就可拿分，熟讀代表要理解與熟悉十二項原則、八大績效領域、五大流程群組、十大知識領域、及各流程常用的方法工具及產出工件，相關題型有：

    (1) 考下列何者是（或不是）本流程之方法工具或產出？

    (2) 一些流程（有時為情境題），問你是面臨哪一個專案流程，或目前要運用哪一種方法工具與技術？

(3) 有一些流程或產出沒有做好，題目問身為專案經理的你，當初應該避免什麼（或多做些什麼），就可避免這些情況（後果）發生？

小叮嚀

理解比背更重要，要先能理解，才能背下來，理解後記下來，就是活背（能長期記憶，還能舉一反三，廣泛應用），而不是死背（背了很快就忘記）。

2. 有時並不完全一眼就可看出答案，且有些答案好像四個都對，此時讀者要依優先次序來排定或刪除不可能的答案後（「**刪去法**」也是重要的考試技巧），找出最應優先執行的活動，要選擇「**最佳解（The Best Answer）**」，而不是唯一解（The Only Answer）。

3. 依做題目的經驗，有時要選擇涵蓋範圍大的，有時要選涵蓋範圍小的，但通常要選「**比較狹義（精確）的答案**」才是正確的，除非狹義的答案都不對，才選廣義的答案。另一個重點是通常要選 PMBOK 教條式（定義，或書本裡的一句話）的內容為正確答案。

4. 專案經理（PM）的主要工作為解決問題（Problem Solving），其次為整合（Integration），第三為溝通（Communication），惟第一、第二兩項也都需要溝通，因此才會說 PM 花最多時間就在溝通（有人說 70%，有人說 90%），但是這些溝通之目的其實是要解決問題。然而，以現代的專案管理觀念而言，PM 最重要的不是在解決問題，而是要有計畫地「**預防問題發生**」，這也就是要有「**風險管理**」及「**超前部署**」的意識。

5. 遇到問題或是顧客要求變更，PM 要有所行動，要先審查（Review）、分析（Analyze）其造成之衝擊，若是賣方或顧客的抱怨，可先與他們連絡，試著找方式處理，不可以沒有行動就直接變更或找高層（Management）或出資者（Sponsor）來解決。

6. PM 通常不會與全體團隊（All Team Member）討論來決定事情，而只會與適當挑選出來的團員成員（Project Management Team 或 Key Team Member）來討論。

7. PMI 認為建立專案管理辦公室（PMO, Project Management Office）很重要，公司若重視專案，要管理好專案，怎麼可以沒有專案管理辦公室呢！

8. PMI 認為利害關係人識別、分析、管理及溝通很重要，若出現在選項中時，常常就是正確答案。

9. PMI 重視組織流程資產（OPA, Organizational Process Assets），包括歷史資訊（Historical Information）、知識管理（KM）及經驗學習（Lessons Learned），若出現在選項中時，常常就是正確答案。

10. PMI 認為建立工作分解結構（WBS, Work Breakdown Structure）很重要，通常是計畫訂好後要規劃的工作（在時程與成本規劃之前），做為估計工期、估計成本、指派人力、整組外包及有利於監控的基礎。

11. 除了上面的 PMIism（中心思想、出題精神）（PMI 喜歡的）外，還有 PMI 不喜歡的，如範疇潛變（Scope Creep）（範疇蔓延）及鍍金（Gold Plate）的行為，都是 PMI 認為應該要避免的。請注意，答題要站在 PMI 的立場來想，想想 PMI 這一題希望你答哪一個答案呢（有時會與你實務上遇到的是不同的）？「**答題要選 PMI 要的，而不是你實務上認為對的**」，這樣就可以慢慢地掌握出題精神與答對正確的答案。

12. 遇到職業道德的情境題，一般要選最正直的答案：

    原則：不與廠商私下接觸、若曾在另一家工作，不能透露那邊的情況、有朋友在那家公司就迴避不參與投標、有多出來的利潤要主動告訴對方、違反法律的事（包括本國及他國），絕對不能做。

    但是也有一些例外：若侵犯智慧財產權，不是不能用，而是可先徵詢對方同意後，就可使用。

13. 考試題目因為情境題居多，要能掌握關鍵的兩句話，有時要能剔除無關的資訊，這些多餘的資訊是來混淆你的。

14. 一般而言，比較主動的答案比較好，如分析、評估、想辦法、採取行動等；被動的答案比較不好，如等待、撤離、直接找高層解決等。

15. 因為現在敏捷專案管理的考題佔比很多，請考生要多運用「**敏捷思考**」，想想「敏捷 12 項原則」、三大重點（透明性、檢視性、調適性）及五大精神（承諾、專注、開放、尊重、勇氣）。

16. 題目包括填充題、圖表題、配合題、複選題、及單選題，是混在一起出題，不是很明確分開的，所以每一題要看到題目時，才能知道題型，且中文翻譯不是很明確，請考生特別注意。答題的速度以 10 題 10 分鐘的節奏為基礎，每個段落 60 題，要控制在 70 分鐘以內，才能在 230 分鐘回答 180 題。

17. 一些流程上的口訣及計算題的公式要記熟，請參閱本章後幾節的內容。

18. 因為答錯不扣分，所以每一題都要答，不可空白。原則上 1 題 1 分鐘內要答題，倘若在考場中想了 2 分鐘還在猶豫沒選到答案，請注意，可能是思考的方向錯了。請考生及時修正方向，選擇一個答案，按下「**標記題目（Mark）**」，先往下一題走，待後面再來「**檢查（Review）**」做過標記的題目。

7.2 重點口訣 100 則 - 總整理

以下將本書的內容重點與輕鬆口訣一次總整理如下，也請讀者要仔細研讀與熟記。

1. 「專案」的定義與特性：

    (1) 專案是一種暫時性的努力，以創造出獨特的產品、服務或結果。

    (2) 專案的三大特性：暫時性、獨特性、逐步精進完善，其中「逐步精進完善」就是先求有，再求好，也就是「遠粗近細」及「滾動式檢討」。另外，作業（日常營運）有兩大特性：持續性、重複性。

    (3)「專案管理」乃是將管理知識、技能、工具及技術綜合運用到一個專案活動上，使其能符合專案需求。

2. 專案的目標有四項：範疇、時程、成本、品質。其中前三項：範疇、時程、成本，稱為「三重限制」（Triple Constraint），這三項是密切相關，且會有連鎖影響的。此外，三重底線（Triple Bottom Line）：是社會、環境、財務。

3. 利害關係人的影響力是期初高，變更修正成本是期末高，專案的風險是來自於不確定性，因此是期初高。

4. 專案「價值交付（Value Delivery）」的架構由高至低排列就是專案組合（Portfolio）、計畫（Program）、專案（Project），因為三個都是 P 開頭，因此稱為「PPP」。

   (1) 專案組合就是「投資組合、資產配置」，其目的為達成組織的「策略目標」，組合可直接帶領計畫與專案，要排定計畫與專案的「優先次序」，組合內的計畫與專案可以不相關。

   (2) 計畫又稱為專案集或大型專案，是由一群「相關」的專案所組成，所以要做好「協調」工作，控管好專案，其目的在「獲得利益」。

   (3) 專案的由來大多來自於「創造機會、解決問題」，其目標是完成「交付物（Deliverable）（專案標的）」。

5. 專案管理辦公室（PMO）很重要，其兩大功能是：識別公司專案管理的最佳實務（省時、省人、省錢、少風險的作法）、管理專案間的資源衝突。

6. 專案的組織架構有三種：功能型、矩陣型、專案型。

   矩陣型組織有三種：

   (1) 弱矩陣：沒有專案經理，結構鬆散，比較接近功能型。

   (2) 平衡矩陣：最大特點是專案經理是功能經理的部屬。

   (3) 強矩陣：成立專責部門將專案（經理）集中管理。

   矩陣型組織的優缺點：

   (1) 優點：充分運用企業內跨部門的資源。

   (2) 缺點：雙重指揮線（2-Boss），專案幕僚要同時面對功能經理與專案經理。

7. 專案的內部與外部環境，包括：

   (1) 內部環境因素 - 產銷人發財資（或稱為六管）的架構與程序，並與公司的知識管理（KM）結合，統整為「組織流程資產（OPA）」，也就是「歷史資訊」（Historical Information）及「經驗學習」（Lessons Learned）。

   (2) 外部環境因素 -PEST（政策、經濟、社會、科技）（政經社科）。

8. 原 PMBOK 第 6 版的專案管理標準流程對應表（Mapping）：

   (1) 五大流程群組（IPECC）：起始、規劃、執行、監控、結案。

   (2) 十大知識領域：整合、範疇、時程、成本、品質、資源、溝通、風險、採購、利害關係人管理。

   (3) 共有 49 個管理流程。

9. PMBOK 最新第 7 版專案管理所涵蓋的內容：

   (1) 十二項原則：熱誠服務、協作環境、有效溝通、交付價值、回應系統、領導力、裁適、強化品質、操控複雜性、風險回應、調適與恢復、擁抱變更。

   (2) 八大績效領域：利害關係人、專案團隊、開發方式與生命週期、專案規劃、專案工作、專案交付、專案量測、不確定性。

10. PMI 律定專案經理的人才三角（PMI Talent Triangle）職能，包括：領導統御（軟技巧）（人際關係技巧）、技術面專案管理、及策略與企業管理的職能等三項。這也剛好符合 PMP 新制考試的三大領域：人員（佔 42%）、流程（佔 50%）、及商業環境（佔 8%）。

11. 專案的發起（起始）（Initiation），要發布「專案章程（Project Charter）」，就是專案的尚方寶劍（令牌），或稱為核准證，表示正式發起專案，也要指派專案經理（Assign Project Manager），專案章程的關鍵字為「高階」（策略面）與「概要」（因為是專案第一份正式文件），並可以參考下列三項文件：

(1) 商業方案（Business Case），就是可行性分析（Feasibility Study），探討專案是否值得投資，有時也會依據需要進行可能方案的評選，比較急迫性、重要性、技術能力、資源整備、及效益性等。

(2) 商業模型畫布（商業畫布）（Business Model Canvas）：運用九大項目探討專案的投資與獲益模式。

(3) 商業立案理由分析法（Business Justification Analysis Methods）：探討專案投資的經濟性，如淨現值（NPV）、內部報酬率（IRR）、還本期間（PP）、效益本比等方法，有時也會考慮機會成本（Opportunity Cost）（未選擇而失去的成本）。

12. 專案初步的規劃，可運用「曼陀羅九宮格 -5W3H 法」，考量 Why（緣起）、What（內容）、When（時機）、Where（場地）、Who（對象）、How（方式）、How Many（數量）（或預期效益 KPI）、及 How Much（經費）。

13. 工作分解結構（WBS），就是將專案交付物分解成更小、更易於管理的元件，其最底層稱為「工作包（Work Package）」，可以做為估計工期、估計成本、指派人力、整組外包及監督與控制的基礎。工作包經過統計調查，大約是兩週 80 小時的工作量。

14. 專案的利害關係人（Stakeholder）是與專案有關的個人或團體，可分為內部 / 外部、正面 / 負面、輕重 / 遠近，或稱權力（Power）/ 關切（Interest）模式，可由內而外進行列舉及整理。利害關係人參與（Engagement）的流程：識別、了解、分析、排序、參與（應對）、監督。

15. 利害關係人管理有三大重點：

(1) 利害關係人登錄表（Stakeholder Register）：包括：識別資訊、評估資訊及利害關係人分類。

(2) 利害關係人參與評估矩陣（Stakeholder Engagement Assessment Matrix）：分為帶領（Leading）、支持（Supportive）、中立（Neutral）、阻礙（Resistant）、不明（Unaware）等五級。要增加支持，降低阻礙，以達成共識。

(3) 利害關係人對應 / 展現（Stakeholder Mapping/Representation）：運用權力與關切（Power/Interest）二維模式來分析，並且要產生行動策略（Action Plan）。

16. 專案溝通就是確保能適時且適當地將「專案績效」的資訊（如專案績效報告）予以產生、收集、發布（傳遞）、儲存、檢索及最終處理的管理程序及方法。專案溝通管理的重點如下：

(1) 溝通的方法有三種：推式、拉式、互動式。可以多利用 5W3H1E 來強化溝通。

(2) 溝通模型，包括發送人、編碼、訊息、媒介、雜訊、接收人、解碼、回饋。

(3) 專案溝通的形式有四種：正式書面（Formal Written）、正式口頭（Formal Oral）、非正式書面（Informal Written）、非正式口頭（Informal Oral），會出情境題的考題。

17. 專案團隊的建立，可運用人力資源（HR）管理的四大功能：選（招募獲得）、育（訓練發展）、用（聘任管理）、留（留才歸建），來進行流程的解析。

18. 專案團隊的組織架構表示法，有三種：

(1) 階層圖（Hierarchical Charts）：如組織分解結構（OBS）。

(2) 文字導向形式（Text-oriented Formats）：如職位說明書（Position Descriptions）或角色 - 責任 - 授權表（Role-responsibility-Authority）。

(3) 責任分派矩陣（RAM, Responsibility Assignment Matrix），又稱為「RACI 當責矩陣」，以「RACI」代表團隊成員中的四種角色：Responsible（負責承辦），Accountable（當責主管審查），Consult（事先諮詢），Inform（事後通知）。因為當責最為重要，因此近期有學者將當責排在最前面，故稱為「ARCI 阿喜矩陣」。

19. 專案早期，可召開「啟動會議（Kickoff Meeting）」，頒布「團隊章程（Team Charter）」，律定專案團隊的共同守則，若未來發生違反團隊章程的情事，或對專案目標有影響的議題，可以填寫「議題記錄單（Issue Log）」記錄、處理、監控及儲存等。

20. 獲得團隊的方法（工具），是具有層次的，由內層到外層的排列：先行指派（班底）、協商（內調）、多準則決策（外聘）、虛擬團隊（不在一起工作，但目標一致）。獲得團隊，會產生「專案團隊指派」，就是：「一個蘿蔔一個坑」；也會產生「資源行事曆」，要送去「2.3 專案規劃 - 時程管理」去估計活動工期，因為工期與資源密切相關。

21. 發展團隊的方法，包括：集中辦公（Colocation）、團隊成長（Team-Building）、人際與團隊技巧、訓練、表揚與獎賞、個人及團隊評估。

22. 發展團隊的五個階段，稱為「塔克曼階梯（Tuckman Ladder）」包含：形成期（Forming）、震盪期或風暴期（Storming）、規範期（Norming）、執行期或績效期（Performing）、終止期（Adjourning）。

23. PMI 最支持的權力是「專家權」，最支持的衝突解決方式是「面對（Confrontation）/ 問題解決（Problem Solving）」；專案領導的模式可分為獨裁式、民主式、放任式等三種。

24. 激勵模型包括：

    (1) 馬斯洛的階層理論，由下至上排列：生理、安全、歸屬、自尊、自我實現等需求。

    (2) 麥克格勒格爾理論：X 理論（人性本惡）與 Y 理論（人性本善）。

    (3) 海茲伯格雙因子理論：保健因子（當然品質）與激勵因子（魅力品質）。

    (4) 丹尼爾平克理論：外在動機：如薪資等，只是短暫的動機；內在動機：是長期動機，藉由「自發、精通、及目標」，就能成功。

    (5) 麥克來藍德成就動機理論：成就追求、權力需求及歸屬需求。

    (6) 期望理論：人們因為有所期望（要買房子），所以會表現好（工作努力）。

25. 專案交付的進行節奏（Delivery Cadence）有三種，包括：單次交付、多次交付、及週期交付。此外，專案開發方式也有三種：

    (1) 預測式（Predictive）：也就是瀑布式（Waterfall），按部就班，依據流程步驟來進行。

    (2) 調適式（Adaptive）：也就是敏捷式（Agile），適用於專案需求有高度不確定性與變動性的時候，因此要「摸著石頭過河」，採取「迭代與增量」的方式來進行。

    (3) 混合式（Hybrid）：介於上述兩者之間，就是將預測式與調適式組合的方式。專案的初期因為不確定性比較高，所以採用「調適式」，到了中段以後，不確定性降低，則採用「預測式」。或者，若專案有兩個交付物，其中一個可採取調適式，另一個採取預測式。

26. 專案生命週期定義了專案的開始與結束，專案生命週期的作法就是「分階段」（Phase），分階段後就會「易於管理」，專案生命週期工作量與時間軸的關係是「山型圖」。

27. 專案時程規劃的步驟：規劃時程管理、定義活動、排序活動、估計活動工期、發展時程及控制時程。

28. 「建立工作分解結構（WBS）」是將「交付物」分解成工作包，「定義活動」是將工作包繼續分解成「活動」（Activity）（或稱為任務 Task），「定義活動」產生：活動清單、活動屬性及里程碑清單。將「工作包」加起來等於「交付物」；將「活動」加起來等於「專案時程」。

29. 排序活動就是「加上箭號」，產生「網路圖」。網路圖有兩種：

    (1) 順序圖（節點圖）（PDM）（AON），活動在節點（Node）上，有四種邏輯關係：F-S（最常用）、S-S、F-F、S-F。

    (2) 箭線圖（ADM）（AOA），活動在箭號（Arrow）上，只有一種邏輯關係：F-S，可採用虛活動（Dummy Activity）。

30. 排序活動可運用「依存關係（Dependency）」（先後次序），有四種：強制依存、刻意依存、外部依存、內部依存。也可運用「提前（Lead）」（平行重疊執行）或「延後（Lag）」（會產生 Gap 落差）。

31. 估計活動工期、資源與成本時，會用到的各種估計法的整理：

    (1) 類比估計法（Analogous Estimating）又稱為「由上而下估計法」（Top–Down Estimating），比較像是「分配」。專案（或活動）越類似，及有經驗的估計者，會比較準確，但要提防墊高（灌水）估計值。

    (2) 由下而上估計法（Bottom-Up Estimating），就是「聚合（加總）」。

    (3) 參數估計法（Parametric Estimating）：依據「歷史資訊的公式」來估計。

    (4) 三點估計法（Three-Point Estimates）：

    $$估計值 = \frac{(O+4M+P)}{6} \qquad 標準差 = \frac{(P-O)}{6}$$

    其中 O：樂觀值，M：最有可能值，P：悲觀值

32. 要徑（Critical Path）就是「關鍵路徑」，也就是「重點管理」，此條路徑工期最長，緩衝時間（寬裕時間）（浮時）（Float）=0。「專案工期等於要徑工期」，因此要徑上的活動不可延誤。

33. 資源優化，包括：

    (1) 資源撫平法：訂出資源使用上限，有時會造成要徑的改變，且工期會延長。

    (2) 資源平滑法：不改變要徑（工期不變），在原浮時內進行調整。

34. 假設情境分析（What-If Scenario Analysis）就是分析在不同情境下，對工期有何影響。另外，模擬（Simulation）常運用「蒙地卡羅法」其關鍵字：建模、隨機數據、多次模擬、產生分佈，在「執行定量風險分析」也會運用到。

35. 時程壓縮有兩種方法：

    (1) 縮程法（Crashing）：增加資源趕工，風險是可能會「降低品質」。

(2) 快速跟進法（Fast Tracking）：採取平行方式同步執行，風險是「重工」（Rework）。

36. 三種專案時程表達的適當時機：

(1) 里程碑圖：向高階長官簡報，簡明扼要。

(2) 甘特圖：跨部門溝通，表達清楚，全員皆懂。

(3) 網路圖：專案內，由專案經理掌控要徑及各活動的浮時，做好重點管理。

37. 預算（Budget）規劃的步驟：規劃成本管理、估計成本、決定預算、控制成本。其中「估計成本」的關鍵字是「個別」，會產生「成本估計」；「決定預算」的關鍵字是「聚合（加總）」，產生「成本基準」與「專案資金需求」。

38. 初始階段的成本概算（ROM, Rough Order of Magnitude）：為 -25% 至 +75%，其中「Order」是十的冪次方的意思。到後來當資訊較詳細（Definitive）時，會變成比較精細，縮小範圍至 -5% 至 +10%。

39. 緩衝分析（Reserve Analysis），又稱為「風險儲備分析」，包括應變準備金及管理準備金。專案資金需求 = 成本基準 + 管理準備金。成本基準 = 基本資金 + 應變準備金，其中成本基準是成本估計隨時間變化的「累計值」，是一條「S 型曲線」。「學習曲線」，也是一條 S 型曲線，在實務及生活上有許多的應用。應變準備金是給已識別風險的儲備金，由 PM 掌控；而管理準備金是給未識別風險的儲備金，由老闆掌控（內帑金）。

40. 規劃是「HOW（如何）」的問題，規劃未來流程如何做，規劃就是找方法、定程序，規劃要產生計畫，規劃 OO 管理，產生 OO 管理計畫。專案要規劃的項目，包括：時程、成本、採購、實體資源、變更、度量、及校準等。其中，資源是一種 3M 架構，包括：人（Man）、機（Machine）、料（Material）。總結來說：專案管理計畫 = 子計畫 + 基準。基準包括範疇、時程、成本等三項基準。

41. 專案採購管理通常以「買方」的角度來看問題。在「規劃採購管理」運用工具「自製或外購分析」產生「自製或外購決策」；運用工具「商源評選分析」產生「商源評選準則」。「獨立估計（Independent Cost Estimate）」就是「訂底標」。

42. 「規劃採購管理」要決定「合約形式（Contract Type）」，合約形式有以下三種：

   (1) 固定價格（Fixed Price）-「總價」合約：價格標，最低價者得標，規格要清楚。對「賣方」而言，「確實固定價格」合約是風險最高的。

   (2) 成本可償還（Cost-Reimbursable）-「實價」合約：拿發票來結報，實報實銷，適用於非我專業，規格不完全。對「買方」而言，「成本加固定費用」合約的風險是最高的。

   支付賣方金額 = 實際成本（發票金額）（材料錢）+ 賣方利潤（工錢）

   若賣方省錢，則利潤要多給一些；賣方浪費錢，利潤要扣一些。

   (3) 時間與材料（Time and Material）（T&M）-「單價」合約：案例如人員工時加上線材費用或開口（開放式）合約（定單價，不定總價，因為數量未知）。

43. 激勵（Incentive）：買方與賣方基於共同的目標（範疇、時間、成本、品質等）一致，一般適用於大型努力和長期的開發。例如，賣方若能提早交貨，則買方除了原始固定價格外，要多支付激勵金給賣方。

44. 招標文件（Bid documents）有四種：

   (1) 投標邀請書（Invitation For Bid）（IFB）：適用於固定總價合約。

   (2) 資訊需求書（Request For Information）（RFI）：適用於徵求賣方提供採購標的資訊。

   (3) 提案邀請書（Request For Proposal）（RFP）：適用於成本可償還合約。

   (4) 報價邀請書（Request For Quotation）（RFQ）：適用於時間與材料（T&M）合約。

45. 「執行採購」主要有三項任務：

(1) 獲得賣方回應（尋商訪價）。

(2) 選擇賣方（評選商源），「選擇的賣方」，就是「得標商（供應商）」。

(3) 授予合約（簽署協議），協議（Agreement）就是合約的總稱，合約的任何變更均應是「正式且書面（Formal Written）」。

46. 「廣告（Advertising）」就是公告，讓越多的賣方知道來參與標案，買方可以買到更符合的（高品質且低價格）商品，也可透過「投標人會議（Bidder Conference）」，來解答投標商對採購案的問題，投標人會議在 PMP 考題中常考情境題，是重要的 PMIism（出題精神），也請讀者留意。

47. 專案經理需要熟悉合約的協商與談判（Negotiation）技巧（考題會出現一些情境題）：

(1) 與賣方發展良好的關係。

(2) 得到公平合理的價格（不是我方最大利潤）。

48. 專案工作在執行時需要的四大資訊系統整理：

(1) 專案管理資訊系統（PMIS）：記錄專案的進度、成本、及績效的資訊。

(2) 工作授權系統（Work Authorization Systems）：定義為在正確的時間、地點，完成正確的工作，如 ERP（企業資源規劃）或工單（製令）系統。

(3) 構型（形態）管理（Configuration Management）系統：
    (a) 若是針對產品，就是記錄規格的演進歷程。
    (b) 若是針對文件、軟體，則是管理版次的修訂履歷。

(4) 知識管理（KM）系統，也就是要做好「經驗傳承」，要記錄在「經驗學習登錄表」。

49. 專案的監控要在「全程」實施，監控就是是「績效」與「計畫」做比較，因此「變異分析」與「趨勢分析」是常見的方法與工具。針對監控另一個口訣是：「監控現況、管理變更」。

50. 變更請求（Change Requests）可分為下列三大類：

(1) 預防行動（Preventive Actions）：還沒發生且不希望發生。

(2) 矯正行動（Corrective Actions）：已經發生，但不希望未來再度發生。

(3) 缺點改正（Defect Repair）：品質問題上的疵病（不符合事項）修復。

51. 變更請求，其實就是「設計變更」或「改善提案」，要送去「執行整合變更控制（ICC）」流程，交由「變更控制委員會（CCB）」去審查。執行整合變更控制的各階層權限說明如下：

(1) 贊助人：核准權。

(2) 變更控制委員（CCB）：審查權。

(3) 專案經理（PM）：分析及提出權。

52. 執行整合變更控制（ICC）流程的順序：

(1) PM 要發揮影響，希望專案不要變更。

(2) 發生變更時，PM 要查知。

(3) PM 要分析變更之衝擊影響。

(4) PM 要擬定變更請求，送去變更控制委員會（CCB）審查。

(5) PM 要持續關心審查進度，直到核准。

(6) 核准的變更請求要適時地通知利害關係人。

(7) 唯有「核准的」變更請求可以納入執行。

53. 專案的交付，包括：專案交付物的範疇與品質。其中，專案範疇管理的順序，依序是：收集需求、定義活動、建立工作分解結構、及確認範疇（顧客驗收）。

54. 「收集需求」是要收集「利害關係人」的需求，要產生「需求文件」與「需求追蹤矩陣」。「收集需求」的重要方法與工具整理如下：

(1) 訪談（Interview）：請教有經驗的前輩。

(2) 焦點團體法（Focus Groups）：一群專家 + 話題鎖定。

(3) 標竿法（Benchmarking）：向模範學習。

(4) 名義團體法（Nominal Group Technique）：腦力激盪 + 投票表決。

(5) 關係圖（Affinity Diagrams）（親和圖）：將大量資料分類。

(6) 心智圖（Mind Mapping）：又稱思維導圖，啟發想法，無限延伸。

(7) 促進研討會（Facilitated Workshop）：「聯合審查」，舉行「跨部門」會議以「加速」達成共識。

(8) 系統關聯圖（Context Diagrams）：流程 IPO 模式。

(9) 原型（Prototype）（雛型）：如概念車、飛機風洞實驗或 3D 列印技術。

(10) 德爾菲法（Delphi Technique），就是專家隔離偵訊（徵詢）法，其流程是：發問卷、經過多輪討論、達成共識，主要目的是降低偏見。

55. 「定義範疇」，產生「專案範疇說明書（PSS）」，也就是專案的「規格書」。此外，範疇基準（Scope baseline）包括下列 3 項：

(1) 專案範疇說明書（PSS）：類似專案規格書。

(2) 工作分解結構（WBS）：交付物的科層式（樹狀）分解。

(3) 工作分解結構字典（WBS Dictionary）：是 WBS 的補充資料。

56. 無法控制的範疇變更稱為「範疇潛變（Scope Creep）（或範疇蔓延）」，是 PMI 不喜歡的行為，因此要「結束現有合約，另起新合約」。另一個 PMI 不喜歡的是「鍍金（Gold Plating）」，也就是超過顧客預期，是徒勞無功的。正確的是要「No More No Less」，剛剛好即可。範疇潛變與鍍金的差別是範疇潛變是顧客要求額外要加的；而鍍金是多此一舉主動加給顧客的。

57. 品質成本 = 預防成本 + 鑑定成本 + 內部失敗成本 + 外部失敗成本。

58. 專案管理三部曲 -QP（規劃品質管理）、QA（管理品質）（品質保證）、QC（控制品質）（品質管制）。

59. 品質的定義：一組與生俱備的特性（特徵）（Characteristics）所能實踐需求的程度，也就是「符合要求（Conformance of Requirement）」、「適合使用（Fitness for Use）」。

60. 「規劃品質管理」產生「品質管理計畫」及「品質度量（Quality Metrics）」，其中品質度量就是與品質相關的 KPI，如不良率、客訴率。

61. 特性要因圖（Cause-and-Effect Diagrams）又名因果關係圖、石川圖（Ishikawa Diagram）、魚骨圖（Fishbone Diagram），可依據「5M1E（人機料法量環）」來分類，「找出問題可能發生的原因」。

62. 柏拉圖（Pareto Chart）是一種「特殊的直方圖」，依據品質不良各類別發生的次數，「由高至低，由左至右」排列，來「找出改善的重點順序」，也就是「重點管理」，也稱「80-20」法則（或稱二八法則），80% 的問題，發生於 20% 的原因，而這 20% 的原因就是「關鍵的少數（Critical Minor）」。柏拉圖的關鍵字：排序（Priority, Prioritize, Ranking Ordering）、最多缺點的類別（Highest Number of Defects）、關鍵（Critical）、聚焦（Focus），這些都是 PMP 常考的關鍵字。

63. 標準差就是精度，精度高則標準差小，精度低則標準差大。依據常態分配的鐘形曲線顯示：1 倍標準差是 68%，2 倍標準差是 95%，3 倍標準差是 99.73%，6 倍標準差是百萬分之 3.4（在 1.5 倍標準差的偏移下）。

64. 「管理品質」（QA），其中有一個工具是（品質）稽核（Quality Audit，也可簡稱 QA），所以 QA（Quality Audit）是 QA（Quality Assurance）的工具。其中品質稽核就是要確認流程符合「說、寫、做、記錄」一致。此外，「管理品質」也會產生「品質報告（Quality Reports）」，就是品質現況與改善方案的彙整。

65. 「控制品質（QC）」產生「品質管制量測（Quality Control Measurements）」，也就是「檢驗結果」，要回饋（Feedback）給「管理品質」；另外，也會產生「驗證的交付物（Verified Deliverables）」，要送去「確認範疇」做為投入，以利顧客正式驗收。

66. 專案量測（Measurement），係依據專案規劃時的度量（Metrics），評估在 [2.6 專案交付] 的績效，並與 [2.4 專案規劃] 時的基準作比較。建立有效的量測，要了解「關鍵績效指標（KPI, Key Performance Indicators）」，可分為「落後指標」與「領先指標」，並且要符合「SMART」目標訂定法。

67. 專案簡報（展現）資訊（Presenting Information），包括 4 個大型的圖表：儀表板（Dashboards）、燃盡圖與燃燒圖（Burndown and Burnup Charts）、資訊散熱器（輻射器）（Information Radiators）、及任務板（Task boards）或稱為看板（Kanban）。

68. 實獲值分析（EVA, Earned Value Analysis）非常重要，就是專案的時程與成本的績效管理，屬於常考題，請讀者要熟悉下節計算公式精華的整理。

69. 敏捷專案管理常常要處理「霧卡（VUCA）」的環境，所謂 VUCA 就是：易變（波動）性、不確定性、複雜性、模糊性。

70. 風險（Risk）是來自於不確定性（Uncertainty），有其發生的機率，及發生時的衝擊影響，風險管理之目的在於防患於未然，專案風險管理的 7 個管理流程：規劃（Plan）→識別（Identify）→分析（Analysis）（分為定性分析與定量分析）→回應（Response）→執行（Implement）→監督（Monitor）的英文字頭語，放在一起可整理成口訣：「PIA^{2}RIM」（避安・我是）。

71. 各種分解結構的整理，屬於樹狀（科層式）組織：

   (1) WBS 工作分解結構 建立工作分解結構

   (2) OBS 組織分解結構 規劃資源管理

   (3) RBS 資源分解結構 估計活動資源

   (4) RBS 風險分解結構 規劃風險管理

72. 識別 OO，會產生 OO 登錄表。「識別風險」產生「風險登錄表」；「識別利害關係人」產生「利害關係人登錄表」。其中風險登錄表（Risk Register）就是已識別「風險清單」，「識別風險」另一個產出是「風險報告」，就是專案風險資訊的彙整。

73. 風險管理常運用二維分析：識別→分析（分類）→產生策略（回應行動），這也就是「麥肯錫決策矩陣」。

74. 風險分數（Risk Score）= 機率 × 衝擊

= 風險優先數 =RPN=Risk Priority Number

其中機率就是發生度（Occurrence），衝擊就是對專案目標（範疇、時程、成本、品質）的影響，也就是嚴重度（Severity）。

75. 「執行定量風險分析」就是「量化風險影響」，三大工具整理如下：

(1) 「敏感度分析」可以運用「龍捲風圖」，將參數影響由寬至窄，由高至低排列，要掌握對專案影響最大的參數。

(2) 「模擬」常運用「蒙地卡羅分析」，其關鍵字：建模、隨機數據、多次模擬、產生分佈，在「發展時程」也有運用過。

(3) 「決策樹分析」運用「期望值（EMV）」，來評估選定最佳方案。

76. 對「負面的風險」又稱「威脅」，其回應策略有五種：

(1) 迴避（Avoid）：是「積極」的「預防」措施，也就是「超前部署」。

(2) 轉移（Transfer）：轉移到第三方，如保險、採購或委外（外包）。

(3) 減輕（Mitigate）：降低風險發生機率或降低風險對專案的影響。

* 註：上述三項可用口訣：「ATM」（提款機）來記憶。

(4) 接受（Accept）：主動或被動地接受風險。

(5) 呈報（Escalate）：可向上呈報（提升層次）至計畫或組合層次來管理。

77. 對「正面的風險」又稱「機會」，其回應策略有五種：

(1) 開發（Exploit）：絕對級，一定要爭取。

(2) 分享（Share）：策略結盟。

(3) 增強（Enhance）：比較級，增加機會。

* 註：上述三項可用口訣：「SEE」（常露臉）（或洞察機先）來記憶。

(4) 接受（Accept）：機會來臨時，願意取其利益，而不是主動追求它。

(5) 呈報（Escalate）：超出範疇或權限時，向上呈報。

78. 專案的標準架構與流程，是需要「裁適（Tailoring）」的，就能更適合組織、作業環境、及專案需求。專案裁適的流程有四大步驟：選擇起始開發方式、對組織的裁適、對專案的裁適、進行持續改善。

79. 專案管理的標準架構，共分為模型、方法、及工件三個層級：

(1) 模型（Model）：一種思考的策略，來解釋一個流程、「框架」、或現象。

(2) 方法（Method）：達成專案交付物、結果、或產出的方式（也就是「工具」）。

(3) 工件（Artifact）：人為的「成果」，如範本、文件、產出或交付物。

80. 敏捷宣言（Agile Mindset）的 4 大價值：

(1)「回應變更」重於「遵循計畫」。

(2)「顧客協作」重於「合約談判」。

(3)「可用的軟體」重於「完整的文件」。

(4)「個人與互動」重於「流程與工具」。

81. 請熟悉「敏捷 12 項原則」、三大重點（透明性、檢視性、調適性）及五大精神（承諾、專注、開放、尊重、勇氣）。

82. 敏捷的開發工具包括：Scrum、Lean（豐田生產系統 TPS 的精實管理）、看板（Kanban）、XP（Extreme Programming）（極限編程）、價值流圖（Value Stream Mapping）、Crystal（水晶方法論）、DSDM（動態系統開發法）、AUP（敏捷統一流程）及 FDD（功能驅動開發）。

83. 敏捷團隊的三大角色：

(1) 產品負責人（Product Owner）：是顧客（客戶）的代言人（代表），負責與顧客及利害關係人的溝通，要建立產品待辦清單（Product Backlog），且要對專案（產品或軟體開發）負成敗之責。

(2) 敏捷教練（Scrum Master）：採用僕人式領導（服務型領導）（Servant Leadership），提供資源（支援），消除障礙，並擔任產品負責人與開發團隊間的溝通橋梁。

(3) 開發團隊（Development Team）：成員通常是 5 到 9 人，屬於跨部門團隊成員（Cross-functional Team Members），其實就是專案（產品或軟體開發）實際的執行者，採用自我組織團隊（Self-organizing）。主要工作為：衝刺規劃（Sprint Planning）與擬定衝刺待辦清單（Sprint Backlog）及估計工作量（故事點）。

84. 敏捷教練的 16 大角色：促進者、僕人式領導、障礙移除者、教練、老師、輔導師、經理、變革代理者、敏捷警察、英雄、文書員、祕書、咖啡店員、主席、管理者、團隊老闆。簡言之，就像是「領頭母象」或是「多啦 A 夢」，帶領團隊且有許多法寶，能促進完成任務。

85. 敏捷的發布循環（Release Cycle）：最上層的是發布（如版本 1.0，版本 2.0 等），中間的是迭代（Iteration），最下層的為衝刺（短衝）（Sprint），要產生增量的（Incremental）交付。

86. 敏捷專案管理的運作架構，需要逐步的完成以下的工作：

(1) 發布專案章程（Project Charter）：得到正式的專案授權。

(2) 組織敏捷團隊（Agile Teams）：指派敏捷團隊三大角色。

(3) 建立產品願景盒（Product Vision Box）：描述產品的重要功能與特性。

(4) 人物誌（Personas）：識別重要的利害關係人之需求。

(5) 建立使用者（用戶）故事（User Story）：我身為、我希望有什麼功能、能達成什麼。

(6) 運用影響地圖（Impact Mapping）：Why（目的）、Who（對象）、How（方式）、What（內容）。

(7) 建立產品路線圖（Product Roadmap）：以 Who、How、What 建立初始的產品待辦清單。

(8) 建立產品待辦清單（Product Backlog）：運用 ECRS 法則（刪除、合併、重排、簡化）來建立精煉後的產品待辦清單。

87. 發布規劃（Release Planning）要完成的工作：

(1) 進行刺探（Spike）：短時間的快速試驗。

(2) 進行故事點（Story Points）估計。

(3) 排定任務的優先次序。

(4) 規劃發布、迭代與衝刺的工期，也就是時間盒（Time Box）（固定時間）。

(5) 確認敏捷管理的速度（Velocity）。

88. 故事點（Story Points）的估計：常用 Scrum Poker（敏捷卡牌）或稱為 Planning Poker（規劃卡牌）來估計，這些卡牌的數列是運用「費波那契（Fibonacci）數列」（也就是黃金分割），由「開發團隊」成員來進行故事點的估計。

89. 排定任務的優先次序：常運用「狩野紀昭（Kano）二維模型」（當然品質、魅力品質、一維化品質、無差異品質、反轉品質）與「莫斯科排序法（MoSCoW）」來進行。

90. 莫斯科排序法（MoSCoW）：

(1) Must Have：一定需要的（必備的），如汽車方向盤、輪胎。

(2) Should Have：應該具備的（也是需要的），如：冷氣、音響。

(3) Could Have：可以需要的，有會更好的，如：定速、360 度環景攝影。

(4) Won't Have：暫時沒需要的，下次發布時再加入，如自動駕駛、電動車。

91. 敏捷速度（Velocity）的估計：敏捷不是求快，而是要有穩定與持續的速度。通常每個衝刺（Sprint）的時間盒（Time Box）是固定的，可設定為 1-4 週，尤以 2 週為最佳。由開發團隊估計每個衝刺期間，可以完成多少個故事點（Story Points），就稱為敏捷速度。

92. 衝刺規劃（Sprint Planning）：確認每個衝刺時間盒（Time Box）的長度，及確認每個衝刺，可完成多少的故事點（Story Points）。因為敏捷管理有時間盒（Time Box）的概念，因為需求不是確定的，反而是切固定時間，時間到就停，所以專案比較不會延遲（Delay）。

93. 衝刺待辦清單（Sprint Backlog）：

    (1) 由產品路線圖（Product Roadmap）或稱為使用者故事地圖（User Story Roadmap）所展開的產品待辦清單項目（Product Backlog Item），再繼續分解展開而來。

    (2) 常用看板（Kanban）管理模式來進行，如待辦項目（To-Do）、進行中（Doing）、測試中（Testing）、已完成（Done）等，由團隊成員認領任務來完成。

94. 每日立會（Daily Scrum）：每日不超過 15 分鐘的站立會議，討論事項包括：

    (1) 昨天完成了哪些工作？

    (2) 今天預計要做那些工作？

    (3) 有沒有遇到任何阻礙？

95. 衝刺審查（Sprint Review）：由產品負責人帶領展現產品成果，由利害關係人（或顧客）審查驗證，給予回饋的修正意見。常運用的圖表，包括：「迭代燃盡圖（Iteration Burndown Charts）」與「停車場圖（Parking Lot Diagram）」。

96. 衝刺回顧（Sprint Retrospective）：是提供未來學習、成長及調適修正的檢討會議，有點像下圍棋的「覆盤」。主要之目的在：回顧與自省。常用的工具為：開始做（Start）、持續做（Keep）、停止做（Stop）的表格或海報。

97. 敏捷的一些名詞定義：

    (1) 價值流圖（VSM, Value Stream Mapping）：分析流程，找出等待的時間，且要消除之，因為等待是沒有價值的。

(2) 在製品（半成品）（WIP, Work in Process）：在敏捷管理中，因為只做最重要的事，因此要「限制」WIP 的數量，且要找出流程中的瓶頸。

(3) 複雜模型：肯內芬框架（Cynefin Framework），包括：明顯、繁雜、複雜、混沌。並可進階至二維的史黛西矩陣（Stacey Matrix）。

(4) 敏捷管理的層級，由高至低排列：主題（Theme）（或發布）、史詩（Epic）（或起始、迭代）、功能（Feature）（或衝刺）、故事（Story）、及任務（Task）。

(5) 技術負債（Technical Debt）：就是揠苗助長的意思，現在求快反而未來會更慢。

(6) 利特爾法則（Little's Law）：前置時間 = 在製品數量 / 吞吐量。

(7) 最小可行產品（MVP, Minimum Viable Product）：敏捷管理中，要講究時效，要讓產品先上市，再依據市場狀況與顧客回饋，進行產品修正與升級。

(8) 完成的定義（DoD, Definition of Done）：可運用檢核表（已完成的話打勾）或搭配迭代燃盡圖，可以呈現出工作進度的真實樣貌。

98. 敏捷的五大關鍵要素：透明、自發、協同、回饋、精進。

99. 敏捷的 3-5-3 法則：

(1) 3 大角色（Roles）：產品負責人（Product Owner）、敏捷教練（Scrum Master）、開發團隊（Development Team）。

(2) 5 大活動（事件）（Events）：衝刺（Sprint）、衝刺規劃（Sprint Planning）、每日立會（Daily Scrum）、衝刺審查（Sprint Review）、衝刺回顧（Sprint Retrospective）。

(3) 3 大工件（成果）（Artifacts）：產品待辦清單（Product Backlog）、衝刺待辦清單（Sprint Backlog）、產品增量（Product Increment）。

100. PMI 是全世界最公正廉明的機構，因此遇到專案管理執業時的專業精神與職業倫理道德的題目時，要選擇最正直的答案。

7.3 計算題公式集錦

雖然目前的 PMP 考試已經幾乎不考計算題了，但是本書還是將專案經理在實務應用時，所需要知道計算公式，進行整理。

名稱	公式	補充說明
溝通管道數量	$C_2^n = \dfrac{n \times (n-1)}{2}$ n = 團隊中的成員人數	n 應包括專案經理 例：如果團隊從四個人變成五個人，則溝通管道數量為： [5×(5-1)]/2 −[4×(4-1)]/2 = 4
期望值（EMV） Expected Monetary Value	期望值 = Σ（機率 × 衝擊）	Σ 代表連加，請考生注意正負號 衝擊就是對專案時程或成本的影響
PERT 工期估計法 PERT Estimation	$t = \dfrac{O+4M+P}{6}$ O= 樂觀值 M= 最有可能的值 P= 悲觀值	PERT 工期估計法是屬於加權型的三點估計法
標準差 Standard Deviation	$\sigma = \dfrac{P-O}{6}$ O= 樂觀值 P= 悲觀值	標準差代表估計的精度範圍
浮時 Float/Slack	LS−ES LS = 最晚開始時間 ES = 最早開始時間 LF−EF LF = 最晚結束時間 EF = 最早結束時間	要徑上的活動，浮時 =0
時程績效指標 Schedule Performance Index（SPI）	$SPI = \dfrac{EV}{PV}$ EV = 實獲值 PV = 計畫值	> 1 進度超前 = 1 進度符合 < 1 進度落後

名稱	公式	補充說明
時程變異 Schedule Variance（SV）	$SV = EV - PV$	> 0 進度超前 = 0 進度符合 < 0 進度落後
成本績效指標 Cost Performance Index （CPI）	$CPI = \dfrac{EV}{AC}$ EV = 實獲值 AC = 實際成本	> 1 預算節省 = 1 預算符合 < 1 預算超支
成本變異 Cost Variance（CV）	$CV = EV - AC$	> 0 預算節省 = 0 預算符合 < 0 預算超支
完工估計 Estimate at Completion （EAC） （假設 CPI 值維持相同）	$EAC = \dfrac{BAC}{CPI}$ BAC = 完工預算 CPI = 成本績效指標	照這樣下去，完成專案一共要花多少錢？
至完工還需成本 Estimate to Completion （ETC）	$ETC = EAC - AC$ EAC = 完工估計 AC = 實際成本	已花費不計，到完工時還要花多少錢？
完工變異 Variance at Completion （VAC）	$VAC = BAC - EAC$ BAC = 完工預算 EAC = 完工估計	與原規劃預算相比，相差多少錢？ > 0 預算節省 = 0 預算符合 < 0 預算超支
完工績效指標 To-Complete Performance Index（TCPI）	$TCPI = \dfrac{BAC - EV}{BAC - AC}$ BAC = 完工預算 EV = 實獲值 AC = 實際成本 $CPI_{剩} = \dfrac{EV_{剩}}{AC_{剩}}$	< 1 預算寬裕（允許超支） = 1 預算符合 > 1 預算緊縮（要節省成本）

PMP 全真模擬試題

 ## 8.1　模擬試題－第 1 回

新制 PMP 考試的題型，計有：填充題、圖表熱點題、配合題（連連看）、複選題及單選題等五大類，總題數為 180 題，考試時間是 230 分鐘（每考 60 題，會有 10 分鐘的休息）。請讀者要多加練習與熟悉 PMP 考題出題的方式。

一、填充題（Fill-in-the-blank）

1.　請問下列 A, B, C, D 四個方案中，哪一個方案的人力運用最有效率，也就是效益成本率（Benefit Cost Ratio）最高？

方案	工作量（單位)	人數
A	8	4
B	10	3
C	4	4
D	2	3

註：是屬於「選擇題式的填充題」，請「用鍵盤鍵入」A/B/C/D，來做答。

二、圖表熱點題（Hot Spot）

2. 看板（Kanban）管理各製程的看板數與在製品（半成品）（WIP, Working in Process）數量，如下圖所示，請問哪一個製程是整個流程的瓶頸，需要增加看板，來解決這個製程的問題？

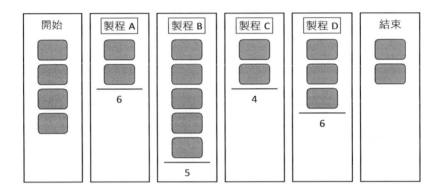

註：請直接在製程 A/B/C/D 上用「滑鼠點選」，會以「反顏色來做答」。

三、配合題（連連看）（Drag and Drop）

有「3 對 3」，「4 對 4」，「5 對 5」等，由左邊框框，用「滑鼠按住拖曳」，拉到右邊對應的框框，來做答。

應試技巧小叮嚀

請考生特別注意，尤其是第一階段的配合題真的很難，有些配合題會覺得是故意把問題寫得很不清楚，題目左邊都是一些情境，文字敘述非常模糊，很難理解，也不易分辨，英文好的考生，建議可以看一下英文原題，但是英文也是很難理解，會建議找題目的「關鍵字」來選答案。

---

3. 請將下列「敏捷角色職責」對應到適當的角色：

協助溝通產品願景與目標，並排除團隊障礙	(A) 產品負責人
鼓勵合作、信任、聆聽、及善用同理心來服務團隊	(B) 敏捷教練
列出開發產品項目，並排定優先順序	(C) 僕人式領導

4.　請對應各個「**品質工具方法**」與適用情況：

依據發生數量大小，由左排至右排列，並決定關鍵項目		(A) 檢驗
找出問題可能發生的原因		(B) 柏拉圖
進行審查，確認產品是否符合標準		(C) 管制圖
監控製程的穩定性及隨機的變動		(D) 特性要因圖（魚骨圖）

5.　請將「**敏捷專案管理會議**」的定義與會議名稱做對應：

檢視與溝通進度及障礙的問題，提出後於會後另外再討論		(A) 衝刺規劃會議
團隊成員協同合作，進行工作檢討與反思		(B) 每日站立會議
展現衝刺成果與客戶檢視，並調整方向		(C) 衝刺審查會議
解釋衝刺各故事點的內容，並轉換成實際工作項目		(D) 衝刺回顧會議

6.　請對應下列「**PM 人際關係**」的敘述與專有名詞：

PM 向利害關係人介紹專案優勢，期許利害關係人協助並認同專案		(A) 情緒商數（EQ）
團隊成員會議中因意見分歧產生爭執，此時 PM 告知暫停會議，等候團隊成員情緒安穩後，再繼續進行會議		(B) 人脈資源
一位團隊成員在會議中強烈吹噓其能力及專業，造成其他成員反感，PM 對該成員進行輔導並且要求成員注意言行舉止		(C) 衝突管理

7.　請對應下列「**專案風險管理回應行動**」的敘述與專有名詞：

因為不知如何因應風險，只好沒有作為，承擔損失		(A) 呈報
與人結盟，共同合作，爭取機會		(B) 轉移
買保險或委外處理，將風險換到第三方		(C) 分享
因 PM 自身權力不足，向上級說明狀況，請求協助		(D) 接受

8. 請對應下列「**敏捷式（Agile）開發**」的方法：

使流程精簡與最佳化		(A)Scrum（敏捷）
是一種高頻率循環的軟體開發方式，藉由顧客回饋，達成短週期交付		(B)XP（極限編程）
專注於製程到顧客交付流程的價值提升		(C)Lean（精實）
是一種敏捷專案管理的架構（Framework）		(D)Kanban（看板）
使工作可視化與掌握工作瓶頸		(E)VSM（價值流對應圖）

9. 請對應下列「**專案策略管理**」的敘述與名詞：

一群以協調方式來管理的相關專案，其目的在獲得利益		(A) 專案組合
是企業發展永續經營的目標		(B) 計畫
是多個專案或作業以群組方式管理，其目的在達成企業的策略目標		(C) 願景

10. 請對應下列「**塔克曼階梯**」的「**團隊各時期**」：

大家開始尊重，試著了解對方的想法		(A) 形成期
大家互相討論專案心得，檢討回顧後，人員歸建		(B) 風暴期（震盪期）
爭執佔大部分，誰也不讓誰		(C) 規範期
團隊建立的初期，大家彼此還不熟悉，就像是一個個高高聳立的穀倉，本位主義過大，缺乏溝通，也稱為穀倉效應（Silo Effect）		(D) 執行期（績效期）
團隊成員發揮職能專長，開始獨立作業，表現優異，朝向團隊共同的目標，協同合作解決問題		(E) 終止期

11. 請對應下列「**衝突解決的方式**」（情境式，都是有關生意上處理的情況來判斷）：

請依據我方所要求的，不要的話，就算了		(A) 撤退
今天的談判就到此了，我方退席		(B) 妥協
強調雙方的共通性，只能暫時解決問題		(C) 調和
雙方各退一步，找出折衷點		(D) 強制

12. 請對應下列各個「**專案時程管理**」方法工具與說明：

說明專案時程活動及其間之依存關係，並繪製成圖表		(A) 網路圖
了解剩餘工作與時間之變化趨勢		(B) 順序圖（PDM）
找出最關鍵的路徑，並可求得浮時		(C) 要徑法（CPM）
以節點（Node）代表某項活動，並以箭號（Arrow）顯示各活動間先後順序表示法		(D) 迭代燃盡圖

四、複選題

與台灣常見的複選題不同，比較簡單一些，所以 PMI 還是仁慈的，「**會告知有多少項正確的答案**」，有「5 選 2」與「5 選 3」這兩種。

```
應試技巧小叮嚀

答案選項中，有一些明顯錯誤的選項，可運用「刪去法」，來確認正確的答案。
```

〔　　〕13. 在敏捷式（Agile）專案管理的第六次迭代中，團隊某成員提出一個正在面臨的問題，並表示他很早就知道這個問題存在可能性，但團隊其他成員卻都是第一次聽到。當初問題還沒發生時該如何做？（複選 2 項）

(A) 使用石川圖分析所有可能問題

(B) 與團隊成員討論該如何進行衝刺（短衝）（Sprint）

(C) 安排衝刺回顧會議（Sprint Retrospective）

(D) 每日站立會議後，安排足夠的時間討論，並鼓勵彼此尊重溝通

(E) 安排每日站立會議時討論

〔　　〕14. 一個開拓新據點的展店專案，發生了一個嚴重的時程延誤問題，妳身為專案經理，如果想要知道問題發生的可能原因，要運用什麼工具？（複選 2 項）

(A) 散佈圖（Scatter Chart）

(B) 魚骨圖（Fishbone Diagram）

(C) 管制圖（Control Chart）

(D) 柏拉圖（Pareto Chart）

(E) 5 Whys（連問五次為什麼）

〔　〕15. 針對敏捷專案管理的敏捷教練（Scrum Master），以下哪些是他要採取的措施？
（複選 3 項）

(A) 幫忙協助解決內部管理障礙

(B) 確保團隊中的每個人都要了解專案的目標

(C) 就團隊如何設計實用的軟體做出重要決策

(D) 防止外部問題佔用團隊過多的時間

(E) 積極參與各種設計內容的討論

〔　〕16. 敏捷團隊的新成員，不同意目前要遵守的基本規則，你身為敏捷教練，該如何
進行？（複選 2 項）

(A) 解釋此基本規則的原因，並鼓勵新的團隊成員嘗試遵循規則

(B) 刪除此規則，並尋找替代規則

(C) 輔導學習敏捷管理的內涵

(D) 向新團隊成員展示，這些規則都是來自敏捷宣言中的原則

(E) 直接懲處，避免重複發生

〔　〕17. 在混合式（Hybrid）專案創建虛擬團隊（Virtual Team）的時候，最應該做什麼？
（複選 2 項）

(A) 確認資源分解結構（RBS）

(B) 查看大家是否位於多個地方工作

(C) 建立團隊章程（Team Charter）

(D) 建立責任分派矩陣（RACI）

(E) 計算溝通管道（Communication Channels）

〔　〕18. 簽約完成，執行完第一次衝刺，在迭代過程中，利害關係人希望在第一個里程
碑可以有交付項目，也希望把第二個里程碑的項目，提前放到第一個交付項
目。你是專案經理，已經跟他說不行了，請問你要怎麼辦？（複選 2 項）

(A) 請團隊成員評估第二個里程碑的重要功能

(B) 請問利害關係人，他認為的功能排列順序

(C) 跟利害關係人堅持不能動第二里程碑

(D) 溝通是否還是放在下次的衝刺中

(E) 協商在第一個交付項目，部分實踐納入第二個里程碑的項目

〔　〕19. 一個預測式（Predictive）專案，其截止日期（Deadline）（註：有時會直接翻譯成「死線」）的交付期在兩週後，但是現在還有需求回應要處理，大約會花三週，你該怎麼辦？（複選 2 項）

(A) 需求回應交給特定幾個人員來處理

(B) 請大家放慢腳步

(C) 照原訂計畫進行

(D) 請大家加班

(E) 找外部團隊處理

〔　〕20. 政府有一個蓋新火車站的專案，但當地居民非常反對這個專案，並且向市長反應不排除採取法律手段，你是這個專案的專案經理，你應該怎麼做？（複選 2 項）

(A) 開會與居民溝通了解問題的根源

(B) 於網路上發布新火車站完成後能帶來的好處

(C) 與市長共同檢視專案管理計畫

(D) 採取更強制的做法，強迫民眾接受

(E) 不做任何行動，讓民眾自然接受

五、單選題

請多練習與熟悉 PMIism，也就是出題精神，掌握到題目情境的「關鍵字」，並請多研讀本書第 7.2 節之重點口訣 100 則 - 總整理，這是 PMI 出題的精華彙整。

應試技巧小叮嚀

考試要訣就是多運用五大流程群組、十大知識領域的架構定位來回答問題，也就是看到題目時，先判定這是要考哪個管理流程，去思考這個流程的投入、工具與技術、及產出，再依照題目的情境，去選擇一個最積極、圓融、考慮周詳、能解決問題的「最佳方案」（the Best Answer）。

〔　〕21. 請問看板（Kanban）是哪一個敏捷（Agile）管理流程中，最常用到的工具？

(A) 使用者故事（User Story）　　　(B) 每日立會（Daily Scrum）

(C) 產品願景盒（Product Vision Box）　　(D) 發布規劃（Release Planning）

〔　〕22. 有一個預測式（Predictive）專案，一位專案的利害關係人升職了，請問你要優先
更新什麼計畫或文件？
(A) 利害關係人參與計畫　　　　　　(B) 溝通管理計畫
(C) 利害關係人登錄表　　　　　　　(D) 資源管理計畫

〔　〕23. 專案進度要求嚴格，敏捷教練（Scrum Master）在帶領專案團隊衝刺（短衝）
（Sprint）後，專案要如何確定能夠達成品質需求？
(A) 規劃品質管理流程
(B) 於各階段完成後，邀請專案贊助人一同確認成果是否符合需求
(C) 控制品質，加強檢驗
(D) 延長產品製作時間，以求提高品質

〔　〕24. 一個混合式（Hybrid）專案的客戶提出希望縮短專案時程，要求專案經理縮短品
質測試時間，請問專案經理應該要怎麼做？
(A) 更新利害關係人參與評估矩陣　　(B) 修正管理品質內容
(C) 還是要遵循品質管理計畫進行　　(D) 執行風險回應行動

〔　〕25. 公司承接一個老舊房屋的都市更新的專案，出現一個大家都沒有很懂的議題，請
問要怎麼辦？
(A) 請公司增派資源　　　　　　　　(B) 讓通才團隊自己來完成
(C) 依現有團隊進行教育訓練　　　　(D) 從外面聘請專門人才

〔　〕26. 有個法規鬆綁可能對妳的專案有利，妳的專案是屬於預測式專案，請問應該怎麼
做才能讓公司獲利？
(A) 記錄在風險登錄表　　　　　　　(B) 執行變更管理計畫
(C) 要求團隊趕快做準備　　　　　　(D) 進行成本效益分析

〔　〕27. 在敏捷式專案管理中，開發團隊內部與團隊成員之間，針對傳遞資訊，最有效果
與最有效率的方式是下列哪一項？
(A) 發電子郵件　　　　　　　　　　(B) 面對面交談
(C) 召開小組會議　　　　　　　　　(D) 定期提交成果報告

〔　〕28. 公司搬遷整體是採用預測式（Predictive）管理，但在某軟體安裝則是使用敏捷式（Agile）管理，公司要如何和軟體安裝廠商談合約，才能做到在執行搬遷專案時可以順利安裝軟體，且不會超過預算？

(A) 採用預測式，因為自己公司採用預測式管理

(B) 採用敏捷式，因為軟體安裝是敏捷式

(C) 採用敏捷式，依據增量來付款

(D) 採用混合式，重新設計合約

〔　〕29. 混合式專案的專案經理，更需要具備多項人際關係的技巧，其中包括會議管理（Meeting Management）的職能，請問專案經理應如何舉行有效率的會議？

(A) 舉行站立會議（Standing Meeting）

(B) 強化協商與談判（Negotiation）技巧

(C) 事先發布明確議程（Agenda）

(D) 進行敏捷發布規劃（Agile Release Planning）

〔　〕30. 有位跟大家很好的專案成員要離開專案，團隊成員士氣低落無法協同作戰，身為專案經理的你，應該怎辦？

(A) 辦理團隊建立（重新建立團隊）

(B) 再度闡明專案目標，及確認大家的需求

(C) 回到團隊的規範期

(D) 請士氣低落的團隊成員去休假

〔　〕31. 公司想要採用迭代式（Iterative）專案管理，希望要一直有可交付成果來產出，要怎麼辦進行？

(A) 建立里程碑　　　　　　　　　(B) 製作原型（雛型）

(C) 外包處理　　　　　　　　　　(D) 實施衝刺（短衝）（Sprint）

〔　〕32. 有位團隊成員表現出色，但你不想公開誇獎怕造成大家的壓力，又怕他離職，請問要怎麼辦？

(A) 私下獎勵他

(B) 把他調到高位（升職）

(C) 寄 e-mail 給他，嘉許他表現很好

(D) 請他擔任輔導員（Tutor）或訓練員（Trainer），來協助其他成員

〔　〕33. 專案贊助人，要求導入敏捷專案管理，請問你該如何處理？

(A) 先研究公司怎麼用敏捷來轉型

(B) 跟贊助人要求更多經費

(C) 前期先用預測式向成員闡述方向，之後再逐步導入敏捷式做法

(D) 找顧問公司來訓練大家敏捷專案管理

〔　〕34. 針對混合式專案，專案經理可以採用下列哪種方法，來避免專案團隊成員分心？

(A) 透過表揚與獎賞（Recognition and Rewards）

(B) 進行個人與團隊評估（Individual and Team Assessments）

(C) 建立戰情室（War Room）

(D) 成立虛擬團隊（Virtual Team）

〔　〕35. 在敏捷宣言（Agile Mindset）中，可用的軟體（Working Software）勝過完整的文件（Comprehensive Documentation），下列何者是可用的軟體的典型代表？

(A) 最大投資效益（MIE, Maximal Investment Effect）

(B) 最大資源餘裕（MRT, Maximal Resource Tolerance）

(C) 最小可行產品（MVP, Minimal Viable Product）

(D) 最小敏捷交付物（MAD, Minimal Agile Deliverable）

〔　〕36. 推動敏捷專案管理，需要了解技術負債（Technical Debt），請問下列針對技術負債的定義與特性，何者為非？

(A) 採用最佳方案時進行了妥協，改用了短期內能加速軟體開發的方案

(B) 以做出的結果長期來看，會加快流程的速度

(C) 這些債務，未來要加上利息來歸還

(D) 是因為沒有經過深思熟慮的技術決策所導致

〔　〕37. 公司採取預測式專案方式進行機場建設專案，品質出現重大問題，要馬上停工，你會怎麼處理？

(A) 查閱品質管理計畫　　　　　　　(B) 修正風險管理計畫

(C) 與利害關係人一起開會　　　　　(D) 向客戶反映

〔　〕38. 強納森負責的促銷專案，有百分之七十的機會有 $200,000 美元的利潤，但有百分之三十的機會有 $100,000 美元的損失，請問強納森專案的期望貨幣值（EMV）是多少？

(A) 200,000 萬美元的利潤　　　　　(B) 110,000 美元的利潤

(C) 損失 130,000 美元　　　　　　　(D) 損失 100,000 美元

〔　〕39. 在導入敏捷式專案管理時，常常會運用看板（Kanban），請問看板之目的為何？

(A) 對豐田式精實生產系統的尊重

(B) 比較花俏的展現，可以邀請利害關係人來參觀

(C) 統計總共有多少工作要完成

(D) 對工作一目了然，且也可以直接在看板上移動任務

〔　〕40. 在敏捷式專案管理中，針對產品路線圖（Product Roadmap）、使用者故事地圖（User Story Roadmap）或稱影響地圖（Impact Mapping）的層次，由高至低排列，下列何者的順序是正確的？

(A) Why, How, What

(B) How, What, Why

(C) What, Why, How

(D) Why, What, How

〔　〕41. 軟體系統維護合約，是屬於一年一簽的形式，現在已經過了六年，今年續簽案被客戶否決了，因為合約不符合該公司規定，應該怎麼做？

(A) 身為專案經理應該要了解法規

(B) 拜訪客戶，了解情況

(C) 這是法務部門的責任

(D) 回報公司高階主管

〔　〕42. 在一個預測式大樓建設的專案中，灌漿工程因為適逢梅雨季節不利執行，專案經理小勻決定延後幾天處理，此工程非屬於要徑上的活動，請問小勻是採取哪一種風險回應策略？

(A) 迴避（Avoid）

(B) 增強（Enhance）

(C) 接受（Accept）

(D) 呈報（Escalate）

〔　〕43. 一個敏捷專案軟體開發團隊展示他們在迭代所完成的成果後，有利害關係人抱怨這個軟體不好使用，開發團隊應該取採取什麼措施，來預防未來不要再發生此事？

(A) 建立初步網頁線框（Wireframe），並與利害關係人討論

(B) 先完成使用者介面的初步版本，並觀察利害關係人使用時的互動狀況

(C) 定義公司的組織層級的使用標準

(D) 開發方便使用的使用者介面給顧客

〔 〕44. 一個預測式捷運共構商場專案，買方公司要採購具有較高風險的全新系統或設備，且希望將風險轉嫁到廠商，並激勵廠商盡速完工，請問買方最適合採用哪一種合約？

(A) 成本加獎勵費用合約（CPIF, Cost Plus Incentive Fee）

(B) 固定價格獎金合約（FPIF, Fixed Price Incentive Fee）

(C) 時間與材料合約（T&M, Time and Material）

(D) 成本加固定費用合約（CPFF, Cost Plus Fixed Fee）

〔 〕45. 在敏捷專案管理中，從虛擬的角度，探討這一群利害關係人之代表性人物，對產品需求的描述，稱為什麼？

(A) 使用者故事（User Story）

(B) 人物誌（Personas）

(C) 產品願景盒（Product Vision Box）

(D) 影響地圖（Impact Mapping）

〔 〕46. 如果新團隊成員的組成，在以前不同的公司，都有學過不同型態、不同層次的敏捷專案方法，請問剛組成的團隊要怎麼處理？

(A) 不處理，讓他們自己發揮

(B) 確認團隊成員了解所有的敏捷方法

(C) 請成員重新學習一次敏捷

(D) 要確認團隊成員對敏捷有共同的理念，形成團隊敏捷共識

〔 〕47. 混合式專案，有時會採取矩陣型組織，專案經理通知功能經理所需要的資源形式與數量，及需要使用資源的時間，要使用什麼圖表？

(A) 責任分派矩陣（RAM）（RACI）　　(B) 階層圖（Hierarchical Charts）

(C) 資源直方圖（Resource Histograms）　　(D) 柏拉圖（Pareto Charts）

〔 〕48. 請問敏捷式專案管理的衝刺待辦清單（Sprint Backlog），是由下列何者來擬定？

(A) 開發團隊（Development Team）　　(B) 敏捷教練（Scrum Master）

(C) 產品負責人（Product Owner）　　(D) 團隊促進者（Team Facilitator）

〔 〕49. 有一個混合式專案，在專案團隊間發生溝通不良，有團隊成員不知道專案的細節，請問專案經理該如何處理？

(A) 運用看板法　　(B) 拉式溝通　　(C) 推式溝通　　(D) 互動式溝通

〔　〕50. 有一個預測式專案，在進行知識庫建置專案的實獲值分析，得到計畫值 PV 為 24,000 元，成本績效指標 CPI 為 0.7、實際成本 AC 為 40,000 元，請問你會如何描述本專案的績效？

(A) 預算超支，進度落後 　　　　(B) 預算超支，進度超前

(C) 預算節省，進度落後 　　　　(D) 預算節省，進度超前

〔　〕51. 公司採用混合式專案架構，正在同時進行中的兩個專案需要一樣的資源，請問應該怎麼處理？

(A) 由贊助人決定 　　　　　　　(B) 自己的專案優先

(C) 請專案管理辦公室協調資源 　(D) 由兩個專案經理自己協商

〔　〕52. 當預測式專案需要增加資源時，請問要進行什麼？

(A) 進行備案分析（Alternatives Analysis）

(B) 將交付物分解成工作包（Work Package）

(C) 查閱工作績效資訊（WPI）

(D) 自製或外購分析（Make or Buy Analysis）

〔　〕53. 對於敏捷式專案開發中的產品，如果利害關係人的意見不同時，你應該怎麼處理？

(A) 由產品負責人決定

(B) 大家一起分析出優缺點，協調出共識

(C) 大家各抒己見，然後投票表決

(D) 彙整大家的方案，然後由敏捷教練決定

〔　〕54. 有一個跨多國的專案要安排定期會議，請問專案經理應該特別注意什麼？

(A) 服裝規定 　　　　　　　　　(B) 邀請適當的會議主持人

(C) 場地選擇 　　　　　　　　　(D) 時區及語言

〔　〕55. 有一個預測式專案，在專案執行過程中，專案團隊中有兩位團隊成員確定要離開，應該怎麼辦？

(A) 跟公司人資部門協調 　　　　(B) 請現在的團隊成員加班

(C) 跟專案發起人請求人力支援 　(D) 審查資源管理計畫

〔　〕56. 敏捷團隊要導入迭代燃盡圖（Iteration Burndown Chart），請問這個圖最適合用在下列哪一項敏捷會議中？

(A) 衝刺規劃會議（Sprint Planning）　(B) 每日立會（Daily Scrum）

(C) 衝刺審查會議（Sprint Review）　(D) 衝刺回顧會議（Sprint Retrospective）

〔　〕57. 你是一位專案經理，已經完成專案的交付物。在外部稽核時發現一個新的法規，你的專案有類似侵權的情事，導致你要被約談。請問專案經理應該要怎麼做？

(A) 確認組織流程資產（OPA）的文件都被批准

(B) 確實完成專案文件交付，結束專案

(C) 與專案管理團隊開會，商討對策

(D) 等候上級通知，再進行下一步驟

〔　〕58. 你負責一個交友平台的敏捷式開發專案，這個專案的贊助人依麗娜，對當前的發布規劃（Release Planning）表示失望，請問下列哪一樣不是適合的策略行動？

(A) 讓產品負責人，邀請依麗娜仔細地了解專案的需求

(B) 邀請依麗娜參加專案規劃會議，並請依麗娜在專案進行前要簽署專案同意書

(C) 邀請依麗娜定期參加交友平台開發的展示

(D) 召開團隊會議，討論與確定依麗娜的興趣和期望

〔　〕59. 一項混合式專案，馬達運轉專案的風險分數值：1,900 rpm，超過警戒，系統當機，停止運作。1,600 rpm，系統提出警告。1,400 rpm，降低速度，伺服器降載。請問下列何者正確？

(A) 1,900 rpm，持續監控狀態。1,600 rpm，記錄風險議題。1,400 rpm，執行風險回應

(B) 1,900 rpm，記錄風險議題。1,600 rpm，持續監控狀態。1,400 rpm，執行風險回應

(C) 1,900 rpm，執行風險回應。1,600 rpm，記錄風險議題。1,400 rpm，持續監控狀態

(D) 1,900 rpm，執行風險回應。1,600 rpm，持續監控狀態。1,400 rpm，記錄風險議題

〔　〕60. 妳身為專案經理，聽到有幾位團隊，在談論他們想在同一個任務小組工作，你應該怎麼辦？

(A) 同意，應該讓他們自由選擇

(B) 不同意，因為分工的事由專案經理來分配

(C) 不同意，因為公司會做資源調派安排

(D) 不同意，告知他們會因每個人的能力來做分工

〔　〕61. 公司正在進行組織變革，並重新建置網路系統，此時專案團隊不願意採用新的系統，專案經理應使用什麼技巧，來獲得專案團隊共識及贊助人的核准？

(A) 資料分析（Data Analysis）　　　　(B) 流程監控（Process Monitoring）

(C) 人際關係（Interpersonal Skill）　　(D) 資料展現（Data Representation）

〔　〕62. 有一個混合式專案，專案經理審查文件時，發現有一個團隊成員從積極支持轉為消極配合，請問他該怎麼做？

(A) 更新利害關係人參與評估矩陣　　(B) 更新利害關係人登錄表

(C) 更新工作績效資料（WPD）　　　(D) 更新利害關係人對應 / 展現

〔　〕63. 里約公司要租用一台機器，經報價得知短租一天 300 元，長租一天 200 元，但需要先付 5,000 元，請問長租至少幾天才划算？

(A) 50 天　　　　　　　　　　　　(B) 51 天

(C) 101 天　　　　　　　　　　　 (D) 短租一定比長租來的划算

〔　〕64. 有一個很精實且能力很好的開發團隊成員，要轉職到其他工作去了。有新的團隊成員要加入你的專案，請問要如何去做，才可以讓開發團隊去維持跟原本一樣的水準？

(A) 找第三方來加入團隊

(B) 請求專案核准更多的時間

(C) 監控新團隊成員的績效表現，並且進行新人測試

(D) 給予新團隊成員必要的訓練

〔　〕65. 請問在敏捷式專案管理上，常運用時間盒（Time box），請問時間盒的主要概念是什麼？

(A) 加快迭代的進行　　　　　　　(B) 使每一個迭代都能產生增量成果

(C) 每一個迭代的時幅是固定的　　(D) 減少團隊成員發生偷懶的可能

〔　〕66. 下列何者是敏捷的速度（Velocity）？

(A) 故事點（Story Points）/ 發布（Release）工期

(B) 故事點 / 衝刺（Sprint）工期

(C) 故事點 / 迭代（Iteration）工期

(D) 故事點 / 史詩（Epic）工期

〔 〕 67. 有一個預測式專案，要進行高衝擊性的活動，也就是萬一發生失誤的話，會造成專案很大的損失，因此需要確保團隊成員採取一致的行動，應該要如何進行？

(A) 與團隊成員行前喊話，訂定團隊守則

(B) 採取集中辦公（Co-location）模式

(C) 使用檢核表（Checklist）

(D) 邀集虛擬團隊（Virtual Team）

〔 〕 68. 有一位新加入專案的同仁，因為對於專案和自己的定位不了解，所以時常找專案中的同仁抱怨並尋求協助，同仁因為這件事情，造成情緒低落，請問專案經理可以如何幫助他？

(A) 給他看專案管理計畫　　　　　　(B) 在會議中宣達，請大家協助他

(C) 提供他責任分派矩陣（RACI）　　(D) 重新擬定權力與關切矩陣

〔 〕 69. 你是一個跨國大型專案的專案經理，團隊成員來自不同國家與不同時區，在導入敏捷式專案管理時，每日站立會議（Daily Scrum）應該如何舉行？

(A) 按規定時間大家一起舉行　　　　(B) 由兩三人進行小團體討論

(C) 改用每日書面報告　　　　　　　(D) 依照各地的情況，進行小組的討論

〔 〕 70. 敏捷開發團隊的一名成員，在每日站立會議中常常遲到，請問團隊應該如何處理此情況？

(A) 由敏捷教練與團隊成員間，舉行面對面的會議，來討論此問題

(B) 召開會議制定團隊的規範，也包括遲到會受到的處罰

(C) 讓產品負責人向利害關係人提出此問題

(D) 在下一次敏捷回顧會議中提出此問題，並研擬改善計畫

〔 〕 71. 預測式專案進行時發現，已排定的安裝修正程式這個任務，可能會影響專案資訊系統，請問專案團隊應該如何處理？

(A) 以要徑法（CPM）進行分析

(B) 提出變更請求，進入整合變更控制（ICC）流程

(C) 重新研議專案範疇說明書（PSS）

(D) 記錄至議題記錄單（Issues Log）

〔　〕72. 妳們公司正要導入敏捷式專案管理，專案總監希望妳去了解 VUCA，請問 VUCA 是什麼？

(A) 可視性、不相信性、溝通性、正確性

(B) 志願性、不變性、互補性、累積性

(C) 易變性、不確定性、複雜性、模糊性

(D) 價值性、一致性、競爭性、企圖性

〔　〕73. 針對混合式專案的管理，有一位供應商說不能如期交貨，而若由公司再辦理採購流程會費時太久，所以公司的專案主管決定把還沒交的貨品清單及貨品價格等成本資料提供給你，要你緊急處理，請問你要怎麼辦？

(A) 拒絕處理，因為時程已來不及

(B) 依照合約請供應商退款

(C) 拜訪原供應商找出問題

(D) 尋找替換能如期交貨的廠商

〔　〕74. 你身為敏捷專案的敏捷教練，你參加一個利害關係人的績效展示會議，利害關係人很讚許專案增量交付物的表現。接著你要跟團隊成員召開衝刺回顧會議（或是狀態會議），你應該在會議上說什麼？

(A) 指示團隊繼續衝刺，以維持進度　　　(B) 讚許團隊特定的成員

(C) 向產品負責人爭取更多的資源　　　　(D) 跟團隊成員分享利害關係人的讚許

〔　〕75. 下列哪一項不是敏捷式專案管理，在發起階段要完成的工作？

(A) 建立產品願景盒（Product Vision Box）

(B) 建立使用者故事（User Story）

(C) 召開衝刺規劃會議（Sprint Planning）

(D) 建立產品待辦清單（Product Backlog）

〔　〕76. 專案採用混合式架構，有一位專案的利害關係人，因為一些超出專案範疇的原因不肯接受交付物（Deliverable），身為專案經理的你，應該怎麼做？

(A) 請求專案贊助人的幫忙，要求此利害關係人接受交付物

(B) 運用情緒智商（Emotional Intelligence）的溝通方式，與這位利害關係人溝通

(C) 在風險登錄表中，記錄為高度風險

(D) 邀集專案團隊成員開會，共同討論如何因應

〔　〕77. 一位廠商的技術經理來專案的現場驗收交付物，技術經理覺得產品不符合規範，
且認為專案提供的文件太少。身為專案經理你，應該怎麼做？

(A) 記錄於風險登錄表中，以做為之後的因應

(B) 請專案管理辦公室派人來協助處理

(C) 請該名技術經理稍安勿躁，等我方確認後，再行回覆

(D) 更新利害關係人登錄表，審閱溝通管理計畫，以做為後續的溝通方式

〔　〕78. 以下關於在敏捷式專案管理中使用 DoD（Definition of Done）（完成的定義）的描
述，以下何者為非？

(A) DoD 搭配迭代燃盡圖，可以呈現出工作進度的真實樣貌

(B) DoD 是以任務為導向，依據現況來回報

(C) 在衝刺時不需要審查 DoD

(D) DoD 可以降低專案延遲的可能性

〔　〕79. 在迭代式（Iterative）專案中，有關產品優先項目一直在變動，你是專案負責人，
你會怎麼辦？

(A) 先設定衝刺與迭代的目標　　　　(B) 更新專案管理計畫

(C) 向上級主管回報　　　　　　　　(D) 與利害關係人開會討論

〔　〕80. 專案快結束時，你和多個供應商開會，發現專案在預估完成預算之餘，有多出許
多費用，請問你應該怎麼做？

(A) 查閱風險管理計畫　　　　　　　(B) 查閱溝通管理計畫

(C) 查閱資源管理計畫　　　　　　　(D) 查閱採購管理計畫

〔　〕81. 預測式專案的會計人員因為參與很多其他的工作，所以沒有按照預計的時間交付
報告，專案經理原本應參考哪份文件來避免此情況？

(A) 風險管理計畫（Risk Management Plan）

(B) 資源分解結構（RBS）

(C) 資源行事曆（Resource Calendar）

(D) 核准的變更請求（Approved Change Requests）

〔　〕82. 如何確認專案的各項方案，能否獲利或適於開發，要擬定哪一份文件？

(A) 商業分析（企業個案）（Business Case）

(B) 專案章程（Project Charter）

(C) 專案管理計畫（Project Management Plan）

(D) 需求文件（Requirements Documentation）

〔　〕 83. 你是網路平台敏捷專案的敏捷教練，正在檢視開發團隊的任務看板，發現許多任務項目都累積在同一個流程工序時，你該如何處理？

(A) 與開發團隊協同，一起移除這個流程上的任務項目

(B) 在此流程工序中，提升任務項目的到達率（Arrival Rate）

(C) 與專案的利害關係人建立在製品（WIP）的限制

(D) 運用利特爾法則（Little's law）來計算長期的平均庫存

〔　〕 84. 預測式專案突然發生了事先未規劃的議題，專案需要採購新的設備，請問要如何取得資金？

(A) 從應變儲備金（Contingency Reserve）調用

(B) 請求由變動成本（Variable Cost）調用

(C) 從間接費用（Overhead Fee）調用

(D) 請求由管理儲備金（Management Reserve）調用

〔　〕 85. 你是公司的專案總監，請問要如何說服老闆，由你所推薦的人來擔任專案經理？

(A) 請她準備履歷表

(B) 收集她歷年案件的穩健度

(C) 提供老闆她高績效的專案內容

(D) 讓她直接跟老闆對談

〔　〕 86. 公司的專案主管，希望導入敏捷專案管理，以利快速因應，但是利害關係人有疑慮，覺得大家都不熟悉，應該用什麼方法？

(A) 用混合式，讓利害關係人安心

(B) 用敏捷式，因為可以快速產出

(C) 用預測式，最為保守

(D) 於專案前期採用預測式，來掌握專案前期狀況

〔　〕 87. 專案成員加入專案團隊後，但是沒有按照本來的方式溝通，請問身為專案經理的你要怎麼處理？

(A) 看企業文化會不會促成改變　　　　(B) 讓他們自然發展出來

(C) 開會跟他們說應該要怎麼溝通　　　(D) 審查溝通管理計畫

〔　〕 88. 專案預算的實獲值分析（EVA），BAC = 9,000，PV=1,200，EV=1,000，AC=1,500，請問 EAC= ？且代表意義為何？

(A) 9,000，原預算預估金額　　　　　(B) 13,500，依目前 CPI 估算金額

(C) 12,000，按原定預算完成剩餘工作　(D) 7,500，依據實獲值分析公式

〔　〕89. 請問針對下列敏捷式專案管理成功的要素，何者為非？

(A) 籌組自我組織（Self-organizing）的團隊，充分授權，自制、自律

(B) 敏捷團隊是暫時的，不需考慮長久性，只需負責開發，不需自負盈虧

(C) 團隊成員溝通良好，資訊透明，協同合作

(D) 敏捷團隊要自訂 KPI，要少一點日常工作（Daily Work）

〔　〕90. 當你的專案試圖要引進站立會議的時候，有團隊成員不喜歡分享與集體討論，你該如何處理？

(A) 告訴他站立會議的重要性

(B) 指派他先做些不重要的小任務

(C) 跟公司人資經理說，讓他去參加敏捷管理課程

(D) 給他看專案的溝通管理計畫

〔　〕91. 針對混合式專案，在專案初期，專案贊助人詢問身為專案經理的妳，要用什麼方法來區分利害關係人，妳該如何回答？

(A) 權力與關切的應對 / 展現矩陣　　　(B) 利害關係人參與矩陣

(C) 利害關係人參與計畫　　　　　　　(D) 溝通管理計畫

〔　〕92. 在公司導入敏捷式專案管理時，常常會伴隨著組織變革的調整，請問下列何者是組織變革的溝通者？

(A) 產品負責人（Product Owner）　　　(B) 敏捷教練（Scrum Master）

(C) 開發團隊（Development Team）　　　(D) 公司的高階主管（Top Management）

〔　〕93. 你的專案已完成專案的交付物，如果一位關鍵的利害關係人，沒讓專案的交付物通過審查，你要如何處理？

(A) 找這位關鍵利害關係人，直接與他協商，請他通過審查

(B) 找其他有同樣職權的人審查

(C) 向專案贊助人報告

(D) 給他看利害關係人溝通計畫

〔　〕94. 有一個敏捷專案，總共有 2 次的發布（Release）。每個發布，有 3 次的迭代（Iteration）。每個迭代有 2 次的衝刺（Sprint），若是按照這個方式，請問這個專案一共會有多少次的衝刺？

(A) 2 次　　　　　(B) 6 次　　　　　(C) 12 次　　　　　(D) 24 次

【　】 95. 敏捷式管理的遊戲軟體設計專案，處於迭代十次中的第六次，利害關係人突然想要加入新的功能，你要如何處理？

(A) 拒絕其要求

(B) 請利害關係人參與站立會議

(C) 於看板中列入新增的待辦事項清單

(D) 邀集開發團隊成員討論

【　】 96. 身為專案經理的你，在小組會議與活動中，發現某一位成員卓克的互動不是很踴躍。你私下找卓克來聊聊，發現原來他有聽力障礙。卓克很感謝專案經理有關心他。你後續召開多次團隊活動，都非常的耐心引導卓克的參與，請問這是什麼的展現？

(A) 衝突管理　　　(B) 影響　　　(C) 會議管理　　　(D) 情緒商數

【　】 97. 你是一位混合式專案的專案經理，如何避免已經發生過的錯誤，又重複再犯？

(A) 訂定團隊守則與罰則

(B) 讓專案團隊成員商量討論，該如何去避免

(C) 寫在看板醒目的地方，讓大家不要忘記

(C) 先記錄下來，並定期審查

【　】 98. 公司開發軟體，採用混合式開發法，剛剛開發完成的軟體，發生與某個合作廠商系統不相容的情形，應該怎麼處理？

(A) 更新風險登錄表

(B) 開發另一個版本讓合作廠商可以使用

(C) 重新開發一套符合所有版本的軟體

(D) 讓合作廠商去修改系統

【　】 99. 專案經理可以運用下列哪一個方法，來分析行動的優先性？

(A) 蒙地卡羅分析（Monte Carlo Analysis）

(B) 龍捲風圖（Tornado Diagram）

(C) 決策樹分析（Decision Tree Analysis）

(D) 機率與衝擊分析（Probability and Impact Analysis）

【　】 100. 專案經理針對新產品完成開發專案後，轉移給資訊科技（IT）支援團隊，請問支援團隊後續應該做什麼？

(A) 由支援團隊負責後續維護

(B) 與專案經理一同討論維護手冊制定

(C) 完成專案的檢核表（Checklist）設計

(D) 依照專案管理辦公室（PMO）指示進行產品的修正

〔　〕101. 針對混合式專案，如果專案團隊的人力資源明顯不足，你會如何處理？

(A) 讓大家加班　　　　　　　　　(B) 減少範疇

(C) 向專案高層請求內調支援　　　(D) 請人資部門外聘支援

〔　〕102. 美國華盛頓蘋果產季，因為蘋果總數量未知，導致工作範疇並不完全。於是採取「定單價不定總價，因為數量未知」的開口式合約，請問就是指下列哪一項合約？

(A) 成本加獎勵費用合約（CPIF, Cost Plus Incentive Fee）

(B) 確實固定價格合約（FFP, Firm Fixed Price）

(C) 時間與材料合約（T&M, Time and Material）

(D) 成本加固定費用合約（CPFF, Cost Plus Fixed Fee）

〔　〕103. 在最近的幾次衝刺，費絲的敏捷團隊已經連續好幾次沒有交付足夠的專案成果。費絲認為是因為大量的時間浪費，在等待別人完成開發、測試及維護工作，請問費絲該如何進行檢測與確認？

(A) 運用價值流（Value Stream）分析

(B) 使用特性要因圖（Ishikawa Diagram）

(C) 創建更詳細的迭代規劃（Iteration Planning）

(D) 對進行中的工作施加限制（Set Constraints）

〔　〕104. 有一位利害關係人提醒你，要注意專案開發新產品的某個新功能，你應該怎麼做？

(A) 自己寫到議題記錄單　　　　　(B) 請團隊成員寫到議題記錄單

(C) 研擬品質管制驗收計畫　　　　(D) 更新利害關係人參與計畫

〔　〕105. 你正在進行敏捷式專案，下列哪種方式最能避免超出成本？

(A) 確實固定價格　　　　　　　　(B) 迭代付款

(C) 成本可償還　　　　　　　　　(D) 時間與材料合約

〔　〕106. 針對混合式專案管理，要如何讓專案團隊成員了解當責（Accountability）和賦權（Empowerment）的重要性？

(A) 訂定團隊章程　　　　　　　　(B) 專案管理計畫

(C) 由專案經理負責說明　　　　　(D) 用看板來展現

〔　〕107. 您是一位敏捷（Scrum）專案團隊的敏捷教練，以下哪一項不是你要採取的行動？

(A) 針對團隊成員要採取的行動方式，建立可遵循的榜樣

(B) 促使團隊如何設計軟體，做出重要的決策

(C) 確保開發團隊中的每個人，都了解此專案的目標

(D) 防止其他外部的干擾，佔用團隊太多的時間

（　）108. 請問運用敏捷式專案管理的莫斯科（MoSCoW）法則，其運用時最主要之目的是什麼？

(A) 快速試驗，了解專案是否可行

(B) 把最主要的需求納入，其餘的列為下一個迭代的項目

(C) 利於快速地估計故事點

(D) 利於衝刺回顧，好的保留，不好的刪除

（　）109. 某專案有四個活動要執行，優先執行的是活動 A（2 天），接下來平行執行活動 B（3 天）與活動 D（8 天），活動 B 完成後可以執行活動 C（1 天），活動 C 與活動 D 都完成後，專案才會完成，請問活動 D 的浮時是幾天？

(A) 0　　　　　　(B) 1　　　　　　(C) 2　　　　　　(D) 3

（　）110. 你識別到有一個混合式專案的成本支用可能會超過 25%，記錄在風險登錄表中，然後持續進行專案，但是專案發起人說公司規定的，成本超支 20% 就要停止專案，你很驚訝不知道有這超支 20% 的限制，你該怎麼辦？

(A) 立刻停止專案

(B) 審查成本管理計畫

(C) 更新風險登錄表至接受度 25%

(D) 跟利害關係人開會，請求新的預算需求

（　）111. 帶領大家學習敏捷專案管理的艾倫先生，時常宣揚自己的理念，但是對於部分團隊成員造成困擾，請問應該要以什麼方式和他溝通？

(A) 寫電子郵件通知　　　　　　　　(B) 傳備忘紙條給他

(C) 在會議中宣布　　　　　　　　　(D) 請他離開團隊

（　）112. 你的團隊正在執行敏捷專案的快速開發，希望兩週內完成。但這開發完成的模組，需要跟另一個專案的模組整合，他們的衝刺待辦清單為三週。請問你該如何進行？

(A) 讓團隊放慢腳步，以配合釋出的時間

(B) 就照原定時程即可

(C) 找第三方進行整合測試，確保模組品質

(D) 請團隊加緊趕工，以最快的時間完成，以利與後面的模組整合

〔　〕113. 在一次敏捷的衝刺審查中，開發團隊成員雅典娜提出了一個嚴肅的問題，雅典娜很早就知道有這個問題，但是其他的團隊成員卻是第一次聽到，請問接下該怎麼辦？

(A) 儘速安排敏捷衝刺回顧

(B) 運用特性要因圖（魚骨圖）找出原因

(C) 安排給團隊預留時間與場地，以鼓勵大家多溝通

(D) 與團隊成員討論，如何盡快正式提出這樣的問題

〔　〕114. 下列針對敏捷管理中刺探（Spike）的定義，何者是正確的？

(A) 早期短時間的試驗（Quick Test），了解專案是否可行

(B) 一種發布規劃（Release Planning）的方式

(C) 建立衝刺待辦清單（Sprint Backlog）的方式

(D) 每日立會（Daily Scrum）節省時間的方式

〔　〕115. 公司有一項預測式的專案，已完成規劃與設計，目前正處於執行階段。專案辦公室的專案處長通知專案經理必須變更交付物的某個特定功能，請問專案經理下一步應該怎麼做？

(A) 與客戶召開會議，說明該變更對於專案的必要性

(B) 與團隊成員召開會議，逐步實施該項變更

(C) 忽視本請求，因為專案已經完成規劃與設計了

(D) 評估變更並分析對專案的影響

〔　〕116. 公司的專案發起人薛副董事長，想要了解哪一份文件記錄了利害關係人的期望，請問你要拿哪一份文件給薛副董？

(A) 利害關係人登錄表

(B) 利害關係人參與計畫

(C) 利害關係人參與評估矩陣

(D) 利害關係人對應 / 展現（權力 / 關切方格）

〔　〕117. 針對敏捷管理中，使用者故事（User Story）、史詩（Epic）、主題（Theme）、任務（Task）的層次，由高至低排列，下列何者的順序是正確的？

(A) User Story, Epic, Theme, Task　　　(B) Epic, User Story, Theme, Task

(C) Theme, Epic, User Story, Task　　　(D) Epic, User Story, Task, Theme

〔　〕118. 一個敏捷工程專案的主要利害關係人通知專案的產品負責人，希望專案交付物要提早三個月完成，開發團隊成員說可以達成此目標，但這樣會導致其他專案的交付物延遲，產品負責人說利害關係人不會接受這樣的情況，此時開發團隊應該如何處理？

(A) 即刻進行更專業的開發工作

(B) 請產品負責人與利害關係人會面，協商出彼此都可接受的方式

(C) 發起變更控制程序

(D) 採用開發團隊都同意的協同方式進行

〔　〕119. 有一個混合式專案，採取了一種新的溝通技術，只有在模擬環境測試過，請問應該如何管理風險？

(A) 執行定性風險分析 　　　　　　　(B) 規劃風險管理

(C) 規劃品質管理 　　　　　　　　　(D) 採用前導計畫（Pilot Plan）減輕風險

〔　〕120. 專案總監叫你負責實行敏捷式專案管理，你應該怎麼做？

(A) 照原訂計畫執行 　　　　　　　　(B) 看看老闆要什麼，再執行

(C) 跟利害關係人充分討論後，再執行 (D) 評估有多少預算，再來執行

〔　〕121. 審查專案的實獲值分析，得知目前專案的時程與成本績效是：BAC =100 萬，EV=70 萬，AC=75 萬，CPI = 0.9333，你預期這個專案的完成會如何？

(A) 很容易完成 　　(B) 很難完成 　　(C) 無法完成 　　(D) 剛好完成

〔　〕122. 你觀察到有一位開發團隊成員百利今天在站立會議後，明顯心情不佳，身為專案經理的你應該怎麼做？

(A) 把百利叫來訓斥一番，並要求他改正 (B) 問團隊成員菲德，百利怎麼了

(C) 跟百利的上司溝通 　　　　　　　(D) 邀請百利一起午餐，來了解原因

〔　〕123. 在敏捷式專案中，原型（Prototype）的產出，應該著重在下列哪一項？

(A) 利害關係人重視的功能排序 　　　(B) 最少的必要功能

(C) 評估開發流程與技術困難度 　　　(D) 對專案團隊最方便

〔　〕124. 有一個複雜的混合式專案，專案經理帶領跨領域專業且來自不同國家的團隊成員，目前利害關係人並沒有提供足夠的支援，身為專案經理的妳，該如何改善？

(A) 轉而與其他利害關係人合作 　　　(B) 增加與利害關係人溝通管道

(C) 擬定利害關係人參與評估矩陣 　　(D) 指派其他團隊成員擔任溝通窗口

〔　〕125. 你的公司正在執行一項衛星發射專案，你是團隊成員，你發現了流程上有重大瑕疵，這時你應該怎麼做？

(A) 向專案經理報告

(B) 找原來的功能經理反映

(C) 查找專案文件

(D) 詢問另一位團隊成員

〔　〕126. 在專案規劃的階段，贊助人海倫說專案期程很短，認為專案不會有變更，請問專案經理湯姆應該如何處理？

(A) 儘量努力執行，希望不會變更

(B) 建立議題記錄單

(C) 不理會海倫，仍應設置變更控制委員會

(D) 於專案管理會議上提出討論

〔　〕127. 專案經理羅伯特中途接手某專案，他所得到的資訊只有完工總預算（BAC, Budget at Completion）與實際成本（AC, Actual Cost），請問這兩個數字可以讓羅伯特得到什麼資訊？

(A) 剩餘的經費

(B) 成本績效指標（CPI）

(C) 至完工還需成本（ETC）

(D) 時程績效指標（SPI）

〔　〕128. 你是專案經理，跟團隊正在開發一套新的手遊軟體，老闆交代你採用混合式（Hybrid）管理，在完成規劃後，經過衝刺後仍然有許多問題，這時你該怎麼做？

(A) 跟開發團隊開會討論

(B) 報告老闆，請求協助

(C) 審查計畫哪裡出錯

(D) 繼續下一個衝刺，並在衝刺回顧（Sprint Retrospective）會議中提出討論

〔　〕129. 關鍵供應商打電話告訴擔任專案經理的你，反應核心組件無法在九月旺季前交貨，這時你要採取什麼措施？

(A) 查閱風險管理計畫

(B) 召開會議，看是否有替代組件

(C) 更換一個合規的供應商，作為替代方案

(D) 更新議題記錄單

【　】130. 你是一位混合式專案的專案經理，專案是由主題專家進行產品功能開發，有一位專案團隊成員向你報告，他發現可以增強與改善主題專家開發的功能，此時專案經理應該怎麼做？

(A) 直接進行改變

(B) 向利害關係人說明開發了新功能

(C) 向功能經理說明新功能並要求一起參與

(D) 召集更多主題專家進行假設情境分析

【　】131. 敏捷式專案團隊的新成員，不同意專案團隊要遵守的基本守則，應該怎麼辦？

(A) 刪除基本守則，並找出替代方法

(B) 讓敏捷教練向新團隊成員解釋敏捷的規則

(C) 解釋守則的原因，並鼓勵新的團隊成員來遵循守則

(D) 向新團隊成員展示守則，說明基本守則是基於敏捷宣言所訂定的

【　】132. 在運用混合式專案管理時，想要採取增量式（Incremental）來計算專案成本，要如何來跟公司的財會部門溝通？

(A) 按階段核銷

(B) 按時程核銷

(C) 老闆批准後核銷

(D) 結案後核銷

【　】133. 功能經理史考特不明白敏捷專案管理，但是你很需要史考特的幫忙，你該怎麼辦？

(A) 教他敏捷專案管理課程

(B) 訓練員工敏捷專案管理，然後跟他報告

(C) 舉辦公司的敏捷專案管理訓練課程

(D) 找顧問公司來輔導

【　】134. 一個預測式專案，因為當地電力供應不穩定，常常無預警斷電，因為擔心原伺服器出現效能問題，所以另外租用伺服器，請問這是屬於哪一種風險回應策略？

(A) 迴避（規避、避險）（Avoid）

(B) 轉移（Transfer）

(C) 減輕（降低）（Mitigate）

(D) 接受（承受）（Accept）

【　】135. 下列哪一項工具是敏捷式專案管理中，在衝刺審查（Sprint Review）會議中常用的工具？

(A) 時間盒（Time Box）

(B) 停車場圖（Parking Lot Diagram）

(C) 刺探（Spike）

(D) 人物誌（Personas）

【　】136. 公司的新會計系統軟體專案，是採用混合式專案管理方法，召開專案審查會議時，發現專案的進度落後了，你決定要運用趕工法，減少一些檢驗，請問可能會導致怎樣的結果？

(A) 增加成本　　　　(B) 增加時程　　　　(C) 減少風險　　　　(D) 增加技術債務

【　】137. 跨國的混合式專案，有 12 小時的時差，請問專案經理在發布資訊（Distribute Information）時，應該要善用什麼？

(A) 溝通需求分析（Communication Requirements Analysis）

(B) 專案管理資訊系統（PMIS）

(C) 利害關係人參與評估矩陣（Stakeholder Engagement Assessment Matrix）

(D) 團隊績效評估（Team Performance Assessments）

【　】138. 針對敏捷式專案管理，下列何者不是衝刺規劃（Sprint Planning）的產出？

(A) 訂定每個衝刺時間盒（Time Box）的長度

(B) 確認每個衝刺可以完成多少個故事點（Story Points）

(C) 由產品待辦清單，繼續分解成衝刺待辦清單（Sprint Backlog）

(D) 說明昨天做了哪些工作，今天要做哪些工作

【　】139. 有位專案團隊成員一直想要採用敏捷式專案管理的每日立會（Daily Scrum），你是專案經理，該怎麼處理？

(A) 告訴大家按原有的方式跟他溝通　　　　(B) 在站立會議跟他溝通

(C) 訓練他，採用我們的規則　　　　(D) 在回顧會議中討論

【　】140. 公司有一個重要的專案要投資購置新的設備，高階主管安琪兒想要了解投資效益，請問妳要提供哪一份文件給安琪兒審閱？

(A) 專案品質計畫書

(B) 專案工作條款（SOW）

(C) 專案成本基準

(D) 營運企劃案（企業個案）（Business Case）

【　】141. 公司有一部分的同仁「登記居家辦公」你應該優先做什麼？

(A) 更新溝通管理計畫，以確保溝通流暢

(B) 更新資源管理計畫，以確保資源齊備

(C) 更新 RACI 責任分派矩陣

(D) 更新利害關係人登錄表

（ ）142. 請問在敏捷式專案管理中，故事點（Story Points），是由下列何者來做估計？

(A) 產品負責人（Product Owner）

(B) 敏捷教練（Scrum Master）

(C) 開發團隊（Development Team）

(D) 客戶的技術人員（Technical Person）

（ ）143. 敏捷式專案的團隊成員，向你表示目前的衝刺有潛在的嚴重風險，你該怎麼做？

(A) 讓利害關係人參加每日立會

(B) 重新估計專案的待辦事項清單

(C) 增加衝刺的時間盒長度

(D) 在衝刺中，容納比較少的故事點

（ ）144. 一個預測式專案管理團隊的葛瑞絲已建立了詳細的工作分解結構（WBS），也完成了每個工作包的成本估計值。如果要從這些數據建立成本基準（Cost Baseline），請問葛瑞絲應該要怎麼做？

(A) 使用最高階的工作分解結構進行類比估算

(B) 累加工作包估計值和風險應變準備金

(C) 累加工作包估計值為專案總成本並加入管理預備金

(D) 加總專家對專案總成本的估計值

（ ）145. 妳是一位混合式專案的專案經理，希望團隊的成員是即戰力，該如何做？

(A) 給他看技術文件和每個迭代都提供訓練

(B) 先給他比較輕鬆的工作，慢慢上手

(C) 給他上敏捷專案管理的課程

(D) 安排一位有經驗的成員帶領他

（ ）146. 在敏捷式專案中，利害關係人認為沒有掌握到他想要的關鍵功能，要如何解決？

(A) 召開會議，請他說明他認為的關鍵功能的重要性

(B) 記錄在衝刺待辦清單，請大家執行

(C) 和團隊成員開會商討解決辦法

(D) 邀請他來參加每日的站立會議

〔　〕147. 專案經理珍妮佛接到了專案贊助人琴妮的電話，希望可以馬上得到專案的工期與成本預估的資料，身為專案管理辦公室（PMO）總監的你，會建議珍妮佛用什麼方法來完成任務？

(A) 參數估計法（Parametric Estimating）

(B) 類比估計法（Analogous Estimating）

(C) 由下而上估計法（Bottom-up Estimating）

(D) 三點估計法（Three-point Estimating）

〔　〕148. 公司老闆哈利詢問身為專案經理的你，在專案執行的過程中，何時會調整專案的基準（Baseline），你要如何回答？

(A) 專案管理計畫執行成效超過預期時

(B) 專案管理計畫被批准時

(C) 變更申請被核准時

(D) 利害關係人都同意變更時

〔　〕149. 有另一個敏捷專案團隊的敏捷主管要求您提供資料，這個資料是要針對會常常變更需求的客戶，該如何因應。你應該怎麼做？

(A) 去幫忙主持另一個敏捷團隊的每日站立與回顧會議

(B) 說明敏捷團隊要重視對變更的回應，且敏捷主管應該幫助團隊理解這一點

(C) 向該敏捷主管展示公司已有制定變更管理計畫與整合變更控制的流程

(D) 展現你過去的實務資料，客戶做了哪些變更，及你與團隊如何協同合作進行調整

〔　〕150. 有一個預測式專案，已經依照合約內容完成正式的驗收，客戶亞當斯對於此專案並不滿意，因為他覺得重要的功能並沒有列入此合約範疇，請問專案經理強生該如何處理？

(A) 修訂合約，納入新功能　　　　　(B) 提出此欠缺功能的新合約

(C) 結束採購，開始協商　　　　　　(D) 收集經驗教訓（學習）

〔　〕151. 你的專案是採用 Scrum / XP 混合式的敏捷團隊，在這個衝刺階段，有三位團隊成員覺得某一個故事（Story）的工期估計太少了。以下哪一項不是有效的措施？

(A) 召開團隊會議，並運用規劃撲克牌（Planning Poker）來估計

(B) 針對利害關係人是否可接受將估計工期延長，由產品負責人來決定

(C) 進行非正式的小組討論，討論是什麼原因導致工期估計產生落差

(D) 使用寬頻（Wideband）德爾菲法（Delphi）完成故事的估計

(　) 152. 知名手搖杯茶飲展店專案的時程變異（SV, Schedule Variance）為 -90 萬元，請問你會如何描述這個專案？

(A) 此專案會以比預期還快的速度完成　　(B) 此專案會以比預期還慢的速度完成

(C) 此專案會節省經費　　(D) 此專案需要額外的經費

(　) 153. 在敏捷的衝刺回顧會議中，一個敏捷小組發現他們的速度顯著降低，而這時，有三位團隊成員正在計畫一個長假期，請問這會影響發布規劃嗎？

(A) 團隊要增加發布規劃中，可完成交付成果的大小或數量

(B) 團隊要減少發布規劃中，可完成交付成果的大小或數量

(C) 團隊必須更改發布規劃中的發布頻率

(D) 發布規劃不應該受到影響

(　) 154. 公司專案副總梅爾，要求專案經理戴咪找出造成缺陷的潛在來源時，專案經理戴咪應該要使用什麼工具？

(A) 最佳化設計（Design for X）　　(B) 特性要因圖（魚骨圖）

(C) 柏拉圖（帕累托圖）　　(D) 親和圖（關係圖）

(　) 155. 絲黛西在公司表現的很優秀，大家都很喜歡她，你想邀請她擔任專案要職，該怎麼進行？

(A) 直接跟她的上司討論工作範疇　　(B) 給她好的績效考評

(C) 請她擔任團隊領導者　　(D) 更新專案團隊指派

(　) 156. 雀兒喜正在參加每日的站立會議，她要報告由敏捷主管分配給她的任務中的執行狀況，請問下列何者正確？

(A) 這個團隊不是自我組織的（Self-organizing）

(B) 這個團隊是自我組織的

(C) 敏捷主管正在展現其僕人式領導

(D) 雀兒喜要被培養成為團隊負責人

(　) 157. 有兩位利害關係人一直有些爭執，並且因為這樣導致專案的交付物（Deliverable）的簽核和時程有些延誤，你是這個專案的專案經理，專案是採混合式方式進行，請問你該如何處理？

(A) 讓這兩位利害關係人自行解決彼此的矛盾

(B) 提交變更請求，來容納這些時程延誤

(C) 審查與更新利害關係人參與計畫

(D) 把這個議題，記錄在議題記錄單（Issue Log）中

〔　〕158. 針對敏捷式／混合式專案，可採用的專案管理資訊系統（PMIS）來發布內外部的資訊，這是屬於哪一種溝通方法（Communication Methods）？

(A) 拉式（Pull）　　　　　　　　(B) 推式（Push）

(C) 互動式（Interactive）　　　　(D) 被動式（Passive）

〔　〕159. 一項軟體敏捷式專案的利害關係人發現了一項新功能，要求一位團隊成員去開發這個功能，在建立原型後直接給這位利害關係人試用。產品負責人覺得不應該跳過他，於是去找敏捷教練解決，請問身為敏捷教練的你，該如何做？

(A) 讓產品負責人了解，團隊成員應該直接與利害關係人的溝通

(B) 站在產品負責人這一邊，因為兩位都是扮演黑臉的角色

(C) 請開發團隊遵循敏捷規範，運用使用者故事來開發

(D) 請產品負責人與開發團隊採取妥協的折衷方案

〔　〕160. 專案有 10 位團隊成員，在執行階段後期有 6 位離開，請問在監控階段還剩多少條溝通管道？

(A) 45　　　　　　(B) 15　　　　　　(C) 39　　　　　　(D) 6

〔　〕161. 瑪麗是敏捷專案團隊裡的產品負責人，有一位客戶給了瑪麗一個針對專案新產品開發的新需求，請問瑪麗的下一步工作該如何做？

(A) 更新產品的待辦事項清單　　　　(B) 更新短衝的待辦事項

(C) 邀集短衝的規劃的會議　　　　　(D) 在明天的站立會議中加入這個新需求

〔　〕162. 一個預測式專案，繪製管制圖（Control Chart），有三個樣本的量測值是低於平均值，但還在管制界線（Control Limit）內。此外，有四個樣本的量測值是高於平均值，並超出了管制界限外，請問此情況該如何判定或處理？

(A) 因為尚在七點規定內，判定為受控（穩定）

(B) 進行 5 Whys（連問五次為什麼）分析

(C) 判定為不受控（不穩定）

(D) 交由品質經理判定

〔　〕163. 李維拉是一位敏捷教練，有兩名開發團隊成員針對一個重要議題意見分歧，請問李維拉該採取哪項行動？

(A) 要建立基本規則，以防止分歧變成爭論

(B) 要積極介入，並幫助團隊成員找到共同點

(C) 允許團隊成員自行解決這些歧見

(D) 與產品負責人合作，以找到問題的解決方案，並告知團隊成員

〔　〕164. 溫特是敏捷專案團隊的成員，溫特發現了一個會直接影響利害關係人阿努娜的重要議題，希望儘速得到阿努娜的意見回饋。原本這個專案每週與利害關係人進行審查會議，但是因為時程衝突，本週的會議已延後了，請問你是敏捷教練，你該怎麼辦？

(A) 通知產品負責人，一起儘速安排與阿努娜的會議

(B) 儘快與阿努娜面對面開會

(C) 發送電子郵件給阿努娜，把議題詳細描述

(D) 邀請阿努娜參加下一次的每日站立會議

〔　〕165. 敏捷專案管理，在軟體開發時，運用：史詩（Epic）、功能（Feature）、使用者故事（User Story）、任務（Task）等這樣的層級架構，請問以上的過程總共迭代了幾次？

(A) 一次　　　　　(B) 二次　　　　　(C) 三次　　　　　(D) 四次

〔　〕166. 針對敏捷式專案，客戶使用了軟體後，發現了幾個錯誤，產品負責人認為這些錯誤非常關鍵，必須儘快修復，請問敏捷團隊應該如何因應？

(A) 停止其他工作項目，並立即修復錯誤

(B) 提出變更請求，並將缺點改正委由維護團隊來處理

(C) 將缺點改正的任務，納入下一個迭代中去完成

(D) 在下一個迭代中，添加緩衝區來維護工作的需要

〔　〕167. 運用混合式專案時，下列針對迭代燃盡圖（Iteration Burndown Chart）的敘述，何者為非？

(A) 可以顯示目前的進度是超前還是落後

(B) 顯示還有多少工作需要完成

(C) 曲線會越來越高，最後到達頂點

(D) 可以顯示預計的完工日期

〔　〕168. 專案目前正在進行中，近日收到了環保局的罰單且通知要停工，請問專案經理原本應進行什麼來避免此狀況的發生？

(A) 更新風險登錄表　　　　　　　　(B) 利害關係人分析

(C) 管理利害關係人參與　　　　　　(D) 撰寫經驗學習登錄表

〔　〕169. 在敏捷式專案管理，常運用使用者故事（User Story）這個工具，請問下列針對使用者（用戶）故事，何者為非？

(A) 會轉化成為產品待辦清單（Product Backlog）

(B) 使用者故事是用來收集需求的工具

(C) 常運用角色扮演法（Role Play）來表達一群特定利害關係人對專案的需求

(D) 使用者故事常用於需求確定的敏捷專案

〔　〕170. 請問，Start-Stop-Keep（開始做、停止做、繼續做），是下列哪項敏捷會議的工具？

(A) 衝刺規劃會議（Sprint Planning）　　(B) 每日立會（Daily Scrum）

(C) 衝刺審查會議（Sprint Review）　　(D) 衝刺回顧會議（Sprint Retrospective）

〔　〕171. 有一個混合式專案，在專案結案的最終會議上，有利害關係人質疑專案成果不符合規格要求，專案經理應該怎麼做？

(A) 分析利害關係人的衝擊，且同時確認是否為該會議應出席人員

(B) 確認產品符合規格並持續協商核准接受

(C) 拿出品質管理計畫與利害關係人討論

(D) 進行資料蒐集與問卷調查

〔　〕172. 請問下列針對敏捷卡牌（Scrum Poker）的敘述，何者錯誤？

(A) 又稱為規劃卡牌（Planning Poker）　　(B) 常運用費波那契（Fibonacci）數列

(C) 常用來估計故事點（Story Points）　　(D) 是用來估計每一項任務的實際工期

〔　〕173. 在敏捷的軟體開發中，常運用極限編程（XP, Extreme programming），請問下列何者錯誤？

(A) 降低因需求變更而帶來的成本　　(B) 重視快速回饋

(C) 強調大型發布　　(D) 常運用測試驅動開發（TDD）技術

〔　〕174. 你執行一個循環經濟展覽參展的專案，你們的攤位因為不明原因發生火災，請問專案經理應該優先執行什麼項目？

(A) 通知專案管理團隊，啟動肇因分析

(B) 記錄此風險，並啟動變更管理程序

(C) 運用機率與衝擊矩陣，計算風險分數（RPN）

(D) 依照溝通管理計畫書，通知關鍵的利害關係人

〔　〕175. 公司要進行敏捷改革，敏捷教練希望大家了解 Cynefin 框架，請問針對未知的未知，需要運用探測 - 感知 - 反應去發展應變的做法，是屬於哪個象限？

(A) 明顯（Simple）

(B) 繁雜（Complicated）

(C) 複雜（Complex）

(D) 混沌（Chaotic）

〔　〕176. 霍華德是一位敏捷專案管理的敏捷教練，他的團隊正在舉行敏捷回顧會議，請問霍華德有什麼責任？

(A) 幫助開發團隊了解利害關係人的需求，並表達他們的觀點

(B) 協同團隊一起改進，制定行動方案，並幫助團隊成員了解在敏捷回顧會議中的角色

(C) 如果對於敏捷管理的規則有疑問，請於會議中提出

(D) 觀察開發團隊的表現，由團隊自己提出改進方案

〔　〕177. 運用敏捷式 / 混合式專案管理時，會提及到延遲成本（CoD, Cost of Delay），請問下列敘述，何者為非？

(A) 延遲成本，可針對短生命週期與長生命週期來探討

(B) 延遲後的獲利峰值，會比前一波高

(C) 針對短生命週期，獲利峰值會在截止日期後陡降

(D) 可幫助確定工作的優先次序

〔　〕178. 在敏捷專案管理中，常運用看板（Kanban）管理，針對看板的四個核心原則，下列何者錯誤？

(A) 工作視覺化

(B) 半成品（WIP）極大化

(C) 專注於流程與改善

(D) 可用於減少瓶頸

〔　〕179. 在敏捷式專案開發，常在衝刺審查時，運用迭代燃盡圖（Iteration Burndown Chart），請問下列何者錯誤？

(A) 了解還有多少故事點要完成

(B) 可顯示本次衝刺還剩於多少時間

(C) 實際執行曲線在計畫曲線的右邊，代表進度落後

(D) 實際執行曲線保持水平，代表專案正常進行

〔　〕180. 在敏捷的軟體開發中，常運用價值流圖（VSM, Value Stream Mapping），請問下列何者錯誤？

(A) 是一種源自於精實思想的視覺化技術

(B) 減少等待的時間，因為等待就是浪費

(C) 關注在能提供顧客價值的流程

(D) 只關注目前狀態，不重視未來狀態

答案（第 1 回）

一、填充題

題號	1	解答説明
答案	B	依據：工作量／人數，選比例高的，代表效益比較高

二、圖表熱點題

題號	2	解答説明
答案	A	選在製品（WIP）／看板數，比例高的，代表該看板負責的在製品過多，造成瓶頸，要增加看板來分擔

三、配合題（連連看）

題號	3	4	5	6	7	8	9	10	11	12
答案	BCA	BDAC	BDCA	BAC	DCBA	CBEAD	BCA	CEBAD	DACB	ADCB

四、複選題

題號	13	14	15	16	17	18	19	20
答案	AD	BE	ABD	AC	AD	DE	AD	AB

五、單選題

題號	21	22	23	24	25	26	27	28	29	30
答案	B	C	B	C	C	D	B	C	C	B

題號	31	32	33	34	35	36	37	38	39	40
答案	D	D	C	C	C	B	C	B	D	A

題號	41	42	43	44	45	46	47	48	49	50
答案	B	A	B	B	B	D	C	A	D	B

答案（第 1 回）

題號	51	52	53	54	55	56	57	58	59	60
答案	C	D	B	D	D	C	B	B	C	D

題號	61	62	63	64	65	66	67	68	69	70
答案	C	A	B	D	C	B	C	C	D	B

題號	71	72	73	74	75	76	77	78	79	80
答案	B	C	D	D	C	B	D	C	A	D

題號	81	82	83	84	85	86	87	88	89	90
答案	C	A	C	D	B	A	D	B	B	A

題號	91	92	93	94	95	96	97	98	99	100
答案	A	B	A	C	C	D	B	B	C	A

題號	101	102	103	104	105	106	107	108	109	110
答案	C	C	A	B	B	C	B	B	A	D

題號	111	112	113	114	115	116	117	118	119	120
答案	A	D	D	A	D	A	C	B	D	C

題號	121	122	123	124	125	126	127	128	129	130
答案	B	D	B	C	A	C	A	D	C	B

題號	131	132	133	134	135	136	137	138	139	140
答案	C	A	C	C	B	D	A	D	D	D

題號	141	142	143	144	145	146	147	148	149	150
答案	C	C	D	B	D	D	B	C	D	B

答案（第1回）

題號	151	152	153	154	155	156	157	158	159	160
答案	B	B	D	B	A	A	C	A	C	D

題號	161	162	163	164	165	166	167	168	169	170
答案	A	C	C	A	D	C	C	B	D	D

題號	171	172	173	174	175	176	177	178	179	180
答案	B	D	C	D	C	B	B	B	D	D

8.2　模擬試題－第 2 回

　　新制 PMP 考試的題型，計有：填充題、圖表熱點題、配合題（連連看）、複選題及單選題等五大類，總題數為 180 題，考試時間是 230 分鐘（每考 60 題，會有 10 分鐘的休息）。請讀者要多加練習與熟悉 PMP 考題出題的方式。

一、填充題（Fill-in-the-blank）

1.　請問下列 A, B, C, D 四個方案中，哪一個方案的人力運用最有效率，也就是效益成本率（Benefit Cost Ratio）最高？

方案	工作量（單位）	人數
A	6	3
B	7	4
C	8	3
D	4	2

　　註：是屬於「選擇題式的填充題」，請「用鍵盤鍵入」A/B/C/D，來做答。

二、圖表熱點題（Hot Spot）

2.　看板（Kanban）管理各製程的看板數與在製品（半成品）（WIP, Working in Process）數量，如下圖所示，請問哪一個製程是整個流程的瓶頸，需要增加看板，來解決這個製程的問題？

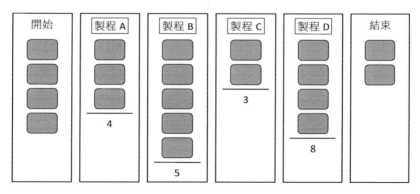

　　註：請直接在製程 A/B/C/D 上用「滑鼠點選」，會以「反顏色來做答」。

三、配合題（連連看）（Drag and Drop）

有「3 對 3」，「4 對 4」，「5 對 5」等，由左邊框框，用「滑鼠按住拖曳」，拉到右邊對應的框框，來做答。

> **應試技巧小叮嚀**
>
> 請考生特別注意，尤其是第一階段的配合題真的很難，有些配合題會覺得是故意把問題寫的很不清楚，題目左邊都是一些情境，文字敘述非常模糊，很難理解，也不易分辨，英文好的考生，建議可以看一下英文原題，但是英文也是很難理解，會建議找題目的「關鍵字」來選答案。

3. 請將下列「**敏捷宣言**」的「**4 大精神**」，對應到適當的比較標的：

回應變更	(A) 完整的文件
顧客協作	(B) 流程與工具
可用的軟體	(C) 合約談判
個人與互動	(D) 遵循計畫

4. 請將下列「**敏捷團隊的職責**」對應到適當的角色：

決定衝刺要完成多少工作項目	(A) 產品負責人
負責與利害關係人溝通	(B) 敏捷教練
協助排除障礙，促進團隊成員對於專案的專注度	(C) 開發團隊成員

5. 請對應下列各種「**專案會議**」的敘述與名稱：

確認要解決的問題，檢討改善	(A) 投標人會議
授權專案工作的正式發起	(B) 啟動會議
為了執行專案的採購案，要使供應商的立足點平等	(C) 回顧會議

6. 請對應下列三個「**衝刺（Sprint）**」的議題：

在目前的衝刺中，開發團隊識別出要完成的工作清單	(A) 衝刺
敏捷專案時間盒（Timeboxed）的迭代期程	(B) 衝刺規劃
敏捷團隊針對目前的衝刺進行工作規劃	(C) 衝刺待辦清單

7. 請對應下列三種「**採購案的招標文件**」：

投標邀請書（Invitation For Bid）（IFB），適用於		(A) 固定價格合約 （總價合約）
報價邀請書（Request For Quotation）（RFQ），適用於		(B) 成本可償還合約 （實價合約）
提案邀請書（Request For Proposal）（RFP），適用於		(C) 時間及材料（T&M） 合約（單價合約）

8. 請對應下列三個「**敏捷專案管理的會議**」：

提供未來學習、成長及調適修正的檢討會議		(A) 衝刺規劃 （Sprint Planning）
確認每個衝刺時間盒（Time Box）的長度，及確認每個衝刺，可完成多少的故事點（Story Points）		(B) 衝刺審查 （Sprint Review）
由產品負責人帶領展現產品成果，由利害關係人（或顧客）審查驗證，給予回饋的修正意見		(C) 衝刺回顧 （Sprint Retrospective）

9. 請對應下列四個專案「**收集需求**」的方法：

將專家隔開，慢慢縮小歧見，找出共識的方法	(A) 心智圖
找一群專家，討論鎖定主題的議題	(B) 德爾菲法
腦力激盪加上投票表決	(C) 名義團體技術
啟發創意，藉由分支，無限延伸	(D) 焦點團體法

10. 請對應下列「**風險回應的方式**」：

高階主管提到要求為公司的車子進行投保	(A) 呈報
工作上遇到無法解決的問題，只好將狀況報告給主管知道	(B) 轉移
老闆說這個案子就是這樣做，沒有其他方式可以變更	(C) 分享
專案成員中有一員工總愛在會議過程主動積極分享生活上的事項	(D) 接受

11. 你是專案經理，你的團隊負責建立疫情期間校園的雲端課程系統，團隊成員鑑別出三個專案障礙，請依據障礙排除的先後次序予以排序：

校園伺服器只能容納 100 人同時在線上		(A) 排序最優先
目前用來儲存學生考試分數的舊資料庫，和新的雲端架構不相容		(B) 排序第二優先
團隊缺乏具有整合區域網路和雲端網路經驗的工程師		(C) 排序最後優先

12. 請對應下列「專案溝通方式」（MBTI 測試）的情境題：

有位團員時常提出自己的理念給其他團員，造成大家的困擾，請問 PM 要用什麼方式溝通？		(A) 外向型（Extraversion）
		(B) 內向型（Introversion）
這位團員在敏捷會議上，又愛特別表現，表達出自己的想法，請問 PM 要用什麼方式溝通？		(C) 直覺型（Intuition）
		(D) 實感型（Sensing）

四、複選題

與台灣常見的複選題不同，比較簡單一些，所以 PMI 還是仁慈的，「**會告知有多少項正確的答案**」，有「5 選 2」與「5 選 3」這兩種。

應試技巧小叮嚀

答案選項中，有一些明顯錯誤的選項，可運用「刪去法」，來確認正確的答案。

〔　　　〕13. 下列敘述何者為真？（複選 3 項）

(A) 敏捷專案管理，只有針對接下來的衝刺（Sprint）的規劃，是詳盡的

(B) 預測式專案管理，只有針對接下來的階段（Phase）的規劃，是詳盡的

(C) 每日立會（Daily Scrum），可以用書面匯報來代替

(D) 運用站立會議及在看板（Kanban）中移動任務項目，可以防止團隊成員偷懶

(E) 若看板中，有多個任務集中在某個流程步驟，要儘速移除，以免造成瓶頸

【　】14. 因為前一個專案經理離職，專案經理米歇爾接管了這個專案。他在檢視專案管理計畫時，發現成本差異與時程差異都是負的，而且負值極大。許多被提報出來的議題都沒有被解決，且供應商也尚未收到應收的款項。此外，實施減輕計畫所產生的的二次風險，正在快速地消耗專案預算。前任專案經理如果有執行哪些項目，就不會發生這樣的情況？（複選 3 項）

(A) 確認專案治理控制（Project Governance Controls），有被認可和執行

(B) 在專案章程中提出清楚的假設

(C) 在專案章程中增加應變預算（Contingency Budget）

(D) 鑑別出高階風險，並且在專案規劃階段就應該有所回應

(E) 事先定義出專案交接（Handoff）切換的程序

【　】15. 你帶領的專案因為涉及跨國團隊，所以要以遠端方式進行，你發現製造團隊的工程師和產品經理開始不理會設計團隊的需求，出現一些負面的互動，身為專案經理的你怎麼處理會最恰當？（複選 2 項）

(A) 拜訪每個團隊主管，確保你了解不同團隊的真實想法

(B) 舉辦週五線上派對，促進彼此感情

(C) 查找團隊章程，依照章程規範解決問題

(D) 寄信鼓勵大家，請大家要好好合作

(E) 自行評估決定優劣後，直接下達指示

【　】16. 有一間環保新創公司，採用預測式（Predictive）與敏捷式（Agile）之混合式（Hybrid）專案方式進行，你是一位專案經理，團隊中的成員都比你資深，你想要建立他們對你的信任以發揮影響力，以下哪兩項是較好的方法？（複選 2 項）

(A) 每兩週寄送一次電子郵件說明專案細節，並請他們有問題找你討論

(B) 每兩週召開一次會議，詳細說明細節

(C) 每兩週寄送一次電子郵件說明專案細節，並主動安排一對一會議

(D) 建立網站更新最新的工作狀況，並鼓勵客戶和供應商發問或提供建議，一切公開透明

(E) 每日與每位資深同仁們分別約見面，舉行站立會議

〔　　〕17. 針對混合式專案管理，請選出進行風險管理時的最佳處理方式。（複選 2 項）

(A) 將風險分類並鑑別出嚴重性與可能性

(B) 確認品質與成本議題，因為這關係到公司是否賺錢

(C) 將風險登錄表不斷更新，並思考因應對策

(D) 人為因素是最重大的風險，所以要先研擬風險因應對策

(E) 針對過去發生過的事件研擬回應對策，就是風險管理

〔　　〕18. 在瞬息萬變的敏捷專案執行環境中，身為專案經理的妳，若要確保敏捷流程的成果（Artifacts）順利產出，應該要怎麼做？（複選 2 項）

(A) 使用之前專案的歷史資訊，當作參考的格式

(B) 應頻繁且快速地更新成果（Artifacts），以求專案的透明

(C) 增加社會計算工具（Social Computing Tools）

(D) 在溝通管理計畫中，定義要使用什麼科技

(E) 在專案管理計畫中，定義要使用什麼科技

〔　　〕19. 在敏捷式專案管理中，常使用什麼工具來評估任務（Tasks）的工作負荷量？（複選 3 項）

(A) 圓點貼紙投票（Dot-Voting）

(B) 敏捷規劃卡牌（Agile Planning Poker）

(C) 由下往上建立工作分解結構（WBS）

(D) 由左至右建立決策樹（Decision Tree）

(E) T 恤尺碼分類法（T-shirt Sizing）

〔　　〕20. ABC 公司研發了一項通訊產品，以敏捷式管理運作，但這項產品的表現不如預期，主管指派蘇珊擔任專案經理來提升產品的品質，她發現是因為沒有符合品質標準。蘇珊該如何說服研發部長傑西，請他先協助提升現有產品的品質，再去開發新產品？（複選 3 項）

(A) 告訴傑西無論如何都要先改善既有產品，才能去開發新產品

(B) 告訴傑西現有產品的品質管理流程若沒解決，可能會影響到新產品的品質

(C) 提醒傑西品質標準是公司所有團隊都認可的，產品至少必須達到這個基本要求

(D) 向傑西承諾若他需要資源來改善產品的品質，蘇珊可以協助爭取

(E) 邀請所有員工一起來討論如何改善

五、單選題

請多練習與熟悉 PMIism，也就是出題精神，掌握到題目情境的「關鍵字」，並請多研讀本書第 7.2 節之重點口訣 100 則 - 總整理，這是 PMI 出題的精華彙整。

> **應試技巧小叮嚀**
>
> 考試要訣就是多運用五大流程群組、十大知識領域的架構定位來回答問題，也就是看到題目時，先判定這是要考哪個管理流程，去思考這個流程的投入、工具與技術、及產出，再依照題目的情境，去選擇一個最積極、圓融、考慮周詳、能解決問題的「最佳方案」(the Best Answer)。

〔　〕21. 公司在導入敏捷式（Agile）專案開發的初期，有一位資深同仁不參加每日立會（Daily Scrum），你身為敏捷教練，請問你該怎麼做？

(A) 他不參加就算了，忽略他

(B) 邀請他來參加，並且以實務來證明參加每日立會的好處

(C) 請高階主管跟他說，叫他來參加

(D) 諮詢其他的敏捷教練，看有什麼好方式

〔　〕22. 依據國際專案管理學會（PMI）的精神，預測式（Predictive）專案的衝突管理，包含以下五個步驟，請選出正確的執行順序。a. 調查衝突 b. 著手解決問題並持續追蹤 c. 查找根本原因（root cause）d. 分析前因後果 e. 解析衝突的來源與階段

(A) abcde　　　　(B) aecdb　　　　(C) cadeb　　　　(D) cdeab

〔　〕23. 你是衛生紙公司行銷企劃專案的專案經理，有兩位團隊成員對於專案的討論開始出現對人不對事的情形，你會怎麼處理？

(A) 思考建立他們互信的方式　　　(B) 強迫他們和平相處

(C) 請他們其中一人離開專案　　　(D) 請他們兩人都離開專案

〔　〕24. 公司採用預測式（Predictive）與敏捷式（Agile）之混合式（Hybrid）專案流程架構，財務長和贊助人對於專案的經費運用看法不同，導致他們的關係有點緊張，身為專案經理的你會怎麼做，以降低他們之間的衝突？

(A) 邀他們兩位和你一起開會，面對面解決問題

(B) 自己研究專案管理計畫，確認誰的做法較適合專案並支持那個做法

(C) 分別和他們討論並蒐集資訊，了解他們過去衝突的原因

(D) 詢問資深員工，認為誰的做法比較好

〔　〕25. 你是一個手機軟體開發專案的專案經理，以敏捷方式（Agile）推動專案，針對手機功能，團隊成員莉亞和艾米各提出一個方案，而且各執己見多次爭執，依據你的專業評估，莉亞的方案比較符合公司利益，你會怎麼處理？

(A) 選擇莉亞的方案，專案經理須以公司利益為重

(B) 專案的順利執行最重要，所以應該請一人離開專案

(C) 發起另一個專案，請外部團隊針對兩個人的方案進行效益分析精算後，再決定

(D) 艾米比較資深，應該信任她的資歷

〔　〕26. 有一個新創社群媒體平台專案，採用了混合式專案架構，運用機率與衝擊矩陣進行定性的二維分析，專案技術總監比爾詢問妳，希望能再加入可觀測性的參數，變成三維分析，請問比爾是希望妳製作什麼文件？

(A) 影響圖（Influence Diagram）　　　　(B) 決策樹（Decision Tree）

(C) 龍捲風圖（Tornado Diagram）　　　 (D) 泡泡圖（Bubble Chart）

〔　〕27. 依照塔克曼團隊成型發展模式，團隊的組成勢必會經過風暴期（Storming），在這個時期團隊成員會各有想法和意見，因此導致衝突和分歧。身為專案經理，應如何告訴成員要團結完成目標？

(A) 召開會議，說明無論如何都要在這場會議達成共識

(B) 說明團隊有不同意見是正常的，但仍以公司目標為優先

(C) 告訴衝突雙方，公司不容許這樣的衝突

(D) 分別私下詢問雙方，他們希望對方妥協的部分是什麼

〔　〕28. 在敏捷式專案管理中，針對衝刺規劃（Sprint Planning），下列敘述何者為非？

(A) 每次衝刺開始要辦理衝刺規劃

(B) 衝刺規劃會產生衝刺目標與衝刺待辦清單

(C) 衝刺待辦清單由開發團隊完成後，交由敏捷教練審查

(D) 衝刺目標是要產出使用者可使用的功能

〔　〕29. 小謝擔任混合式專案的專案經理，正在研究專案的網路圖，發現如果有兩個活動工期改變，變更後會多了兩條要徑，請問下列敘述何者正確？

(A) 整體專案工期變長

(B) 整體專案工期變短

(C) 整體專案工期與原本相同，要徑沒有改變

(D) 整體專案工期與原本相同，時程壓縮的風險會增加

〔　〕30. 今嵐希是一位跨國大型公司的總裁，旗下有非常多的事業群，有一次開會結束，總裁叫住妳，詢問執行專案時，應採用哪一種方式進行管理才是最正確的，妳該如何回答？

(A) 預測式　　　　(B) 敏捷式　　　　(C) 混合式　　　　(D) 視情況而定

〔　〕31. 你是桌上遊戲設計公司的專案經理，當你正在用敏捷式管理開發一款新的遊戲時，該如何描述專案的願景和任務？

(A) 這款遊戲與公司其他的遊戲一起購買，可以有什麼優惠

(B) 開發這款遊戲背後的啟發與理念是什麼

(C) 你需要具備什麼職能的團隊成員

(D) 應該向外界說明遊戲多久會開發完成

〔　〕32. 執行敏捷式管理專案時，開發團隊成員們的表現開始上軌道，為了維持團隊的動力，你想引進一些激勵措施，你該怎麼做？

(A) 每個月寄信表揚當月表現最好的成員

(B) 和幹部們開會決定每一季要辦什麼活動

(C) 每個月給最佳員工一個獎盃

(D) 撥一筆預算辦理團隊建立（Team Building）活動，並在活動上表揚當月最佳員工

〔　〕33. 在混合式遊戲開發專案中，有一位工程師的軟體設計進度落後，他的主管數度來找專案經理討論，專案經理該如何處理？

(A) 直接約他吃午餐討論狀況，因為問題可能出在他的主管

(B) 請主管找出工程師遇到什麼狀況，並強調一起解決問題的重要性

(C) 請他的主管開始另覓工程師

(D) 請人資部門開始張貼徵才布告，另覓工程師來代替

〔　〕34. 公司採用預測式專案架構，你身為專案經理，專案團隊成員皮爾斯向你報告說：「一個在要徑上的活動可能會延遲」，你會建議專案團隊使用以下何者方法來解決前述的問題？

(A) 指派額外資源來完成進度

(B) 直接變更專案時程

(C) 向業主報告活動會延後

(D) 開始著手進行違約賠償事宜規劃

〔　〕35. 公司採用混合式專案架構，高階主管去參加了人工智慧（AI）會議，回來後請身為專案經理的你評估，要如何導入 AI 的方法，你該如何進行？

(A) 發展 AI 的 SWOT 分析

(B) 請專案團隊立即使用 AI 的方式

(C) 確認利害關係人的需求

(D) 建立專案範疇，並在每日站立會議中提出討論

〔　〕36. 公司的高階主管要求專案經理比爾，提供專案最新之迭代的狀態，於是比爾提供專案資料夾的路徑，但是高階主管告知比爾某個資訊無法在資料夾中找到。比爾如果之前有採取下面哪個措施，就可以避免這種狀況？

(A) 詢問高階主管需要哪些資訊，並提供給他們

(B) 把資料夾交給高階主管之前，確認所有的項目都已經更新

(C) 把資料夾交給高階主管之前，要求團隊更新資料夾

(D) 規律地更新專案資料夾，確保專案的成果產出（Artifacts）是最新的

〔　〕37. 專案在執行期間，團隊成員們疲於應對跨組的溝通和書信往返，而開始抱怨這樣額外的工作內容，專案經理採取以下哪種溝通方式，最有助於專案的推動？

(A) 告訴負責回應的成員，工作一定要有人完成，不做的話，請找代理人來完成

(B) 告訴回應的成員，需要他完成這項業務，不然工作無法進行

(C) 告訴整個團隊，如果可以符合交付標準的話，就可以減少溝通量

(D) 告訴整個團隊，我們需要一起完成這項業務才能前進

〔　〕38. 你是線上遊戲敏捷式開發專案的專案經理，團隊在開發過程中，因為出於熱忱開發出了一個非正式的功能，團隊成員覺得這個功能很有趣，因此覺得興奮。這是一個聰明且充滿熱情的團隊，此時你應發揮以下哪一種領導型式？

(A) 鼓勵參與型（Participative）　　　(B) 路徑設定型（Path-setting）

(C) 指令型（Directive）　　　　　　(D) 高壓（強制）型（Coercive）

〔　〕39. 你是新上任的專案經理，負責公司的數位轉型，你的團隊也跟你一樣沒有相關經驗，請問你應該如何確保專案團隊成員的技能與專案的成功有關？

(A) 請團隊成員列出最重要的專案產出，及與他們技能的相關性

(B) 檢視整個專案，並依據提升專案與公司的價值來創建 KPIs，再與團隊成員的技能配對

(C) 開會請團隊成員一一說明，他們會怎麼貢獻出自己的技能

(D) 自己先創立 KPIs，再請團隊成員投票選出前三個當做以後的規範

〔　〕 40. 以下關於敏捷式管理的原則，哪一個描述是正確的？

(A) 著重「被管理人推著走」的團隊運作方式

(B) 專案進度的主要衡量標準，是專案執行過程中節省了多少成本

(C) 為了維護產品的品質，絕不允許變更的需求

(D) 強化精簡性，盡可能排除不需要做的工作

〔　〕 41. 觀光夜市廣宣專案有許多位利害關係人，每一位利害關係人的想法都不同，如果要進行利害關係人潛在影響的優先排序，請問要完成哪一份文件？

(A) 利害關係人登錄表

(B) 利害關係人參與計畫

(C) 利害關係人參與評估矩陣

(D) 利害關係人對應 / 展現（權力 / 關切方格）

〔　〕 42. 一個混合式專案的團隊成員李奧跟你說，他覺得現在的工作沒有挑戰性，希望可以帶領一個團隊或增加他的責任，身為專案經理的你會怎麼做？

(A) 進行深度考核，並逐項評估李奧目前的表現是否達到 KPIs

(B) 先稍微加重李奧的工作量，再觀察他的表現

(C) 詢問李奧關於專案管理與領導力的一些問題，評估他是否適合帶領團隊

(D) 不特別處理，否則每個成員都會開始模仿這種行為

〔　〕 43. 一個混合式專案在召開週會，專案經理阿文發現，資深且專業的重要員工王大哥，沒有按照既定的計畫，也沒有和專案經理討論，而是只依照自己的偏好處理工作。請問阿文應該怎麼處理？

(A) 和功能經理討論，並視需求更新團隊章程

(B) 和功能經理討論，並視需求更新資源管理計畫

(C) 和王大哥私下討論，並視需求更新團隊章程

(D) 和王大哥私下討論，並視需求更新資源管理計畫

〔　〕 44. 史考特是公司的專案經理，有一位客戶尤拉斯打電話邀請史考特一起去觀賞球賽，順便請教史考特最近他們專案要採購資訊系統的問題，請問史考特該怎麼辦？

(A) 一起去看球賽，但是什麼都不透露

(B) 一起去看球賽，可以簡單說明資訊

(C) 不去，請尤拉斯在投標人會議（Bidder Conference）當中提出問題

(D) 不去，並且將上述情形通知尤拉斯的上司

〔　〕45. 你們公司的專案管理辦公室（PMO），採用標準的專案管理度量（Project Management Metrics）系統，當你使用這個系統向團隊成員解釋公司新的規範時，應採取什麼樣的方式來描述？

(A) 簡潔且有效率，且引用相關法規為基礎

(B) 簡單、合理、中立，且引用實際數據來支持論點

(C) 權威且直接，並要向利害關係人確認過這些論述

(D) 開放且民主，請大家各抒己見

〔　〕46. 敏捷式專案因為接觸頻繁，團隊成員對於事情有不同的意見是常有的事情，此時如果專案經理邀請雙方當面共同檢視問題來取得結論，是哪一種衝突處理方法？

(A) 強迫 / 指示（Force）

(B) 協同 / 面對（Collaboration/Confrontation）

(C) 妥協（Compromise）

(D) 撤退（Withdraw）

〔　〕47. 你在奢侈品公司工作，老闆珍妮請你擔任公司會員訂閱制度的專案經理，你發現團隊成員鮑柏沒有將交辦的顧客意見回覆系統做好，你已告知鮑柏這件事，後續你會怎麼處理？

(A) 看鮑柏的改善狀況，再決定後續處理狀況

(B) 召開會議請整個團隊一起改善這個工作項目

(C) 告訴鮑柏的主管，鮑柏的工作成效不佳

(D) 把預期成效和目前的成效進行比較，確認鮑柏的工作達標情形

〔　〕48. 針對混合式專案，如何透過追蹤工作成效的方式，確認員工展現了當責（Accountability）？

(A) 參考「以任務為焦點」（Task-focused）與「面對的障礙」兩個因素，來設定平衡性指標，並稱讚成員的表現

(B) 以你自己的工作內容當作範例，填寫一張表格告訴成員，如何記錄工作表現與當責

(C) 只要在團隊成員進度超前或節省預算時稱讚他們

(D) 使用白板記錄每個成員的超前或落後狀況，並且告知整個團隊

〔　〕49. 以下關於敏捷管理方法論的描述，何者錯誤？

(A) 極限編程（XP）係將產品測試放在最後的期間，並衝高檢測的次數

(B) 看板（Kanban）是一種管理流程視覺化的方法

(C) Scrumban 結合了 Scrum 與看板，可以幫助團隊改進運作方式

(D) 水晶法（Crystal）關注於專案過程中人員的互動

〔　〕50. 捷運站共構專案的初始階段，採用預測式專案管理法，專案經理與專案管理團隊進行專案審查會議，鑑別出和專案有關的功能經理、幕僚、捷運公司、政府機構、里長與民代等團體與個人的名單，這是屬於哪一個專案管理活動？

(A) 收集需求 　　　　　　　　　(B) 利害關係人分析

(C) 溝通管道建立 　　　　　　　(D) 焦點團體訪談

〔　〕51. 專案經理辛蒂正在推動一個混合型的專案，在一次站立會議中，一位團隊成員德華依據他的經驗提出，他認為其中一個交付物必須符合政府頒布的規範。請問辛蒂應該怎麼處理？

(A) 提報到專案管理辦公室（PMO），讓 PMO 決定是否需要符合規範

(B) 審查專案的經驗學習記錄，確認是否需要去符合政府規範

(C) 把這個工作項目從要徑中移除，指派德華去做其他的事情

(D) 在確認交付物符合所有規範前，先停止專案的進行

〔　〕52. 你是電競隊伍的管理人，你的隊伍獲邀前往韓國參加全額贊助的表演賽，但後來老闆馬克表示因為贊助經費減少，所以後勤人員無法參加，成員們都覺得可惜，甚至想要罷賽，你該如何處理？

(A) 說服團隊成員一起以降低參訪成本的方法，盡量讓所有人參與

(B) 先跟老闆馬克單獨討論，探詢他是否願意補足金額

(C) 自己找尋是否有其他潛在的贊助商

(D) 請老闆和隊員們分頭去找贊助商

〔　〕53. 在衝刺審查（Sprint Review）會議中，客戶要求他們在幾個星期後，就需要用到專案交付物五個模組中的三項模組，請問專案的產品負責人，應該如何執行？

(A) 執行腦力激盪（Brain Storming）

(B) 使用名義團體法（Nominal Group Technique）

(C) 召開發布規劃會議（Release Planning Meeting）

(D) 採用原型（雛型）（Prototype）開發法

〔　〕54. 公司有訂定品質管理規範且有相關法律人員確認，但由於此次經手的產品複雜，因此主管想確認是否有其他規範（Compliance）需要符合，他應該怎麼做？

(A) 現在的品質管理規範已經過法務確認，不須符合其他規定

(B) 閱讀企業環境因素（EEF）

(C) 閱讀組織流程資產（OPA）

(D) 確認企業環境因素（EEF）、組織流程資產（OPA），並諮詢政府單位與標準檢驗單位

〔　〕55. 專案經理阿薛被指派接管一個執行中的專案，阿薛在進行品質檢查的時候，發現有 42% 的交付物都有瑕疵，需要進行重工（Rework），且有越來越糟的跡象。請問阿薛首先應該怎麼做？

(A) 審查使用者故事（User Story）　　(B) 檢視品質管理計畫

(C) 計算重工的成本　　　　　　　　(D) 進行石川分析（Ishikawa Analysis）

〔　〕56. 下列針對敏捷式專案管理的敘述，下列何者錯誤？

(A) 適用於長時間的回饋迴路與調適週期

(B) 需要高效率的面對面溝通

(C) 重視迭代、漸增及進化

(D) 與客戶合作重於合約談判

〔　〕57. 混合式專案的專案贊助人克提姆，要求身為專案經理的你要召開啟動會議（Kick-off Meeting），請問下列何者是啟動會議之主要目的？

(A) 與利害關係人溝通專案計畫

(B) 識別與研析專案風險

(C) 說明專案的目標、效益及角色與責任

(D) 研擬專案章程

〔　〕58. 你是線上課程的專案經理，你的團隊成員向你提出關於 IT（資訊技術）人員表現不佳、伺服器效能不足、辦公室空間不足等問題，該名 IT 人員除了你之外，同時也對資訊長（CIO）負責，你應該如何解決？

(A) 我認為伺服器問題是所有問題中最重要的，我會試著解決不讓資訊長介入

(B) 與團隊成員討論後並鑑別問題重要性，再依據重要性進行工作分工

(C) 指派該名 IT 人員處理伺服器問題，先行解決辦公室空間的問題

(D) 向 CIO 要求撤換團隊中的 IT 人員

〔　〕59. 在敏捷式專案管理中，常運用迭代燃盡圖（Iteration Burndown Charts），請問迭代
燃盡圖的縱軸，顯示的是專案執行過程中的什麼項目？

(A) 專案執行的速度　　　　　　　　(B) 剩餘的故事點數量

(C) 已用去的成本　　　　　　　　　(D) 剩餘的時間

〔　〕60. 你是一位專案經理，負責新型疫苗的研發專案，這個專案是混合式的，也是跨國
際的，請問在建立表揚與獎勵制度的時候，應該要注意些什麼？

(A) 角色與責任　　　(B) 文化差異　　　(C) 溝通回饋　　　(D) 衝突管理

〔　〕61. 公司的系統開發採用混合式專案模式，新系統無法在目前的伺服器上順利運作，
而且此專案編列的預算不包含伺服器的升級成本。你身為專案經理，向財務部確
認過今年無法取得伺服器升級的預算，僅能在資訊長同意的情況下優先編列到明
年度預算，你該怎麼做？

(A) 告訴財務總監新硬體的重要性，並請他批准這筆額外預算

(B) 直接告訴資訊長並設法取得這筆額外預算，才能繼續推動專案

(C) 直接升級伺服器，並提交額外的硬體收據給資訊長核銷

(D) 借用其他部門的伺服器，先測試系統雛型再討論

〔　〕62. 專案經理惠玲被指派到一個調查專案，因為這個專案太複雜了，所以惠玲不確定
這個專案需要符合哪些規範，請問她該怎麼確定專案的適用規範？

(A) 諮詢決策權限比較高的經理人

(B) 和關鍵利害關係人、主題專家（Subject Matter Experts）及團隊成員們安排一
場會議，以更清楚的了解法規的適用性

(C) 聯絡專案管理辦公室的管理人，因為他們負責決定敏捷專案應該符合哪些規範

(D) 請求客戶簽名確認，專案交付物是否需要符合哪些法規

〔　〕63. 你剛升任公司永續部的專案經理，主要工作為向老闆提出公司未來發展策略並評
估資源需求，部門只有你一個人全職，其他的高階主管都是兼任的，你該如何確
認這些利害關係人的參與狀況及需求，以利專案的推動進行？

(A) 先調查每個人的行程表，評估可以投入此專案的時間多寡

(B) 發信調查往後大家可以參與會議的時間

(C) 和每個人私下個別談話，確認大家對於此專案的看法與可付出的時間

(D) 詢問每個高階主管過去是否有執行相關專案的經驗

（　）64. 你擔任食品公司新產品開發專案的專案經理，專案將以敏捷式進行，財務長、研
發長及業務主管三人對於此專案的執行重點排序，看法不盡相同，執行長詢問你
該如何讓他們達成共識，你會怎麼做？

(A) 先整理三人的意見，並分別向他們確認產生意見的根本原因，再召開會議

(B) 召集三人一起開會，請他們當場達成共識

(C) 請執行長和你一起參與會議，說服他們採納執行長的方案

(D) 整理執行長的意見並寄信給他們，請他們回信補充自己的觀點

（　）65. 請問下列塔克曼階梯（Tuckman Ladder）的順序，何者是正確的？

(A) 形成期、績效期、風暴期、規範期、終止期

(B) 形成期、風暴期、績效期、規範期、終止期

(C) 形成期、風暴期、規範期、績效期、終止期

(D) 形成期、規範期、風暴期、績效期、終止期

（　）66. 專案章程已經被核准，預計做九個月，但是直到目前為止需求仍不明確，高層要
你不管如何都要開始執行專案，你該怎麼辦？

(A) 拒絕執行此專案，因為需求還未明確

(B) 跟利害關系人告知，這些不明確的需求會有潛變的可能

(C) 向公司高層報告，需要額外預算

(D) 重新評估專案時程的需求，提出變更請求

（　）67. 專案採用混合式專案架構，在召開專案管理會議的時候，團隊成員史密斯一直分
心查看自己手機裡的訊息，你身為一個專案經理，請問該怎麼處理才可以避免這
種事情再發生？

(A) 大聲喝止這樣的行為

(B) 宣布會議暫停

(C) 通報專案管理辦公室（PMO）處罰史密斯

(D) 建立基本規則（Ground Rule）

〔　〕68. 你是手機應用程式的專案經理，你該如何以敏捷式管理來協助公司達成以下兩目標：(1) 了解 App 和硬體裝置的法規要求；(2) 準備好以目前的原型持續開發程式。

(A) 設立一個專案開發流程和規範，讓大家可以遵循

(B) 召開會議說明產品和現況，並提供產品文件和顧問報告，團隊成員可以研讀這些報告思考如何讓目前的原型（Prototype）前進

(C) 和團隊成員針對目前的原型進行腦力激盪，思考可能需要什麼額外的工作、公司高層最顧慮的部分為何，再繼續前進

(D) 舉辦會議讓團隊成員可以提出他們的想法，會議內容以 App 和裝置的展示操作開始，針對法規要求進行討論並形成共識

〔　〕69. 專案的高階主管，覺得在衝刺待辦清單中所使用的看板（Kanban），所顯示的資訊項目不足，請問如果在看板中多加一個直（縱向）的欄位，代表增加了一個什麼屬性？

(A) 流程　　　　　　(B) 狀態　　　　　　(C) 產品　　　　　　(D) 迭代

〔　〕70. 下列針對專案時程管理中有關要徑（Critical Path）的敘述，何者正確？

(A) 要徑就是最短路徑

(B) 趕工時要在要徑上趕工才會有效果

(C) 專案的要徑只會有一條

(D) 當非要徑延誤時，不管延誤幾天都不會變成要徑

〔　〕71. 你是跨國專案的專案經理，帶領在 A、B、C、D 四個國家的團隊，其中 A、B 國的團隊對於這個專案躍躍欲試，已經開始彼此分享並參與專案的討論，C、D 國的團隊相對被動，你會怎麼開始這個專案？

(A) 分別拜訪每個團隊，先和他們熟悉

(B) 事先評估每個團隊的風險和弱點，思考如何提供適當的支援

(C) 和每個團隊的主管舉辦線上啟始會議（Kickoff meeting），讓他們彼此認識

(D) 以上皆是

〔　〕72. 許多跨國企業在世界各國有許多不同的團隊，以下關於敏捷專案中如何連結虛擬團隊（Virtual Team）的描述，何者錯誤？

(A) 為樹立團隊紀律性，應在每周固定時間召開會議而不考慮時差

(B) 善用適合的科技工具可以提升溝通效率

(C) 即時討論會比安排會議時才上線效果好

(D) 電子郵件是溝通效率相對低的一種溝通工具

〔　〕73. 公司正在執行敏捷管理，執行長阿忠希望專案經理們扮演僕人式領導者，以下何者是僕人式領導之合適的行為？

(A) 若有團隊成員生病，遞補上他的工作

(B) 嚴格管理團隊成員與他們的活動

(C) 了解團隊的瓶頸，並且協助移除瓶頸

(D) 不去質疑團隊成員確實遵循了所有已定義的流程

〔　〕74. 疫情期間開始居家工作，身為專案經理的你因為選擇的溝通平台有問題，使得某一組的團隊成員無法每次都收到訊息，所以他們這個禮拜都用電子郵件溝通，以下描述何者正確？

(A) 該團隊正處於落後狀態，因為他們花在解決溝通問題的時間比做事的時間還多

(B) 讓該小組持續使用電子郵件信箱，該小組溝通的也蠻順利的

(C) 找到另一個所有團隊都可以使用的工具，並且讓每個人都轉移到新的溝通平台

(D) 找到團隊快速解決這個技術問題，如果兩天內無法解決，投資經費開發另一個溝通平台

〔　〕75. 專案經理肖恩負責一個重要的專案，利害關係人遍布各國，目前專案已經成功達成一個重要的里程碑，請問肖恩接下來應該怎麼做？

(A) 在專案的週報中，記錄此重要里程碑的狀態

(B) 要等待所有專案的里程碑達成後，才可以開始慶祝

(C) 在每週的會議中，稱讚團隊成員的表現

(D) 在交付階段時，要記錄寫下經驗學習

〔　〕76. 在檢視專案管理計畫時，你發現有一個在風險清單的項目為「IT（資訊技術）人員的資訊安全訓練」，這在幾個月前就被歸類為可能影響專案進行的重大障礙，身為專案經理的你，應該怎麼做？

(A) 向上級呈報此事件

(B) 詢問 IT 人員是否本來就已熟悉資訊安全訓練的課程內容

(C) 和團隊成員開始著手處理，確保專案不會延期

(D) 與團隊成員確認，這個資訊傳遞疏失是誰造成，以確定團隊成員和上級主管都知道這件事情該由誰負責任

〔　〕77. 專案經理大雄需要調查必要的對象，以達成對於專案願景與策略的共識，請問這
　　　些對象包含以下何者？

(A) 專案負責人（Owner）和客戶　　　　(B) 客戶和交付團隊（Delivery Team）

(C) 交付團隊和專案贊助人　　　　　　(D) 專案團隊和利害關係人

〔　〕78. 下列哪一個敏捷式專案管理相關的階段中，最可能有利害關係人的參與？

(A) 每日立會　　　(B) 衝刺審查　　　(C) 衝刺回顧　　　(D) 衝刺規劃

〔　〕79. 你在我罩你口罩公司上班，在疫情期間公司想要研發新產品，設計總監請你擔任
　　　專案經理，來確認產線 A 和產線 B 的製造方法何者較佳，你會怎麼做？

(A) 讓兩個產線自行決定製造方法，再依照製造效率分配後續製造量

(B) 使用敏捷方法在兩個產線迭代製造產品，以降低測試成本

(C) 使用瀑布式管理法了解兩個產線的專業程度

(D) 依照過去表現，擇定其中一個產線進行大量生產

〔　〕80. 敏捷式專案開發團隊的成員洛克，告訴專案經理梅西，作業系統因為供應商的緣
　　　故將無法如期安裝，請問梅西應該怎麼處理？

(A) 告訴利害關係人這件事情

(B) 召集團隊成員腦力激盪，想出解決辦法

(C) 評估這個狀況對於專案的影響

(D) 修正時程表以反映這個狀況

〔　〕81. 總經理提姆向你交待產品的願景和營運目標，但由於他用了大量的藝術詞彙與激
　　　勵性的用語，身為產品負責人，你該怎麼做來確認你了解這項產品的目標？

(A) 重複提姆的論述，請他確認你是否理解正確，再據此訂定目標轉告團隊成員

(B) 直接和團隊成員討論目標該如何訂定

(C) 回到營運的基本面，以投資回報率來評估

(D) 召開一個會議，請提姆向團隊成員再說明一次

〔　〕82. 公司總經理希望妳的專案導入敏捷發布規劃（Agile Release Planning），請問總經理
　　　這樣要求的最主要目的是什麼？

(A) 讓專案的反應速度變快

(B) 將專案任務分解成更細

(C) 將專案的系統建立的更完備

(D) 讓專案經理充分授權，由團隊成員來執行

（　）83. 在敏捷式專案中，身為產品負責人（Product Owner）的你如何支援各個工作團隊，以促進他們創造出最小可行產品（MVP）？

(A) 出同樣的專題讓各團隊競爭

(B) 讓各團隊自己組成子團隊來運作，且安排每日立會確認他們的進度並提供改善建議

(C) 先完成每個任務的分配後，就試著讓他們進行迭代衝刺的循環

(D) 分割工作內容，讓大家認領，認領後就開始執行

（　）84. 有一個預測式專案，其中關鍵的利害關係人赫曼要發起變更範疇，但是其他人不同意，請問專案經理應該要如何處理？

(A) 不予接受

(B) 請求贊助人之正式認可

(C) 邀集變更控制委員會（CCB）開會審查

(D) 參考當責矩陣（RACI）的責任架構

（　）85. 你擔任污水處理設備建置專案的專案經理，目前由兩個團隊分工製造產品，你應該如何確認產品的進度？

(A) 測量產品的質與量，並和公司規範的成本效益、品質標準進行比對

(B) 計算每單位產品的成本，和營業部討論產品定價策略

(C) 建立一個自動化系統，確認預算的使用有在規範內

(D) 每週進行確認產品有達到產量目標

（　）86. 你服務於一家蛋塔公司，公司採用預測式專案架構，妳是營運專案經理，妳會使用什麼數據來評估不同製造工廠的績效？

(A) 製造工廠的成本、時間、品質及營收

(B) 總成本與總營收

(C) 逐項比較產品成本與營收

(D) 工廠員工的出差勤表現

（　）87. 團隊成員泰德認為現在交付給他的任務很無聊，要求改變工作項目，身為專案經理的你發現他的工作表現並不如預期，你和他會怎麼溝通？

(A) 記錄他的需求和表現，將結果和其他同仁比較，再約泰德討論

(B) 直接請他加強現在的工作表現，再做討論

(C) 委婉告訴泰德他目前表現不如預期，並鼓勵他思考後再向你回饋想法

(D) 公開成員目前的績效，並對所有成員說明要升任領導職應取得前三名的績效

〔　〕88. 一個專案將發生某一風險的概率是 0.2。如果發生，它將導致公司損失 $10,000 美元。為這次事件的保險成本是 $1,000 美元，且自負額為 $500 美元。一個稱職的專案經理會購買這種保險嗎？

(A) 會，因為 $2,000 美元大於 $1,000 美元

(B) 會，因為 $2,000 美元大於 $1,500 美元

(C) 不會，因為自負額太高，保險根本划不來

(D) 不會，因為 $1,500 美元大於 $1,000 美元

〔　〕89. 華生是營造專案的專案經理，政府單位是他執行專案時需要溝通的關鍵利害關係人，他該怎麼處理與政府單位的關係？

(A) 寄信給所有利害關係人，詢問他們想要什麼資料

(B) 每週寄信給所有利害關係人，附上專案進度和你的聯絡方式

(C) 拜訪在政府單位中的承辦人員，與他討論他期望的聯絡方式和頻率

(D) 請同仁協助蒐集利害關係人聯絡方式，必要時再寄信給他們

〔　〕90. 有關敏捷式專案管理中的專案三大角色，以下描述何者正確？

(A) 產品負責人要負責協調、關心成員們的心情

(B) 團隊成員不需主動組織專案工作

(C) 產品負責人要負責和利害關係人溝通

(D) 敏捷教練要負責安排並監督專案流程

〔　〕91. 在都市更新拆除計畫中，包含了住戶和政府兩個主要利害關係人，他們習慣的溝通方式有所差異。你是承包的建設公司專案經理，你該如何促進他們的溝通？

(A) 現在有很多種線上開會的工具，所以我會使用我習慣的工具，並請大家配合

(B) 資訊科技世代，使用遠端視訊是適合所有人的溝通方式

(C) 把所有文件上傳到雲端硬碟，請大家定期去看

(D) 先建立溝通管理計畫，記錄大家喜好的方式和頻率，再依據計畫溝通

〔　〕92. 公司老闆雪莉要妳建立公司的知識管理（KM）系統，並任命妳為一個混合式專案的專案經理，妳規劃採用「電子學習 e-Learning 網站與分享知識庫的方式」讓同仁學習，請問這是哪一種溝通方法？

(A) 推式（Push）溝通

(B) 拉式（Pull）溝通

(C) 互動式（Interactive）溝通

(D) 互補式（Complementary）溝通

〔　〕93. 混合式專案的執行涉及大量的溝通，如何確保溝通是有效的？

(A) 不斷重複說明相同的重點

(B) 以清楚、直接的用字論述，並適時摘要說明其他人的觀點

(C) 討論時反覆確認大家都有聽到你說的話

(D) 禮貌起見，講話必須以客氣為最高原則

〔　〕94. 專案的採購尋找廠商報價，國外廠商已提交商品的樣品，但是品質不好，我方遂
向廠商要求要提供符合品質的樣品，但廠商遲遲沒有交付，針對廠商提交之樣本
報價試算，我們公司的成本支出仍有節餘，請問要我方該怎麼辦？

(A) 請國外廠商提出品質檢驗證明　　(B) 繼續等待品質合格的樣品

(C) 繼續嚴密品質控管　　(D) 前往當地輔導與現場監工

〔　〕95. 一個混合式專案，進行利害關係人溝通時，你寫了一篇長信並且附上許多參考資
料，但沒有任何人回應這封信，這與過去的狀況相比是反常的，你該怎麼處理？

(A) 再寄一封信確認他們是否有收到前一封信，並請他們有問題的話，可以直接聯
繫你，不必在整個團隊公開表示看法

(B) 可能是檔案太大出現技術問題，把資料放上雲端硬碟再寄一次

(C) 假設大家都已收到信，不要做無謂的打擾

(D) 換用另一個電子郵件信箱重新發信

〔　〕96. 你是一個資訊系統開發專案的專案經理，在這個專案中有兩位技術人員是和 SA 部
門以契約形式短期招募來的，這個契約將在專案結束前四週到期，為確保專案順
利執行，請問你應該如何處理？

(A) 與 SA 部門協商人力資源　　(B) 減少專案工作項目

(C) 提出專案變更申請　　(D) 向專案發起人報告

〔　〕97. 你在一間環保清潔公司工作，外海不幸發生油污滲漏事件，因此需要緊急發起專
案進行處理這起高風險事件，這個專案的關鍵風險是時間不能延誤，你會怎麼進
行風險管理？

(A) 由於時間是關鍵風險，專注在時間的監控就好

(B) 先鑑別、排序，擬定風險回應並監控風險是否有發生

(C) 計畫時間很短，所以按照之前類似專案的管理方式即可

(D) 邀請專家學者召開多次會議確認風險，再開始動工

〔　〕98. 你在一間製造太陽能板水上浮台的公司任職，擔任營運專案的專案經理，因為氣象局發出豪雨特報，專案可能在運送成品方面出現延誤的狀況，你該如何應對風險？

(A) 使用有 GPS 的車輛運輸，把運送時的迷路風險降低

(B) 持續關注天氣狀況，若出現狀況就聯繫買家說明貨物可能會遲交

(C) 請貨運司機若出現問題，馬上和公司回報狀況

(D) 提早運送時間，並安排備用的貨運公司待命

〔　〕99. 以下關於敏捷式專案管理執行的描述，何者錯誤？

(A) 每次衝刺都要舉行衝刺審查與衝刺回顧

(B) 衝刺的結果要符合團隊對於完成的定義（DoD, Define of Done）

(C) 每個產品的迭代，不可以超過兩次

(D) 看板上面會顯示衝刺要完成的故事點數量

〔　〕100. 電腦設備專案執行的過程中，出現未識別的天災，導致貨車翻覆車子無法移動，所幸貨物和貨車司機均安，專案經理應該怎麼處理？

(A) 這不是專案經理可控制的風險，僅須盡到告知買家的義務即可

(B) 預算範圍內派出其他貨車司機和車輛，動用手邊的資源，盡可能如期交貨

(C) 等待車子修好，告訴買家明天才能到貨

(D) 最優先事項為聯繫保險公司，確認索賠事宜

〔　〕101. 你的專案因為全球石油缺貨的關係，導致原物料出貨延遲，你應該怎麼做？

(A) 緊急更換供應商，確保原物料如期出貨

(B) 登記於風險登錄表中，並提出延長專案時程

(C) 坐飛機出國到廠商處，直接進行協調

(D) 記載於資源需求表中，且下次要用替代品來避免

〔　〕102. 你擔任民間教育機構好學網的課程募資專案之專案經理，因此需要和執行長拜訪不同單位，在一場聚餐後你認識了一些潛在的合作對象，你該如何規劃利害關係人溝通方式？

(A) 寄信給他們詢問他們的需求，和對專案的哪些部分有興趣

(B) 請執行長提出建議說明哪些是重要的利害關係人，並針對他們召開會議

(C) 分別寄信詢問他們想以什麼方式被聯繫

(D) 和每個利害關係人見面，確認他們對專案的興趣和影響力

〔 　〕103. 高悅公司正在進行團隊建立（Team Building）的教育訓練，授課講師波特博士詢問你說：「團隊成員因為不了解他在團隊中應該扮演的角色與責任，因此仍舊自己獨立完成任務，依據塔克曼階梯理論，這是處於什麼階段？」，你要如何回應？

(A) 形成期（Forming）

(B) 風暴期（Storming）

(C) 規範期（Norming）

(D) 終止期（Adjourning）

〔 　〕104. 一個敏捷式專案，老闆交代你以人物誌（Personas）的方式，來描繪潛在利害關係人對專案的影響力，因此要將利害關係人分類，你該怎麼進行？

(A) 將利害關係人分為五個類別：擁護、中立、反對、無感、影響不明確

(B) 請利害關係人填寫人格測驗，蒐集他們的特質

(C) 使用 RACI 當責矩陣，決定應對專案負責任的對象

(D) 請利害關係人進行 StrengthsFinder Top 5 測驗，找出他們的優勢後以利你們的交流

〔 　〕105. 一個敏捷專案的專案經理泰瑞，在迭代進行的期間檢視專案流程，識別出因為使用者故事的相依性（Dependency），可能會造成一項重大的風險，請問泰瑞接下來應該怎麼做？

(A) 更新衝擊計畫（Impacted Plans）並監控風險

(B) 在迭代的風險登錄表中，記錄此項風險

(C) 邀集團隊成員來完成風險識別的流程

(D) 在產品待辦清單中，更新這項相依性

〔 　〕106. 總經理指派你擔任與老客戶連繫並維護訂單規模專案的專案經理，專案團隊成員中的雅各，認為這應該是他們部門的工作，因此對你執行專案持反對看法，你應該如何和專案的反對者溝通？

(A) 不要透漏任何專案資訊給雅各，以免被他從中獲益

(B) 我會給他看所有的資料以博取好感，以利於之後的合作

(C) 我會擬定溝通管理計畫，確認他之後能夠依循此計畫得到專案資訊

(D) 直接詢問他對於專案有何建議

〔 　〕107. 在敏捷式專案管理，於建立產品清單後，常運用狩野紀昭（Kano）二維模式來建立各產品版本發布時必備的功能。請問針對下列敘述，何者是錯誤的？

(A) 反轉品質就是未來產品要改善的地方

(B) 一維化品質就是這個功能越多越好

(C) 無差異品質，代表顧客不關心，所以多做無益

(D) 魅力品質就是要在這個發布版本中必備的功能

〔　〕108. 老闆希望身為專案中經理的妳，多運用處理正面風險機會的手法，找到結盟的合作夥伴，一起來完成專案的交付物，請問老闆希望妳用哪一種風險回應的行動方式呢？

(A) 分享　　　　　(B) 增強　　　　　(C) 開拓　　　　　(D) 呈報

〔　〕109. 你邀請的專家因為代辦公司忘記處理簽證問題而需要返國，專案大部分已完成，依據專案期程規劃，他們還需要完成最後一部分的知識轉移，你該怎麼處理？

(A) 依據原定計畫不理會簽證規定

(B) 依據原定計畫，但專家返國後以遠端方式進行知識轉移

(C) 請人資部門處理簽證事宜

(D) 以提前開始進行知識轉移為原則，重新規劃專案之執行

〔　〕110. 以下關於各敏捷管理相關會議的描述，何者正確？

(A) 每日立會的持續時間通常會在三十分鐘以上

(B) 每日立會時為求廣納意見，沒有負責工作的人員也要發言

(C) 衝刺回顧是提供未來學習、成長及調適修正的檢討會議

(D) 衝刺審查會議一定只能有團隊內部成員參與

〔　〕111. 某個預測式公關活動專案執行到一半時，原來的專案經理突然因故去職，布蘭妮被指派為新的專案經理，她需要估計目前的花費並制定出新的預算，她應該怎麼做？

(A) 確認目前的預算和專案執行狀況，把可支用經費大幅用在人力上以追趕進度

(B) 把目前的花費按照時間等比例放大，微幅下修後做為新的預算

(C) 參考過去公司和這個專案類似的活動，進行工作分解結構來估計新的預算

(D) 忽略既有花費和成果，把整個專案重啟以估算新的預算

〔　〕112. 針對混合式專案的採購案，請問提案邀請書（RFP, Request For Proposal）適合應用在哪一種合約？

(A) 固定價格合約（總價合約）　　　　(B) 徵求賣方公司資訊（RFI）

(C) 成本可償還合約（實價合約）　　　(D) 時間及材料合約（單價合約）

〔 　〕113. 因為疫情的關係開始啟動居家上班，但現有的公司系統僅能允許三分之二的同仁申請權限存取內部資料庫，目前只好請三分之一的同仁，在居家上班前把所有需要的資料備份。系統升級預算的金額編列在明年的預算中，但你發現資訊長已提出追加預算的申請單，身為系統專案經理的你，會建議如何處理？

(A) 直接採購升級項目，讓資訊長負責

(B) 和資訊長一起思考各種可能，例如將同專案中今年非必要的支出撥給系統升級

(C) 無論如何今年不能超出預算

(D) 向總經理說明因為資訊長的判斷，可能會導致專案超支

〔 　〕114. 有一個預測式專案，專案總監請你以成本績效指標（CPI）展示你的專案執行績效，你會使用以下哪一個公式來計算 CPI？

(A) CPI= EV-AC，其中 EV= 實獲值，AC= 實際成本

(B) CPI=EV/AC，其中 EV= 實獲值，AC= 實際成本

(C) CPI=BAC-AC，其中 BAC= 完工預算，AC= 實際成本

(D) CPI= EV/PV，其中 EV= 實獲值，PV= 計畫值

〔 　〕115. 你是一個大型混合式資訊系統開發專案之專案經理，由於著手開發一項劃時代的前瞻產品，因此你帶領的專案團隊成員遍布不同公司、不同領域、甚至不同國家，請問你建立表揚與獎勵機制的時候要考慮什麼？

(A) 建立正面的環境

(B) 以同一種文化的價值觀要求所有團隊

(C) 分別自訂個別績效評估的方法

(D) 即使不同公司的成員，一切按照公司既有的規定

〔 　〕116. 一個混合式專案進入最後階段，身為專案經理的你會用哪一種預算控制方式，來讓成本不會超過預期？

(A) 減少浪費、評估資源需求

(B) 與承包商要求降價、買較便宜的硬體

(C) 監督承包商時程與成本之控制、並進行整體成本效益預測

(D) 分析已花費金額、剩餘預算，及目前專案效益

〔　〕117. 一個預測式專案，你決定使用對照法，參考標竿和歷史數據來預估專案工作項目，你該如何說服主管協助你取得這些資料？

　　(A) 過去的資料可以提供很多有價值的參考資訊，包含專案的最佳表現、預測專案的進行等

　　(B) 因為過去資料有助於你了解公司強項

　　(C) 歷史資料可以讓你評估公司同仁的能耐

　　(D) 歷史資料可以讓你看出，公司對於專案的支持程度

〔　〕118. 石油工業廠重建專案要管理超過 80 件的採購合約，因此公司有指派採購經理與採購專員來協助。採購專員是以廣告方式邀集供應商，再召開會議審查審查供應商。在審查會上你發現供應商名單之一，是你的表哥擁有的公司。請問你該怎麼做？

　　(A) 因為是由採購專員準備的名單，而不是你準備的，所以你不用透露與供應商的關係，並繼續參與評選過程

　　(B) 揭露與供應商的關係，並繼續參與評選過程

　　(C) 請求由採購經理來主持供應商評選過程

　　(D) 從供應商名單中刪除表哥的公司

〔　〕119. 以下關於敏捷式專案管理的迭代（Iteration），何者正確？

　　(A) 迭代發布審查時，只要展示產品而不用進行溝通

　　(B) 迭代過程並不會每個階段都包含規劃、設計、建置、測試和審查

　　(C) 迭代中的專案，在每日立會時，會將工作成果展示給利害關係人

　　(D) 在看板（Kanban）中越接近頂層的任務卡片，會記載比較多的細節

〔　〕120. 某資訊系統建構專案，在工期約 50% 的時候，發現未達成目標的實獲值，且做了許多不屬於合約項目的功能，以下描述何者為非？

　　(A) 此專案因為多執行了合約項目以外內容，可促成團隊獲利

　　(B) 此專案發生鍍金（Cold-plating）的情形

　　(C) 此專案之時程績效指標 SPI<1

　　(D) 此專案之時程變異 SV<0

〔　〕121. 團隊成員發現專案在合乎規定（Compliance）這個項目上可能出現風險，主管請專案經理提供一份報告進行說明，這份報告至少應包含什麼項目？

　　(A) 計畫執行摘要、調查過程中的發現及建議

　　(B) 一份詳細的團隊成員回饋清單，說明既有的與新的風險及其回應行動

　　(C) 團隊成員的名單和他們的互動關係

　　(D) 成員們就其業務範圍內容提出的建議

〔　〕122. 依據預測式專案，針對專案活動的成本估計，個別的值與累加的值，分別呈現什麼圖形？

(A) 山型圖、S 型曲線

(B) 微笑曲線、S 型曲線

(C) S 型曲線、山型圖

(D) 浴盆曲線、漸增線（期末高）

〔　〕123. 你是一個混合式專案的專案經理，公司新調來的主管茱蒂經常重新排序專案中的工作包（Work Packages）的時程，以下何者最能幫你在不斷變動的狀況下，追蹤專案的進度？

(A) 使用試算表進行專案排程管理，定期寄給茱蒂

(B) 不斷因應茱蒂的建議更新專案管理資訊

(C) 引進測量與追蹤系統（Measurement and Tracking System）等軟體讓茱蒂來使用

(D) 每發生一次變動，就寄信通知所有專案團隊成員

〔　〕124. 預測式專案要開始執行，你身為專案經理，向人資部門提供一份資料，內容是「今年七月到十二月需要 4 位系統工程師，九月到十一月需要 1 位會計師及 2 位商業分析師」，請問這是什麼文件？

(A) 責任分派矩陣（RAM）（RACI）

(B) 資源直方圖（Resource Histograms）

(C) 資源分解結構（RBS）

(D) 資源需求（Resource Requirements）

〔　〕125. 為了因應專案快速的反應，公司已導入敏捷發布規劃（Agile Release Planning），請問在此層級分配中，由高至低排列，分別是什麼？

(A) 任務、迭代、發布、功能

(B) 迭代、發布、任務、功能

(C) 發布、迭代、功能、任務

(D) 任務、發布、迭代、功能

〔　〕126. 公司指派一位資訊背景的督導麥克到你的專案觀摩，身為專案經理的你，會怎麼向他說明，專案可能會被哪些因素影響？

(A) 告訴他專案中的人力資源管理，是影響專案的最重大因素

(B) 以風險評估計畫書為例，告訴他若發生未識別風險時對專案的影響

(C) 具體向他說明，初始的估計不精確、新法規頒布、客戶突然改變的需求等都會影響專案

(D) 有兩種可能改變專案的因素，預期的因素與未預期的因素

〔　〕127. 社群行銷公司社群巨人接了許多專案，同時還要處理員工教育訓練、慶生會、硬體設備更新等活動，請問該如何同時追蹤這麼多專案，且讓公司同仁可以掌握？

(A) 用一個表格記錄，把目前的行程和其細節記錄下來

(B) 使用甘特圖，因為可以表達出所有專案的前後關係和重要性

(C) 使用柏拉圖，因為執行專案時，風險管理是最重要的

(D) 以交付物為主體擬定時程表，評估所有專案的關係並隨時修改

〔　〕128. 公司總裁請你訂出混合式專案的組織架構，總裁說這個架構要充分運用公司跨部門的資源，大家一起協同合作來完成專案，但是還是要找一個主責部門來負責，並且要在主責部門內指派專案經理，因此仍是以各主責部門分別管理專案為主，請問總裁是希望你規劃怎樣的專案組織架構呢？

(A) 功能型　　　　　(B) 弱矩陣型　　　　(C) 平衡矩陣型　　　(D) 強矩陣型

〔　〕129. 公司採用混合式專案架構，有一個開發手機遊戲的專案有部分功能出現問題，研發團隊都在忙於解決這個問題，身為專案經理的愛莎掌握到情報，歐盟可能有新的技術能夠解決這個問題，愛莎應該採取什麼行動？

(A) 向公司顧問詢問這項資訊，並請他們提出能夠適用於公司手機遊戲的建議

(B) 這和業務開發有關，請業務部門協助蒐集並彙整資訊

(C) 請教熟悉相關技術的助理，彙整一份報告書給大家討論

(D) 技術相關問題不屬於專案經理的工作，因此不特別做處置

〔　〕130. 請問在敏捷式專案管理中，莫斯科排序法（MoSCoW），最常運用在哪一項敏捷管理的流程中？

(A) 人物誌（Persona）　　　　　　　　(B) 產品待辦清單（Product Backlog）

(C) 使用者故事（User Story）　　　　　(D) 產品願景盒（Product Vision Box）

〔　〕131. 你是預測式專案的伺服器外包專案經理，機房發生意外而冒煙，公司同仁正在從辦公室撤離，你該怎麼處理？

(A) 逐步查找會議室，確保團隊成員的安全

(B) 找到資訊長並說明現況

(C) 找到 IT 人員並確保資料沒有被盜取

(D) 遵循風險管理計畫流程處理

〔　〕132. 公司的總經理史都華跟妳說，要妳完成專案的品質機能展開（QFD）（或稱為品質屋），請問這是希望你運用什麼工具來製作？

(A) 標竿法（Benchmarking）　　　　　(B) 最佳化設計（Design for X）

(C) 連問五次為什麼（5 Whys）　　　　(D) 矩陣圖（Matrix Diagrams）

〔　〕133. 一個混合式網頁專案執行過程中，同時發現三個問題：功能性瑕疵、使用者體驗不佳、及系統處理速度太慢。身為專案經理的你，在帶領團隊成員進行處理優先序排序時，應如何處理？

(A) 優先處理功能性瑕疵

(B) 優先處理使用者體驗

(C) 召開會議請其他部門的主管提供專業意見，他們的經驗有利於提升排序的可信度

(D) 先完成一版你預計的排序，提供給其他部門的主管看

〔　〕134. 你工作的電池工廠決定導入自動化生產技術，老闆委託你擔任專案經理，你正在撰寫範疇說明書（Scope Statement），請問該如何讓所有參與此專案的人都有共識？

(A) 在工廠四處張貼價值、願景和任務，來提醒同仁

(B) 寫一份文件列出這個專案的所有交付物的內容和到期日

(C) 發展一份範疇描述文件，記錄專案的假設、目標及關鍵影響因子等

(D) 發起有獎徵文，請大家各抒己見

〔　〕135. 世界最高觀光尖塔專案，專案團隊成員目前正在互相調整與熟悉工作的階段，並已逐步發展出特有的協同合作工作模式，請問依據塔克曼階梯理論，這個團隊是處於哪一個團隊建立（Team Building）的階段？

(A) 形成期（Forming）　　　　　　　(B) 風暴期（Storming）

(C) 規範期（Norming）　　　　　　　(D) 終止期（Adjourning）

〔　〕136. 開心客運公司決定開始安裝新的數位設備，以利後續業務發展，但過程中也要維持營收的水準，這個專案應如何執行範疇管理並達成目標？

(A) 每日和承包商開會，請他們回報安裝進度

(B) 事先聲明目標是維持營收水準，請承包商設法因應

(C) 設備安裝過程，以攝影機隨時監控承包商工作情形

(D) 請承包商深夜安裝設備，司機每日繳交報告回報設備使用學習狀態

〔　〕137. 凱文與克斯娜是公司的工程師，當初專案與客戶談好的品質功能是 10 個功能，最近凱文研發出 2 個新的功能，於是跟克斯娜說如果加給客戶，客戶不知道會有多高興呢！請問妳是克斯娜，妳該怎麼回答？

(A) 對呀，客戶會很高興　　　　　　(B) 對呀，但是請先問過老闆

(C) 不行，這樣公司會多花成本　　　(D) 不行，這是鍍金（Gold Plating）的行為

〔　〕138. 遊樂單車公司要推動新的二手車交易專案，老闆委託你擔任專案經理，為了方便使用者進行媒合，你需要開發一個手機應用程式。你已經找好承包商，他們向你索取專案執行的工作包清單，你該怎麼做？

(A) 用一個表格記錄所有的交付物，並把最困難、複雜的截止日期排最前面以免延期

(B) 將工作項目編碼，分別記錄交付時間和內容

(C) 使用工作分解結構（WBS）將整個專案生命流程的工作項目進行分解

(D) 請承包商先規劃一份給你，你再來修改

〔　〕139. 請問有關混合式專案，在召開投標人會議（Bidder Conference）時，比較適用用什麼溝通方式呢？

(A) 正式書面（Formal Written）　　(B) 正式口頭（Formal Oral）

(C) 非正式書面（Informal Written）　(D) 非正式口頭（Informal Oral）

〔　〕140. 一個清除淤泥的預測式專案，其特性就是成本小、時間緊急、工期短，且買方要掌控，但是工作範疇並不完全。請問在這個條件下，最適合用哪一個合約？

(A) 成本加獎勵費用合約（CPIF, Cost Plus Incentive Fee）

(B) 確實固定價格合約（FFP, Firm Fixed Price）

(C) 時間與材料合約（T&M, Time and Material）

(D) 成本加固定費用合約（CPFF, Cost Plus Fixed Fee）

〔　〕141. 請問著名的黃金圈理論（Golden Circle），由內到外排列，請問下列何者正確？

(A) What, How, Why　　　　　　　(B) Why, What, How

(C) Why, How, What　　　　　　　(D) How, Why, What

〔　〕142. CEO 馬克向幹部們抱怨，有部分同仁上班討論休閒娛樂，他希望專案經理要求他們專注在工作上。如果你是專案經理，你會怎麼做？

(A) 告訴同仁馬克出現時不准聊天

(B) 告訴馬克同仁會聊天是很自然的，但也告訴同仁們交談時前往休息區勿打擾他人

(C) 告訴幹部們應尊重馬克的感受，因為他是 CEO

(D) 和行政組部門商量發出禁止閒聊的公告

〔　〕143. 混合式專案的專案副總把妳找去，他想要知道專案計畫進度何時完成，現在的進度是完成多少，是超前還是落後，預估還要多久專案才會完成，請問妳要製作什麼文件給專案副總過目？

(A) 網路圖（Network Diagram）

(B) 假設情境分析（What-If Scenario Analysis）

(C) 迭代燃盡圖（Iteration Burndown Chart）

(D) 工期估計（Duration Estimates）

〔　〕144. 你是負責公司合規（Compliance）專案的專案經理，主管請你和專案管理辦公室（PMO）要更密切合作，並給予合規的相關建議，針對 PMO 的定位，你會給予什麼建議？

(A) PMO 應提供標準、方法及工具

(B) PMO 應依據公司的策略計畫直接執行工作項目

(C) PMO 應促使專案、計畫及專案組合能順利推行

(D) PMO 應擁有人事異動的最高裁量權

〔　〕145. 機場航廈新建專案由資深的專案經理帶領一群較資淺的同仁一起進行，執行過程中出現意外，多數資淺同仁認為應持續進行目前執行的 K 任務，但專案經理最後決定應先停止 K 任務，改先行執行 H 任務，請問專案經理採取了什麼衝突解決的方式？

(A) 撤退（Withdraw）　　　　　　　(B) 協同／合作（Collaboration）

(C) 妥協（Compromise）　　　　　　(D) 強迫／指示（Force）

〔　〕146. 雖然專案在時間、範疇、預算的限制方面都順利，但是專案經理發現贊助人對於專案執行的進度並不開心。專案經理如果有做到哪一項，就可以避免這種狀況？

(A) 撰寫專案章程　　　　　　　　　(B) 審查並確認利害關係人分析

(C) 發展溝通管理計畫　　　　　　　(D) 得到專案需求的核准

〔　〕147. 執行專案的過程中勢必會面臨到許多的變更，專案經理面對這些改變，以下哪個做法是最恰當的？

(A) 專案經理應該研讀變更控制相關的知識

(B) 專案經理不主動推動變更，但遵循公司的變更規定

(C) 專案經理有責任建立變更控制（Change Control）流程，並予以實踐

(D) 專案經理隨時記錄公司過去發生的改變，因此有能力應對任何規模的改變

〔　〕148. 妳在空氣品質監測設備公司工作，擔任工業區專案的專案經理，專案採用混合式
方式進行，因為資料庫系統的更新，導致溝通專案需求時需要多產出一些文件，
造成部分同仁工作量增加，妳會怎麼溝通？

(A) 寄信向全公司說明，資料庫系統更新後將帶來的改變

(B) 提供新系統操作說明書讓同仁參考

(C) 發起會議蒐集意見，並透過內部共學與教育訓練，逐步讓同仁習慣新系統

(D) 請每個團隊的主管向他們的團隊成員宣布這件事情

〔　〕149. 下列針對「敏捷式」與「傳統預測式」的比較，何者錯誤？

(A) 敏捷式帶給企業的商業價值，比較高

(B) 敏捷式的進展可見性，比較低

(C) 敏捷式的運作風險，比較低

(D) 敏捷式的調適性，比較高

〔　〕150. 你在老闆的指派下負責一個內部混合式專案，打造了公司內部的虛擬辦公室系
統，但部分主管認為只要使用既有的社群軟體就好，不用那麼麻煩，身為專案經
理的你該如何處理？

(A) 與各部門主管召開非正式會議，聽取他們對於這項改變的建議

(B) 召開會議請各部門的主管支持這項改變

(C) 在每個團隊指派一位推動者，協助推動系統使用

(D) 與各團隊成員召開會議，請他們思考為何主管不想改變，並請他們說服主管

〔　〕151. 針對預測式專案，有關工作分解結構（WBS）中，由高至低排列階層的名稱，下
列何者為真？

(A) 工作包、規劃包、控制包　　　　(B) 工作包、控制包、規劃包

(C) 控制包、規劃包、工作包　　　　(D) 規劃包、控制包、工作包

〔　〕152. 在原定的資料庫專案計畫中，公司資訊技術人員（IT）向專案經理提出變更需
求，因為他發現測試過程中有許多無法解讀的資料，佔據了資料庫的空間，因此
需要更多的時間來處理。如果你是專案經理，該怎麼因應這項改變？

(A) 指派團隊成員，在下一次變更控制委員會（CCB, Change Control Board）中提出
討論

(B) 接受 IT 的提案直接進行改變，並寫信給受影響最大的團隊主管，請他們做出
因應

(C) 盤點時間、金錢及人力資源，確認工作負荷後，召開 CCB 決定預算和時間安排

(D) 先和老闆及團隊主管私下接觸，蒐集意見後再提出變更案

〔　〕153. 公司的預測式專案已接近尾聲，並且已通過確認範疇的顧客驗收，此時顧客還是提出專案範疇外的工作與產品功能提升，此時身為專案經理的妳，該如何處理？

(A) 持續協助顧客完成功能提升，達成顧客滿意

(B) 詢問專案贊助人同意後，再協助顧客

(C) 結束現有合約，另外商討新合約

(D) 結束現有合約，不予理會

〔　〕154. 常見的專案管理方法中，針對調適式（Adaptive）專案常被運用的環境，下列何者正確？

(A) 已有解決方案，且專案的不確定性很低

(B) 已有解決方案，但專案的不確定性很高

(C) 沒有解決方案，但專案的不確定性很低

(D) 沒有解決方案，且專案的不確定性很高

〔　〕155. 金剛公司以敏捷方法開發新產品，在第一階段時有一項測試沒有通過，導致產品開發的時程延誤，在事前應該怎麼做來避免這樣的風險？

(A) 團隊應在每個衝刺（Sprint）時都進行風險評估，並在進入下個階段前產出風險分析報告

(B) 研發長應再更謹慎考量，為團隊的產品把關

(C) 專案經理應該在每個階段結束前，和主管確認口頭說明潛在的風險

(D) 這是產品開發本來就會出現的風險，不用理會

〔　〕156. 瑞克正在管理一所大學校園網路佈建專案，他希望能夠參與調度關鍵的專案利害關係人的任務。他發出會議邀請給需要參加腦力激盪會議的所有利害關係人。請問瑞克選擇的腦力激盪，是屬於下列哪一種溝通模式？

(A) 推式溝通　　　　(B) 互動溝通　　　　(C) 拉式溝通　　　　(D) 單向溝通

〔　〕157. 某專案實際成本（AC）為 100,000 元，成本變異（CV）為 -60,000 元，請計算其成本績效指標（CPI, Cost Performance Index）是多少？

(A) 0.2　　　　　　(B) 0.25　　　　　　(C) 0.3　　　　　　(D) 0.4

〔　〕158. 你被執行長湯姆提拔為「未來事業部」專案經理，負責公司未來各項產品策略的擬定和評估專案。你們兩人是對於專案最有影響力的利害關係人，你會如何跟湯姆合作？

(A) 首先必須確認權責關係，才能開始共識

(B) 和湯姆及其他利害關係人達成共識，確認對專案成功有相同的見解，再進行分工

(C) 每週和湯姆開會，進行專案風險評估

(D) 申請將你本來部門的同仁調來一起處理事情

〔　〕159. 下列何者是寬頻德爾菲法（Wideband Delphi）的實務應用？

(A) 敏捷卡牌（Scrum Poker）　　　　(B) 停車場圖（Parking Lot Diagram）

(C) 狩野紀昭（Kano）二維分析　　　(D) 時間盒（Time Box）

〔　〕160. 總經理與專案經理米勒，在討論如何優化 A 專案的執行流程，A 專案是屬於混合式專案，過去曾遇到未確實落實風險管理的問題，米勒應提出什麼建議比較好？

(A) 以迭代法蒐集團隊成員的每日回饋，並由專案經理監督工作進行狀況直到問題解決

(B) 有關產品的問題，依賴品管部主管達成產品保證（QA）

(C) 讓團隊成員對於產品有責任感，共同針對專案執行的日期和產出進行討論，並訂定出可執行的計畫

(D) 確保風險登錄表隨時更新，確保交付物能夠如期完成

〔　〕161. 專案經理安妮正在進行廢水處理的專案，在專案執行過程中，遭遇了政府提高環保法規要求的狀況，專案必須更新以符合新法規的要求，請問安妮應該怎麼做？

(A) 確認風險登錄表中，是否有記錄這項風險

(B) 和團隊成員開會，了解新的環保法規對專案範疇的影響

(C) 提出變更請求，交由變更控制委員會來做決定

(D) 和政府單位協商是否有符合法規的緩衝期

〔　〕162. 混合式專案執行過程中，有些團隊成員想要嘗試找尋的新的供應商，有些成員則希望和目前的供應商繼續合作，請問專案經理應該參考什麼文件來決定？

(A) 自行搜尋網路上之評價　　　　(B) 賣方建議書

(C) 自製或採購決策　　　　　　　(D) 商源評選準則

〔　〕163. 專案已經開始產出部分成果，專案經理決定開始確認是否已符合規範，抑或是有
潛在威脅，以下何者正確？

(A) 確認議題記錄單

(B) 請某位同仁產出潛在風險清單

(C) 召開會議和整個團隊討論潛在的風險

(D) 詢問 CEO 的意見

〔　〕164. 公司伺服器遭到入侵，相關團隊正在調查中，科技長想請你負責擔任臨時專案的
專案經理，來擬訂公司的資料應如何保全的規範，你會怎麼做？

(A) 要求所有團隊成員在緊急會議中，共同完成一份工作文件

(B) 要求所有團隊成員各自準備一份關於目前可掌握情報的報告書，召開緊急會議
討論下一步應如何執行

(C) 召集所有團隊成員召開緊急會議，包含法律專員也要出席

(D) 先和法律專家開會，再和整個團隊開會討論下一步

〔　〕165. 麗塔公司正在進行團隊建立（Team Building）的教育訓練，授課講師麥金博士詢
問你說：「依據塔克曼階梯理論，團隊成員因為工作習慣或個性的不同而常常發生
爭執，這是處於什麼階段？」，你要如何回應？

(A) 形成期（Forming）　　　　　　　(B) 風暴期（Storming）

(C) 規範期（Norming）　　　　　　　(D) 績效期（Performing）

〔　〕166. 公司正準備開發一項新產品，過去在開發新產品時曾經因為不符合美國法規而無
法打入美國市場，身為總公司跨組別合規（Compliance）的專案經理，負責支持
專案順利進行的專案管理辦公室（PMO）詢問你的看法，你會提出什麼建議？

(A) 請 PMO 詢問開發團隊，他們的開發流程應該要遵守哪些國際規範

(B) 交由開發團隊自行確認合規性

(C) 請 PMO 檢視產品須符合哪些相關法規，並與美國相關單位確認合規性

(D) 確認所有關於法規的文件是最新的，並安排針對這些文件的稽核

〔　〕167. 依據附表專案活動清單所述，請問活動 D 的浮時是多少？

活動名稱	工期（天）	前置活動
A	2	N/A
B	3	A
C	3	B
D	2	B
E	4	C
F	3	D, E

(A) 3　　　　　　　　(B) 5　　　　　　　　(C) 0　　　　　　　　(D) 1

〔　〕168. 運用敏捷式專案管理時，會運用到利特爾法則（Little's Law），請問針對利特爾法則所定義的前置時間，等於下列何者？

(A) 半成品（WIP）× 週期　　　　　(B) 半成品（WIP）× 資源使用率

(C) 等待時間 × 週期　　　　　(D) 等待時間 × 資源使用率

〔　〕169. 執行長徵召幾位專案經理加入專案管理辦公室（PMO），你也是其中一員，執行長首先請 PMO 成員們一起思考公司核心業務所帶來的效益，這是為什麼？

(A) 這有助於讓員工們了解公司的願景；因為 PMO 和組織的運作健康程度有關係

(B) 這有助於了解資源應如何分配，且促進組織轉型；因為這是關於整個組織的價值體系，所以 PMO 要參與

(C) 這有助於 PMO 了解如何讓各個專案合作；因為 PMO 可以藉此排序各專案，擬定出最合適的策略

(D) 這有助於了解各部門獎金分配狀況；因為 PMO 就是公司最高層級的決策圈

〔　〕170. 公司內部會議正在討論新的合作案，有關於如何向新的利害關係人展現專案效益，你會提出什麼建議？

(A) 以介紹專案產出的方式，來代表專案效益

(B) 說明效益將如何與公司策略目標協同發展

(C) 展現最新的風險和效益清單，並說明這將不斷更新以隨時評估效益

(D) 以去年的營收狀況，說明專案將帶來什麼效益

〔　〕171. 在一個建築專案中出現了重大紕漏，因為建築材料仍在海外來不及準備導致工期
延宕，利害關係人關切此事時卻沒有得到回應，因此斥責專案團隊，請問專案經
理當初沒有做到哪一項措施，才導致了此事件的發生？

(A) 進行供應商投標分析 　　　　　 (B) 啟動應變準備

(C) 更新風險登錄表 　　　　　　　 (D) 建立機率與衝擊矩陣分析

〔　〕172. 公司針對專案執行訂定了策略目標：效益風險最小化，最大化機會以獲得額外效
益。該如何確保後續執行新專案的人員，都能獲取專案的效益評估文件？

(A) 企業案例（Business Case）、效益實現計畫（Benefit Realization Plan）、效益維護
計畫（Benefit Sustainment Plan）、效益實現藍圖（Benefit Realization Roadmap）、
效益分解結構（Benefit Breakdown Structure）

(B) 商業個案、專案管理計畫書、專案時間表、效益記錄單、效益分解結構
（Benefit Breakdown Structure）

(C) 結案管理計畫（Closeout Management Plan）、工作分解結構、全計畫評估、全
計畫完成清單、執行計畫書

(D) 組織流程資產、經驗學習記錄單、招標資訊、利害關係人管理計畫、風險評估
記錄單

〔　〕173. 公司的新增產品線專案，因為公司本身專業不足，於是請求廠商提供建議書，並
且希望廠商省錢與提早完成的話，就會給予額外的獎金，請問公司是希望採用什
麼合約？

(A) 時間與材料合約（T&M, Time and Material）

(B) 成本加激勵費用合約（CPIF, Cost Plus Incentive Fee）

(C) 固定價格激勵合約（FPIF, Fixed Price Incentive Fee）

(D) 成本加固定費用合約（CPFF, Cost Plus Fixed Fee）

〔　〕174. 專案執行的過程中，應如何追蹤專案執行的效益，甚至掌握到可能增加效益的
機會？

(A) 應用效益報告系統（Benefit Reporting System），讓主管設定目標及追蹤

(B) 針對追蹤既有效益、開發新的機會與識別風險等項目，並建立標準作業流程

(C) 藉由個案分析，來找出潛在風險和機會

(D) 一定要成立新部門專門負責這個部分，才有可能掌握先機

〔　〕175. 一個混合式專案的專案經理雷克斯發起一個會議，內容聚焦在討論未來公司的營運策略，他想要先評估未來計畫的效益，這樣的評估會有什麼好處？

(A) 加強達成目標的成功機會，並鑑別出需要加強的部分以配置資源

(B) 能夠以較高的標準來增進員工的待遇，促進在同業間的招募和留才競爭力

(C) 可以利用評估的結果，提早開始明年度的投資

(D) 可以利用評估的結果，找出花費最低且效益最大的專案

〔　〕176. 你擔任甜點店的營運專案的專案經理，為了升級設備你們採購了新冰箱，你規劃各分店分批換用冰箱的流程。但因為各分店的人員私下和設備商提出不同的需求，因此多了很多額外的工作需要處理。以下何者正確？

(A) 這個狀況是預算不足導致的

(B) 這是因為專案經理沒有完整表達需求所造成的

(C) 這是由於風險管理不良引起的

(D) 這是範疇潛變（Scope Creep），且發生在需求管理、需求蒐集流程不一致、及利害關係人管理等

〔　〕177. 你負責廠房拆遷的專案，負責製供新式加工機的廠商來電說機器設備會提前一週到貨，但你在這當下還沒準備好放置的空間，身為專案經理的你應如何處理？

(A) 即刻購買保險來因應

(B) 拒絕廠商提早交貨

(C) 更新議題記錄單

(D) 重新評估風險，並且修改風險回應計畫

〔　〕178. 在一個結合各團隊一起運作的敏捷式專案中，若想在專案結束時向利害關係人表達專案的價值與效益，以下何者是最好的方法？

(A) 找出績效最好的團隊，確保他們有得到應有的獎勵

(B) 向利害關係人口頭報告效益相關資料，並確保他們在專案過程中提出的效益相關問題，都有得到妥善的回覆

(C) 找出績效最差的團隊，投入資源想辦法讓他們下次更好

(D) 寄信給所有利害關係人，附上所有效益相關文件讓他們看到產品價值

(　) 179. 因為績效獎金的分配和原先說好的不同，導致團隊成員揚言罷工，雖然後來因為
有高階主管自願減少獎金、投資人出面緩頰並補足金額而解決問題，但已影響團
隊氣氛，身為專案經理的你該如何提振士氣？

(A) 請老闆和團隊成員更密切互動

(B) 請人資部門開除揚言罷工的員工

(C) 感謝高階主管和投資人，但請成員盡量以提出解決方法取代提出要求的方式溝通

(D) 請老闆之後遇到這種狀況，詳細說明獎金減少的原因

(　) 180. 承上題，事件已結束，後續你會如何提出適度授權的建議，避免這種狀況再出
現？

(A) 請團隊成員有問題時，自行討論解決方案在提出

(B) 請老闆授權給你，讓你能夠考量團隊權益然後代替老闆做決定

(C) 定期召開會議，讓團隊成員在必要時能提供建議

(D) 請團隊選出代表人，出現問題時由他和老闆討論

答案（第 2 回）

一、填充題

題號	1	解答說明
答案	C	依據：工作量 / 人數，選比例高的，代表效益比較高

二、圖表熱點題

題號	2	解答說明
答案	D	選在製品（WIP）/ 看板數，比例高的，代表該看板負責的在製品過多，造成瓶頸，要增加看板來分擔

三、配合題（連連看）

題號	3	4	5	6	7	8	9	10	11	12
答案	DCAB	CAB	CBA	CAB	ACB	CAB	BDCA	BADC	BCA	AD

四、複選題

題號	13	14	15	16	17	18	19	20
答案	ADE	ABD	AC	CD	AC	BC	ABE	BCD

五、單選題

題號	21	22	23	24	25	26	27	28	29	30
答案	B	B	A	C	A	D	B	C	D	D

題號	31	32	33	34	35	36	37	38	39	40
答案	B	D	B	A	C	A	D	A	B	D

題號	41	42	43	44	45	46	47	48	49	50
答案	D	C	C	C	B	B	D	A	A	B

答案（第 2 回）

題號	51	52	53	54	55	56	57	58	59	60
答案	B	A	D	D	B	A	C	B	B	B

題號	61	62	63	64	65	66	67	68	69	70
答案	B	B	C	A	C	B	D	D	B	B

題號	71	72	73	74	75	76	77	78	79	80
答案	D	A	C	C	D	C	A	B	B	C

題號	81	82	83	84	85	86	87	88	89	90
答案	A	A	B	C	A	A	C	B	C	C

題號	91	92	93	94	95	96	97	98	99	100
答案	D	B	B	C	A	A	B	D	C	B

題號	101	102	103	104	105	106	107	108	109	110
答案	A	D	A	A	C	C	D	A	D	C

題號	111	112	113	114	115	116	117	118	119	120
答案	C	C	B	B	C	C	A	C	D	A

題號	121	122	123	124	125	126	127	128	129	130
答案	B	A	C	B	C	C	D	C	A	B

題號	131	132	133	134	135	136	137	138	139	140
答案	D	D	C	C	C	B	D	C	B	C

題號	141	142	143	144	145	146	147	148	149	150
答案	C	B	C	C	D	B	C	C	B	A

答案（第 2 回）

題號	151	152	153	154	155	156	157	158	159	160
答案	C	C	C	B	A	B	D	B	A	C

題號	161	162	163	164	165	166	167	168	169	170
答案	A	D	C	B	B	C	B	A	C	B

題號	171	172	173	174	175	176	177	178	179	180
答案	C	A	B	B	A	D	D	B	C	C

8.3 最新收錄 PMP 新增試題

　　於本節中，本書特別收錄了宇宙無敵最新的 PMP 全真試題，請考生要多練習，藉由實際考題的演練，來熟悉 PMI 的出題精神。

一、配合題（連連看）（Drag and Drop）

1. 醫院針對病患的病歷、資料庫及管理介面，進行資訊軟體更新專案，請問以下情形分別是遇到什麼風險：

醫院遇到市場狀況改變，病患大量減少，沒有經費來進行資訊軟體更新		(A) 技術風險
供應商表示管理介面有部分問題無法解決		(B) 政治風險
資料庫無法完全導入至新軟體		(C) 商業風險
病人個資問題須遵循政府頒布的資訊法規		(D) 外部風險

2. 請選擇下列正確的依存關係：

專案要等環評通過後，才能進行		(A) 商業依存
要依據經濟與市場的狀況來進行		(B) 技術依存
要先和 A 公司簽約後，才能外包給 B 公司		(C) 內部依存
要依據公司的內部規則來決定優先順序		(D) 外部依存

3. 請選擇正確的敏捷流程四個階段：

已經做了什麼或面臨的難題		(A) 衝刺規劃會議
開始做、停止做、繼續做		(B) 每日站立會議
決定本次衝次（短衝）要進行哪些任務		(C) 衝刺審查
確認目前為止的進度		(D) 衝刺回顧

4. 請正確選擇預測式與敏捷式（調適式）專案內容的比較：

被限制的 / 限縮範圍的			(A) 需求
參與次數不頻繁，只參與里程碑審查		預測式	(B) 時程與成本
相對來説是固定的			(C) 變更
通常是事先規劃好的			(D) 利害關係人
通常是固定的，切固定的時間			(E) 需求
是不確定的，且時常會變化		敏捷式	(F) 時程與成本
是常常參與的，且要給出回饋		（調適式）	(G) 變更
每次迭代時，都會發生			(H) 利害關係人

5. 請對應出以下情況是屬於預測式專案或敏捷式專案：

通常整合到迭代循環中		(A) 專案範疇 - 預測式專案
事先詳細規劃		(B) 變更 - 預測式專案
驗收交付物的時候參與		(C) 風險回應 - 預測式專案
隨著交付物狀況進行調整		(D) 利害關係人 - 預測式專案
發生在整個專案中		(E) 專案範疇 - 敏捷式專案
盡量避免發生		(F) 變更 - 敏捷式專案
定期參與會議		(G) 風險回應 - 敏捷式專案
控制在門檻範圍內		(H) 利害關係人 - 敏捷式專案

6. 面對以下狀況，應做好哪些因應準備：

了解公司溝通主要的方式		(A) 政治認知
注意政黨動向、總統是否要換人		(B) 文化認知
被公司調至文化環境不同的農村工作		(C) 決策制定
被政府任名擔任重要官員		(D) 文化適應

7. 請選擇下列正確的溝通形式與工具：

溝通工具	專案任務
視訊會議	(A) 專案交付物的演進
聊天室	(B) 例行資訊公佈
線上公告欄	(C) 團隊成員議題討論
版本控制系統	(D) 協商與談判

8. 請正確配對下列情境描述與組織變更的特性：

情境描述	變更的特性
公司改變審查與評估員工的方式	(A) 變更的阻礙
敏捷教練使用敏捷技術與實務展開工作	(B) 以身作則推動變更
將工作分解成需要變更或重工的迭代原型	(C) 變更的容許程度
專案工作因為部門穀倉效應造成延誤，打亂交付物的依存關係	(D) 導入敏捷管理的變更

二、複選題

〔　　　〕 1. 專案團隊完成了跨國合作的專案後，專案贊助人想要了解各地區的利害關係人對於此專案執行績效的滿意度，請問專案經理要如何進行？（複選 2 項）
(A) 寄信件給各地區的利害關係人，並請他們填寫回復
(B) 使用問卷調查方式，邀請利害關係人填寫
(C) 選定一個時間，請利害關係人參與會議
(D) 請專案管理辦公室（PMO）協助詢問
(E) 依循專案的溝通管理計畫中的溝通方式來進行

〔　　　〕 2. 一個自我組織的專案團隊，近期新加入了一位成員衛伯斯，衛伯斯不喜歡參與討論與發言。請問專案團隊該如何做？（複選 2 項）
(A) 向產品負責人報告
(B) 重新發送電子郵件説明交付的任務
(C) 鼓勵衛伯斯發表各種想法
(D) 將情況上報給管理階層
(E) 引導衛伯斯提高參與度

〔　　〕 3. 敏捷專案在第三次的迭代審查會議時，利害關係人表示專案可能要發生變更。
請問專案經理應該採取什麼行動？（複選 2 項）

(A) 請開發團隊去分析變更造成的影響

(B) 將這個變更請求暫時擱置

(C) 詢問利害關係人變更的優先性

(D) 交由主題專家（SME）去研究

(E) 請產品負責人變更產品待辦清單

〔　　〕 4. 一位專案團隊成員離開後，來了另外一位新的成員，你身為專案經理，可以接
受團隊會有「風暴期」，但卻過了一陣子都沒有改善，請問你該如何做才能使團
隊「邁向正軌」？（複選 2 項）

(A) 舉辦團隊建立活動

(B) 與此成員洽談

(C) 再次重申本團隊的規範和目標

(D) 修改溝通管理計畫

(E) 請求調換人力

〔　　〕 5. 敏捷專案的產品負責人與開發團隊成員召開發布與迭代規劃會議，討論要開發
的產品功能與特性。請問產品負責人要先蒐集哪些資訊？（複選 2 項）

(A) 燃盡圖 / 燃燒圖

(B) 公司願景與使命

(C) 風險登錄表

(D) 衝刺計畫目標

(E) 產品待辦清單

〔　　〕 6. 有一個混合式專案，需要各季交付成果。此時客戶要求將第二季的成果提前到
第一季，產品負責人向客戶表達這個要求不可行，可是客戶不接受。請問產品
負責人應該怎麼做？（複選 2 項）

(A) 說服客戶維持第二季的交付不要變更

(B) 將議題報告管理高層，尋求援助

(C) 詢問客戶第二季品項需求的優先順序

(D) 跟客戶說明變更專案交付成果，對專案成本的影響很大

(E) 請開發隊分析在第一季可以執行哪一些第二季的需求

〔　〕7. 某大型而複雜的專案，需要 5 年的工期，要雇用專職人員，但是以往常發生有人離職的風險，請問專案經理該如何防範？（複選 2 項）

(A) 請高層多增加專案的人員當儲備

(B) 多輔導與培訓，提高團隊的職能

(C) 交由敏捷教練來負責團隊的職能

(D) 建立表揚與獎賞的機制

(E) 向利害關係人詢問與儲備人才

〔　〕8. 專案有一個活動需要四位具備某職能的人員，但是目前只有兩位符合資格。請問專案經理應該如何進行？（複選 2 項）

(A) 要求所有開發團隊成員學習新職能

(B) 鼓勵組成小組工作及分享專業知識

(C) 將此活動從產品路線圖中移除

(D) 增加此活動的預估工期

(E) 邀請外部講師辦理訓練課程

〔　〕9. 敏捷教練在進行敏捷專案時，常常會遇到哪些障礙？（複選 3 項）

(A) 每日會議審查產品待辦清單

(B) 新科技的發明造成敏捷進展的阻礙

(C) 團隊成員討論不屬於敏捷專案的使用者故事

(D) 回顧會議期間提出績效回饋

(E) 沒有授權給團隊自主，所以無法成為自我組織

〔　〕10. 專案成員分佈在不同國家工作，每日透過電話分享專案進度，專案經理發現梅娜琳不常說明工作的細節。請問專案經理該怎麼辦？（複選 2 項）

(A) 重新發送電子郵件說明交付的任務

(B) 將情況向管理高層報告

(C) 鼓勵團隊成員多使用雲端共享工作區

(D) 跟梅娜琳討論參與度並依討論結果採取適當行動

(E) 交由敏捷教練去處理此事宜

〔　　〕11. 專案經理發現凱瑟琳跟功能經理分享喬瑟夫在回顧會議上被討論績效不佳。請問專案經理應該怎麼做？（複選 2 項）

(A) 跟贊助人面報此情況

(B) 與產品負責人開會討論此情況

(C) 向凱薩琳說明哪些資訊可以跟團隊外部分享

(D) 邀請凱薩琳的功能經理參與下一次的回顧會議

(E) 與整個團隊成員審查保密安全的基本規則

〔　　〕12. 專案經理接獲顧客表示要結束一個進行中的專案，請問專案經理要提出什麼文件來說服顧客繼續執行專案？（複選 2 項）

(A) 成本效益分析

(B) 風險回應計畫

(C) 多重準則決策制定

(D) 變更請求

(E) 備選方案分析

三、單選題

〔　　〕1. 團隊中有一位資歷淺的成員向專案經理提出想要學習定性風險分析，請問身為專案經理的你要怎麼做？

(A) 邀請該名成員，參加風險審查會議

(B) 由負責風險分析的資深成員來帶領該成員

(C) 由專案經理直接指導該名成員相關知識

(D) 請敏捷教練指導該團隊成員

〔　　〕2. 專案的供應商無法及時提供零件，導致專案時程延遲，廠商提出可在時限內提供替代零件並可運用到商品上，但這不符合專案規格，請問專案經理下一步應該要怎麼做？

(A) 請廠商應使用符合專案規格的零件，並選擇空運降低進度延遲

(B) 聯絡利害關係人報告此事情

(C) 接受廠商替代零件並變更專案規格

(D) 記錄此議題並更新時程

〔　〕　3. 敏捷團隊中，有位新加入的成員行動不便，因此其他團隊成員擔心會對於團隊風氣造成影響，請問專案經理下一步要怎麼做？

(A) 由團隊成員自行處理

(B) 協調團隊達成共識

(C) 命令團隊成員包容新成員

(D) 請求更換另外的成員

〔　〕　4. 在順利完成最後一次的迭代交付後，專案團隊開心舉辦慶功宴慶祝，但公司高層指出此產品完全沒有商業價值是失敗的專案，請問專案經理該如何防範？

(A) 迭代結束後先與利害關係人開會討論

(B) 敏捷教練應指導團隊成員進行衝刺

(C) 即時更新最新專案進度報告給各個利害關係人

(D) 每次交付成果時，應與利害關係人確認目標需求

〔　〕　5. 公司大力型的部門主管與鼓勵型的利害關係人要離職，團隊成員因此士氣低迷，導致沒有如期完成衝刺目標，請問專案的敏捷教練要如何處理？

(A) 讓團隊成員自行調整

(B) 退回團隊組建階段，設定新目標，鼓勵團隊完成

(C) 告知利害關係人專案會發生延誤

(D) 記錄這項專案延遲

〔　〕　6. 專案執行中交付給新任專案經理海倫，海倫識別到專案的成本支用會超過 30%，記錄在風險登錄表後繼續進行專案，但是執行長說公司規定成本超支 25% 就要停止專案，專案很可能被取消，海倫很驚訝不知道有這超支 25% 的限制，海倫應該要做什麼來避免這個問題？

(A) 請團隊成員將風險回應登錄至議題記錄單

(B) 確實實施溝通管理計畫

(C) 落實利害關係人參與計畫

(D) 提出變更請求

〔　〕　7. 專案團隊在某幾個衝刺過程遇到一些議題，採取協議方式處理後，在下一個衝刺時又發生相同的議題。請問產品負責人應該怎麼做？

(A) 分析是否因為團隊未遵守協議而導致的

(B) 由團隊採用自我組織方式，找出防範的方式

(C) 將此協議張貼在專案最明顯的位置

(D) 將這些問題通知管理高層，並且一起討論

〔　〕　8. 公司進行敏捷式專案管理，此階段目標已擬定專注於財務模型上，專案團隊於衝刺前期以財務模型方式進行，但是到了衝刺後期，有兩名團隊成員想要著重在重整功能，請問專案經理要如何處理？

(A) 告知團隊成員應該遵循衝刺目標

(B) 告知團隊成員須自行負責此決定

(C) 讓團隊成員以重整功能發展，在衝刺回顧後再討論此議題

(D) 報告專案贊助人尋求支援

〔　〕　9. 管理高層與外部的利害關係人，因為意見不一致導致專案延遲，請問專案經理應該如何進行？

(A) 審查專案治理的妥適性，並確保建立適當的機制

(B) 將高層與利害關係人的因素隔離，使專案加速進行

(C) 依據專案剩餘的範疇，重新確定專案的時程基準

(D) 審查利害關係人參與計畫，確保按照計畫進行溝通

〔　〕　10. 依照專案的時程管理計畫，一個專案程式設計要花 36 天，實際上卻花了 45 天，導致專案時程延後，請問專案經理該怎麼做？

(A) 請團隊成員去分析延後的原因

(B) 通知專案贊助人時程延誤

(C) 查找是否有範疇潛變導致時程延後

(D) 將後面的活動趕工去完成

〔　〕　11. 有位高層利害關係人向專案贊助人提出想要了解目前專案衝刺的進度，請問專案經理要怎麼做？

(A) 邀請此利害關係人一起開衝刺會議

(B) 整理目前專案最新資訊，並寄信給這位利害關係人

(C) 請團隊成員自行向利害關係人報告

(D) 請敏捷教練整理報告呈交給利害關係人

〔　〕　12. 有一個敏捷專案的開發團隊成員，覺得沒有被充分賦權。請問專案經理要如何改善？

(A) 依據團員職能指派任務，確保具備專業知識

(B) 給予團隊自主權，引導他們自己決定如何執行任務

(C) 鼓勵團隊讓產品負責人一起參與賦權的討論

(D) 指派團隊成員與客戶共同執行產品的展示

〔 〕 13. 專案在執行中需要變更專案範疇，且此時也有一個關鍵活動延誤時程。專案經理
應該怎麼做？

(A) 提出變更請求，變更專案的範疇與時程

(B) 邀集團隊召開會議，以判定是否需要變更

(C) 進行變更的衝擊分析，提報給指導委員會核准

(D) 納入每週的專案報告管控，並傳達給專案管理辦公室

〔 〕 14. 某專案已確認經營面的高層次需求，但受到某些專案的影響而無法確定需求的優
先順序。請問專案經理該如何進行後續的步驟？

(A) 請專案管理辦公室對所有專案的任務進行估計，並提供專案管理計畫

(B) 呈報給管理高層，因為專案的複雜度提高，要增加專案開發工期

(C) 等待其他專案的排序與估計完成後，再進行本專案

(D) 根據歷史資料，對經營面需求先進行排序與估計

〔 〕 15. 客戶在專案結束階段更換了專案經理，你該怎麼做來預防專案的延遲？

(A) 更新利害關係人管理計畫

(B) 查看專案最新進展，將訊息通知利害關係人

(C) 通知客戶的主管

(D) 邀集團隊成員，召開會議

〔 〕 16. 專案蒐集利害關係人需求後，正要完成另一次迭代，產品負責人得知政府法規可
能會變更，導致產品無法上市。請問專案經理應該如何做？

(A) 提出變更請求

(B) 審查專案的目標效益

(C) 召開公司高層會議

(D) 加快專案的執行速度

〔 〕 17. 公司最近想要推行資訊管理整合的專案，請你擔任專案經理，但目前有些需求很
詳細，有些需求還不明確，請問要如何來開發專案？

(A) 請 PMO 辦公室詢問詳細需求，並等待授權

(B) 將需求細分後，以敏捷管理之短期衝刺方式進行

(C) 將不同特性的需求放到兩個不同的專案，並採用不同的方法

(D) 選擇最適合的專案生命週期的開發方式

〔　〕18. 專案經理史蒂夫發現了一個沒有在風險登錄表上的議題，可能對專案造成重大衝擊，史蒂夫應該如何進行？

(A) 暫緩專案進行，直到議題解決後，再進行

(B) 因議題不在風險登錄表中，因此不用理會

(C) 與專案團隊及利害關係人召開會議，商討管理議題的最佳方式

(D) 向專案贊助人報告，議題的發生將擴大專案的不確定性

〔　〕19. 在衝刺回顧會議中，有部分團隊成員提出因為需要支援另一個專案團隊，這個干擾影響到目前的專案，所以無法在衝刺時間內完成目標，導致專案延遲，請問敏捷教練要如何協助團隊解決此問題？

(A) 對支援的成員說明時間內完成進度的重要

(B) 請成員拒絕支援另外的專案團隊

(C) 與團隊成員開會一起達成共識，並且設法減少干擾

(D) 與人力資源部門經理協調

〔　〕20. 有一位專案的利害關係人升職去到其他部門，但他仍然對這個專案有主導權，身為專案經理應該要做些什麼？

(A) 向人力資源部門說明此狀況

(B) 更新利害關係人登錄表

(C) 發起專案章程的修改

(D) 行使專案經理權力將他調離此專案

〔　〕21. 在預測式的公司新加入一位對敏捷管理很熟悉的成員，他一直希望採用敏捷的站立會議方式進行，請問專案經理應該要怎麼與他溝通？

(A) 請他遵守專案的溝通管理計畫

(B) 讓他試試看舉辦敏捷站立會議

(C) 讓團隊成員投票表決是否使用敏捷站立會議

(D) 無論如何都只能用預測式

〔　〕22. 專案經理分析專案要花 6 個月，但是利害關係人卻覺得花 3 個月就夠了，請問專案經理該怎麼做？

(A) 重新研擬利害關係人參與計畫

(B) 向利害關係人解釋專案的要徑為何需要 6 個月的時間

(C) 將此風險記錄在風險登錄表中

(D) 召集專案團隊，擬定專案趕工計畫

〔　〕23. PM 識別出一個重大的機會，變更控制委員會（CCB）覺得此機會可行，在等待重要的利害關係人核准的期間，請問專案經理該做什麼？

(A) 不需要做什麼，只需要關切進度即可

(B) 尋找適當的團隊成員，並招募新的團隊成員

(C) 更新利害關係人參與評估矩陣

(D) 開始準備應變儲備（Contingency Reserve）來爭取這個機會

〔　〕24. 專案的主題專家（SME）發現有一個重要的經驗學習的知識（Lessons Learned Knowledge），請問專案經理應該該怎麼做？

(A) 請主題專家記錄在經驗學習的知識庫中

(B) 由專案經理記錄在經驗學習的知識庫中

(C) 由專案經理指派負責技術的團隊成員記錄在經驗學習的知識庫中

(D) 結案後，再一併記錄在經驗學習的知識庫即可

〔　〕25. 大型風力發電專案採用混合式專案管理，為確保滿足合約的品質需求，專案經理應該如何進行？

(A) 建立品質政策與程序

(B) 律定品質管理計畫

(C) 分析品質功能需求

(D) 持續檢驗交付物的品質

〔　〕26. 一間習慣使用預測式的公司，聘請一位新的專案經理，他對敏捷式管理非常熟悉，他正處理一個專案，此專案的需求有非常明確的部分，也有需求模糊不清的狀況，請問他要如何處理？

(A) 不管不清楚的部分，就清楚的部分先進行

(B) 等所有需求都確定之後再啟動

(C) 向專案的利害關係人再次詢問與確認

(D) 自己做主以敏捷管理迭代的方法邊做邊修正

〔　〕27. 專案經理喬納森認為要使用 Scrum 與 Kanban 混合式來執行一個新專案。產品負責人並不了解專案要如何進行，專案經理應該如何協助？

(A) 建立工作分解結構（WBS），向產品負責人說明交付物

(B) 與開發團隊中一起討論產品負責人該負的職責

(C) 協助產品負責人建立專案的產品待辦清單

(D) 鼓勵團隊要分析與分解專案的任務

〔　〕28. 公司正在導入敏捷專案管理，專案在經過數次衝刺後，在回顧會議上團隊成員抱怨公司阻礙專案進行，造成重工與延遲。請問專案經理應該怎麼做？

(A) 在每日立會討論根本原因分析

(B) 加強團隊協同合作，協助團隊消弭阻礙

(C) 在每日立會加入解決阻礙的討論

(D) 新增一個解決阻礙的衝刺

〔　〕29. 變更控制委員會（CCB）退回一個主題專家所提出的變更請求，導致主題專家非常不悅，並說不想再繼續參與這個專案，請問身為專案經理應該如何避免？

(A) 改由專案經理向變更控制委員會提出此變更案

(B) 先看過主題專家所提出的變更並分析

(C) 運用人際溝通技巧與主題專家好好溝通

(D) 說服變更控制委員會必須通過此提案

〔　〕30. 專案經理在經過數次迭代後，向主要的利害關係人羅傑斯展示商品，羅傑斯說開發團隊沒有掌握到關鍵的商品功能。請問專案經理應該如何防範這種情況？

(A) 召開收集需求會議評估專案範疇，再重新安排產品待辦清單順序

(B) 將開發實務導入專案生命週期中，促使了解使用者的需求

(C) 於衝刺期間，展示商品給利害關係人，早期回饋並調整計畫

(D) 重新調查專案團隊的職能，將開發產品的任務分配給具有職能的人員

〔　〕31. 混合式專案在執行中，被告知要先達成必須遵照的需求，才能進行其他需求。請問專案經理該如何進行？

(A) 將此需求納入利害關係人管理，並於下一次專案狀態會議討論

(B) 要求團隊成員，將此需求納入目前的衝刺中

(C) 與負責的團隊成員合作，審查並確定需求交付的優先順序

(D) 將此需求加入產品待辦清單中，等待下一次發布或迭代再完成

〔　〕32. 公司有些人員質疑新系統專案導入後，造成的變更是否必要。請問專案經理在專案早期該如何防範這種抗拒？

(A) 確保公司的文化是鼓勵與擁抱變更的

(B) 讓各部門都參與，且讓每個人都了解變更

(C) 請管理階層與最抗拒變更的部門進行溝通

(D) 建立完善的溝通管理計畫，說明與利害關係人溝通的方式

〔　〕33. 一間過去使用預測式的公司，打算引進並在專案使用迭代工具，在成功施行後，
高層要專案經理分析使用這個迭代工具是否成功，應該要怎樣計算績效？

(A) 取得利害關係人正向的回饋　　　　(B) 專案的時程有效縮減

(C) 專案的成本降低　　　　　　　　　(D) 專案團隊的人數精簡

〔　〕34. 專案經理史恩發現團隊成員使用的風險登錄表與他的不同。請問史恩該如何避免
這個問題？

(A) 查閱與遵守溝通管理計畫

(B) 將此事項記錄在議題記錄單中

(C) 實施專家判斷

(D) 查閱利害關係人參與評估矩陣

〔　〕35. 專案經理的主管略過專案經理，直接跟贊助人 / 利害關係人談改變範疇，事後未
告知專案經理，並且只在某次會議上稍微提到，團隊成員們都感到非常疑惑，請
問專案經理要如何採取行動？

(A) 告訴團隊成員沒事，專案經理會去解決範疇問題

(B) 由專案經理的主管負責也可以，但是回來時要告知專案經理

(C) 請專案經理的主管遵循變更流程，並且事先要與專案經理溝通

(D) 直接去找贊助人 / 利害關係人，告知他專案只能透過專案經理來變更

〔　〕36. 敏捷專案被要求刪減 35% 預算，為了持續交付價值，在人力配置上，專案經理應
該怎麼做？

(A) 將產品待辦清單進行排序，由商業價值高且工作量小的項目優先，來調整人力
配置

(B) 將專案花在關鍵功能上，維持現今的人力配置，直到花完所有的預算

(C) 降低人力配置，並視情況調整範疇與時程

(D) 請團隊成員去外部上課學習，以降低專案風險

〔　〕37. 你是公司的新任專案經理要和某家公司合作，但過去的合作經驗是，這間公司非
常難配合，因為他們常常不知道自己到底想要什麼，請問你要如何應對這個狀
況？

(A) 與利害關係人在啟始會議充份溝通後，依照決議推動專案

(B) 參照公司的專案管理流程來推動

(C) 參考業界最標竿的做法就不會有問題

(D) 規劃與執行過程中不斷溝通，確認合作對象的需求並調整方向

〔　〕 38. 你即將負責一個版本升級的案子，你發現過去公司也曾做過相關的改版，因此你參考了過去的資料，發現上次改版之後使用者經驗很差、一直抱怨，請問身為專案經理的你應該怎麼避免這個狀況？

(A) 查閱經驗學習登錄表，避免犯一樣的錯誤

(B) 就用上次的版本去修改，因為最快可以交件

(C) 完全重新設計一個新的版本

(D) 進行使用者的問卷調查

〔　〕 39. 敏捷團隊中有兩位成員很要好，此時有位新加入的成員，但好像融入不了團隊，新成員的效率很差，導致團隊績效不好，團隊成員因此都很失落，請問專案經理下一步要怎麼做？

(A) 私下找新成員談談

(B) 請產品負責人來出面解決

(C) 請團隊隊員包容新隊員

(D) 主動協調團隊，促使達成共識

〔　〕 40. 專案的贊助人或重要的利害關係人想知道專案的進度，要如何讓他知道？

(A) 固定寄送專案報告給他

(B) 請他去看辦公室的大型佈告欄

(C) 提供給他專案管理計畫書

(D) 邀請他參加迭代審查會議

〔　〕 41. 你們的公司客戶做教育訓練的課程規劃，並且已經簽約完成。但是經過調查統計後，客戶公司預計要上課的學員與課程的數量太少，有團隊成員建議，要以專案的方式再設計另外三個課程模式，可以吸引客戶更多的學員來參與，請問你身為專案經理要怎麼做？

(A) 主動提出課程變更規劃，超出成本由公司吸收

(B) 協調請客戶公司願意多付出成本來做這個專案

(C) 與公司內部溝通能否免費增加品項讓客戶得到好的服務

(D) 依照原提供的課程規劃，不要增加範疇造成公司超支

〔　〕 42. 你們公司採用混合式專案進行，有一個產品的特定零件，供應該零件的供應商說零件缺貨，但是他有提出替代方案，及使用和原本零件相似度很高的另一個零件，請問專案經理應該要怎麼處理？

(A) 採用供應商的替代方案，避免拖延到時程

(B) 依照合約，堅持用原本的產品

(C) 諮詢主題專家應該如何因應，並且同步評估這個替代方案的可行性

(D) 查閱品質管理計畫

〔 〕 43. 公司的高風險專案，以前沒有類似的專案可參考，某些利害關係人不願意對專案
提供支援與協助。請問專案經理該怎麼辦？

(A) 與利害關係人討論專案假設、限制及關鍵投入

(B) 審查公司政策、專案管理計畫、流程及工具

(C) 更新專案管理計畫與經驗學習登錄表

(D) 說服高層停止這個高風險的專案

〔 〕 44. 有一個利害關係人經常略過產品負責人而直接找底下的開發團隊洽談，請問專案
經理該怎麼辦？

(A) 律定溝通管理計畫

(B) 向開發團隊闡述溝通管理計畫

(C) 與高階主管開會表達此情況

(D) 實施團隊建設，以促進團隊溝通

〔 〕 45. 專案經理跟開發團隊討論後，發現每個人的敏捷方法經驗與理解並不相同。請問
專案經理該怎麼做？

(A) 培訓所有團隊成員了解單一的敏捷方法論

(B) 確認團隊成員了解與掌握所有的敏捷技術

(C) 不需要額外訓練，因為團隊已經了解敏捷管理

(D) 確保團隊成員，對敏捷管理有共同的了解

〔 〕 46. 專案利害關係人之間存在意見分歧，導致專案需求未獲得核准，專案經理首先該
如何做？

(A) 找出意見分歧的根本原因　　　　　(B) 進行利害關係人分析

(C) 實施團隊建設活動　　　　　　　　(D) 擬定專案章程

〔 〕 47. 你參與的專案進行到一半，有一個新的法規頒布，因此要做一些因應。主管說此
新的需求比你正在進行的專案更重要，要求要將新專案需求優先加入下一階段，
你身為專案經理應該怎麼做？

(A) 更新產品待辦清單

(B) 新增到衝刺待辦清單中

(C) 請團隊成員評估新需求的重要性

(D) 請問敏捷教練，他認為的任務排列順序

〔　〕48. 敏捷專案規劃 8 次迭代，現在位於第 4 次迭代期間。開發團隊打聽到有其他廠商
要推出新產品，所以要加緊腳步才能取得優勢。請問專案經理應該如何做？

(A) 請求增加開發團隊的人力

(B) 協助開發團隊找尋盡快推出產品的方法

(C) 提醒開發團隊加快速度，儘快推出產品

(D) 將那個廠商的產品功能，納入專案的產品待辦清單

〔　〕49. 公司某位主管對你負責的專案握有重要權力，但他參與很多專案，這個案子的重
要程度被排在比較後面，應該要如何和此主管溝通？

(A) 提升他對這個專案的興趣

(B) 統整相關資料並定期向此主管匯報

(C) 請他參與此案的決策過程

(D) 邀請他參加定期的成果報告會議

〔　〕50. 葛瑞絲剛剛加入專案團隊，她不了解專案對她的期望，請問專案經理應該如何協
助葛瑞絲？

(A) 審查資源管理計畫，且輔導葛瑞絲儘快進入狀況

(B) 引導葛瑞絲查閱當責（RACI）矩陣

(C) 要求葛瑞絲參加專案管理教育訓練

(D) 建議葛瑞絲查閱專案章程與利害關係人參與計畫

〔　〕51. 你負責的一個混合式專案，有一個利害關係人對專案有意見，他擺明說自己不願
意出席會議，請問專案經理該如何溝通？

(A) 寫電子郵件向他報告

(B) 詢問原因並再度邀請他出席會議

(C) 請他以書面方式提供建議

(D) 定期整理績效報告給他

〔　〕52. 專案經理被指派到南非設立新分公司的專案，公司過去沒有在國外設立分公司的
經驗。請問專案經理在專案發起要先考慮什麼？

(A) 要得到公司高階管理階層的授權及頒布專案章程

(B) 要拜訪南非的經濟部了解投資環境

(C) 了解南非的地理環境、管制事項及進行識別風險

(D) 擬定利害關係人參與計畫與溝通管理計畫

( ) 53. 你擔任某個新產品製造的專案經理，公司針對產品製作方式提出 A 與 B 兩種方案，A 方案是自製 80% 的零件，另外的 20% 則向外採購後組裝；B 方案則是完全由公司設計整個一體成型的產品，再委外開模大量生產。請問選擇哪一種方法比較好？

(A) 因為公司是使用預測式的公司，在開始之前就全都規劃好，選擇成本較低的方式

(B) 因為產品專案需要降低風險，因此選方案 A

(C) 因為產品最好由公司完全製造設計，所以選方案 B

(D) 使用兩條生產線輪流使用 A 與 B 的方式，並且相互比較效益並改進

( ) 54. 專案經理被指派要設法強化智慧型手錶的功能，這個智慧型手錶是公司自己研發的。請問專案經理應怎麼做？

(A) 確保利害關係人參與計畫有正確的記錄下來

(B) 審查之前專案的經驗學習

(C) 識別新專案的風險及影響

(D) 建立專案發起階段的經驗學習

( ) 55. 公司想使用迭代的方式進行新專案，你被任命為專案經理，你參考過去公司相關並做得很成功的專案，發現那專案是採取預測式的方式，請問你該怎麼進行這個新專案？

(A) 尋找敏捷教練來協助執行

(B) 採取混合式，前期先用預測式和成員闡述，後期逐步導入敏捷

(C) 任命開發團隊成員，並要求他們接受訓練

(D) 將敏捷管理方式提出，並且送交變更控制委員會審查

( ) 56. 專案已經完成第 4 次迭代的交付審查會議。有一位新加入的利害關係人蜜雪琪表示這些成果沒有達到她的預期。請問專案經理應該做什麼？

(A) 提出變更請求，並更新專案範疇

(B) 向高階管理階層報告，需要時間去處理

(C) 進行識別利害關係人，並召開專案目標審查會議

(D) 更新利害關係人登錄表，及修正專案交付物

( ) 57. 公司好幾個專案都會用到某項資源，請問應該要如何解決資源衝突的情況？

(A) 告知專案管理辦公室請求協調　　　(B) 由功能經理相互協調

(C) 由團隊自行協調　　　(D) 採登記制，先搶先贏

〔　〕58. 某個專案是以電子郵件為主要溝通工具，但新加入的成員 / 利害關係人習慣當面溝通，請問專案經理該如何應對？
(A) 更新利害關係人登錄表 　　　　　(B) 請他們遵守溝通管理計畫
(C) 發起會議修正溝通管理計畫 　　　(D) 兩種方法同時使用

〔　〕59. 專案經理在專案結案時，優先的活動是什麼？
(A) 依據專案管理計畫執行專案知識的移轉
(B) 註記產品待辦清單完成狀況，更新溝通管理計畫
(C) 規劃專案資源、人員歸建及獎勵團隊成員
(D) 召開公司高層會議，報告專案已經完成

〔　〕60. 公司你執行的某個專案 SPI=1.7，CPI=0.2，專案經理提出這件事，但該專案的利害關係人 / 贊助人對此表示疑慮，並嚴肅地說再這樣下去會停止這個專案，請問專案經理該怎麼做？
(A) 向利害關係人宣布必須要延期 　　(B) 針對要徑上的活動進行管理
(C) 停止使用時程壓縮法 　　　　　　(D) 向利害關係人要更多的經費

答案

一、配合題（連連看）

題號	1	2	3	4
答案	CDAB	DABC	BDAC	CDABFEHG

題號	5	6	7	8
答案	GADEFBHC	BADC	DCBA	CBDA

二、複選題

題號	1	2	3	4	5	6
答案	BE	CE	AC	BC	BE	AD

題號	7	8	9	10	11	12
答案	BD	BE	BCE	CD	CE	AE

三、單選題

題號	1	2	3	4	5	6	7	8	9	10
答案	B	A	B	D	B	C	B	A	A	C

題號	11	12	13	14	15	16	17	18	19	20
答案	A	B	C	D	B	B	D	C	C	B

題號	21	22	23	24	25	26	27	28	29	30
答案	A	B	D	C	D	C	C	B	C	C

題號	31	32	33	34	35	36	37	38	39	40
答案	C	D	A	A	C	A	D	A	D	D

題號	41	42	43	44	45	46	47	48	49	50
答案	D	C	A	B	D	B	B	B	D	A

題號	51	52	53	54	55	56	57	58	59	60
答案	C	C	D	B	B	C	A	B	A	C

參考文獻與書目

1. 《專案管理知識體指南》，第七版，繁體中文版（PMBOK Guide 7th），國際專案管理學會（PMI, Project Management Institute）。

2. 《深入淺出 PMP》，第四版，Andrew Stellman and Jennifer Greene 著，楊尊一譯，歐萊禮出版社。

3. 《敏捷指南（Scrum Guide）》，2020，Ken Schwaber & Jeff Sutherland，繁體中文版。

4. 《深入淺出 Agile》，Andrew Stellman and Jennifer Greene 著，楊尊一譯，碁峰資訊。

5. 《Mike Cohn 的使用者故事》，Mike Cohn 著，周龍鴻 Roger 主編，使用者故事志工群翻譯，博碩文化。

6. 《Scrum 敏捷實戰手冊》，J.J. Sutherland，天下文化。

7. 《敏捷解密 - 內行人的敏捷企業轉型指南》，Jorgen Hesselberg 著，楊尊一譯，碁峰資訊。

8. 《全員敏捷》，Matt LeMay，Oreilly，碁峰資訊。

9. 《Scrum 敏捷產品管理》，Roman Pichler，博碩文化。

10. 《敏捷專案管理基礎知識與應用實務：邁向敏捷成功之路》，第三版，許秀影，社團法人中華專案管理學會。

11. 《專案管理基礎知識與應用實務》，第五版，社團法人中華專案管理學會。

12. 《專案管理》，第六版，Clifford F. Gray and Erik W. Larson，劉雯瑜譯，華泰文化。

13. 《國際專案管理知識體中範圍管理的綜合研析》，胡世雄、李育如、余志明，全球管理與經濟，第七卷，第一期。

14. 《敏捷實踐指南》，簡體中文翻譯書，（美）項目管理學會。

15. 《活用 PMBOK 指南項目管理實戰工具》，第三版，簡體中文書，（美）辛西婭·斯奈德·迪奧尼西奧，電子工業出版社。

16. 《項目管理最佳實踐方法：達成全球卓越表現》，第三版，簡體中文書，（美）哈羅德·科茲納，電子工業出版社。

17. 《組織及項目管理實踐指南》，簡體中文書，美國項目管理協會，中國電力出版社。

18. *A Guide to the Project Management Body of Knowledge (PMBOK)*, 7th Edition, Project Management Institute (PMI).

19. *The Standard for Organizational Project Management*, PMI.

20. *Agile Practice Guide*, 2017, PMI.

21. *2021 PMP Examination Content Outline*, PMI.

22. *Code of Ethics and Professional Conduct*, Project Management Institute (PMI).

23. *PMP Exam Prep*, 10th Edition 2021, Rita Mulcahy, RMC Publications.

24. *PMP Exam Study Guide*, 9th Edition for PMBOK 6, Kim Heldman, Sybex.

25. *Project Management: The Managerial Process*, 7th Edition, Clifford F. Gray and Erik W. Larson, McGraw-Hill Professional Publishing.

26. *How to Manage Projects: Essential Project Management Skills to Deliver On-time, On-budget Results*, Paul J. Fielding, Kogan Page.

讀者回函

讀者回函

GIVE US A PIECE OF YOUR MIND

感謝您購買本公司出版的書，您的意見對我們非常重要！由於您寶貴的建議，我們才得以不斷地推陳出新，繼續出版更實用、精緻的圖書。因此，請填妥下列資料(也可直接貼上名片)，寄回本公司(免貼郵票)，您將不定期收到最新的圖書資料！

購買書號： _____ **書名：** _____

姓　　名：_____

職　　業：□上班族　　□教師　　　□學生　　　□工程師　　□其它

學　　歷：□研究所　　□大學　　　□專科　　　□高中職　　□其它

年　　齡：□10~20　　□20~30　　□30~40　　□40~50　　□50~

單　　位：_____ 部門科系：_____

職　　稱：_____ 聯絡電話：_____

電子郵件：_____

通訊住址：□□□ _____

您從何處購買此書：

□書局 _____　□電腦店 _____　□展覽 _____　□其他 _____

您覺得本書的品質：

內容方面：　□很好	□好	□尚可	□差
排版方面：　□很好	□好	□尚可	□差
印刷方面：　□很好	□好	□尚可	□差
紙張方面：　□很好	□好	□尚可	□差

您最喜歡本書的地方：_____

您最不喜歡本書的地方：_____

假如請您對本書評分，您會給(0~100分)：_____ 分

您最希望我們出版那些電腦書籍：

_____

請將您對本書的意見告訴我們：

_____

您有寫作的點子嗎？□無　□有　專長領域：_____

歡迎您加入博碩文化的行列哦！

✂ 請沿虛線剪下寄回本公司

Give Us a Piece Of Your Mind

廣　告　回　函
台灣北區郵政管理局登記證
北 台 字 第 4 6 4 7 號
印 刷 品 ． 免 貼 郵 票

221

博碩文化股份有限公司　產品部

新北市汐止區新台五路一段112號10樓A棟

如何購買博碩書籍

全 省書局

請至全省各大書局、連鎖書店、電腦書專賣店直接選購。

（書店地圖可至博碩文化網站查詢，若遇書店架上缺書，可向書店申請代訂）

信 用卡及劃撥訂單（優惠折扣85折，未滿1,000元請加運費80元）

請於劃撥單備註欄註明欲購之書名、數量、金額、運費，劃撥至

帳號：17484299　戶名：博碩文化股份有限公司，並將收據及

訂購人連絡方式傳真至(02)26962867。

線 上訂購

請連線至「博碩文化網站 http://www.drmaster.com.tw」，於網站上查詢

優惠折扣訊息並訂購即可。

信用卡 CREDIT CARD
專用訂購單

※優惠折扣請上博碩網站查詢，或電洽 （02)2696-2869#307
※請填妥此訂單傳真至(02)2696-2867 或直接利用背面回郵直接投遞。謝謝！

一、訂購資料

	書號	書名	數量	單價	小計
1					
2					
3					
4					
5					
6					
7					
8					
9					
10					
			總計 NT\$		

總　計：NT＄＿＿＿＿＿＿＿＿＿　X 0.85 ＝折扣金額 NT＄＿＿＿＿＿＿＿＿

折扣後金額：NT＄＿＿＿＿＿＿＿＿　＋ 掛號費：NT＄＿＿＿＿＿＿＿＿＿

＝總付金額 NT＄＿＿＿＿＿＿＿＿　　※各項金額若有小數，請四捨五入計算。

「掛號費 80 元，外島縣市100 元」

二、基本資料

收 件 人：＿＿＿＿＿＿＿＿＿＿＿　生日：＿＿ 年 ＿＿ 月＿＿日

電　　話：(住家)＿＿＿＿＿＿＿＿ (公司)＿＿＿＿＿＿＿＿ 分機 ＿＿＿＿＿

收件地址：□ □ □ ＿＿＿＿＿＿＿＿＿＿＿＿＿＿＿＿＿＿＿＿＿

發票資料：□ 個人（二聯式）　□ 公司抬頭/統一編號：＿＿＿＿＿＿＿＿＿

信用卡別：□ MASTER CARD □ VISA CARD □ JCB 卡 □ 聯合信用卡

信用卡號：□□□□ □□□□ □□□□ □□□□

身份證號：□□□□□□□□□□

有效期間：＿＿＿＿＿ 年 ＿＿＿＿＿月止 (總支付金額)

訂購金額：＿＿＿＿＿＿＿＿＿元整

訂購日期：＿＿＿ 年 ＿＿＿ 月＿＿日

持卡人簽名：＿＿＿＿＿＿＿＿＿＿＿＿＿＿＿ （與信用卡簽名同字樣）

- - - - 黏 貼 處 - - - -

博碩文化網址
http://www.drmaster.com.tw

廣　告　回　函
台灣北區郵政管理局登記證
北台字第 4 6 4 7 號
印刷品 · 免貼郵票

221

博碩文化股份有限公司　業務部

新北市汐止區新台五路一段 112 號 10 樓 A 棟

如何購買博碩書籍

全省書局

請至全省各大書局、連鎖書店、電腦書專賣店直接選購。

（書店地圖可至博碩文化網站查詢，若遇書店架上缺書，可向書店申請代訂）

信用卡及劃撥訂單（優惠折扣 85 折，未滿 1,000 元請加運費 80 元）

請於劃撥單備註欄註明欲購之書名、數量、金額、運費，劃撥至

帳號：17484299　戶名：博碩文化股份有限公司，並將收據及

訂購人連絡方式傳真至 (02) 26962867。

線上訂購

請連線至「博碩文化網站 http://www.drmaster.com.tw」，於網站上查詢

優惠折扣訊息並訂購即可。